农业产业绿色发展生态补偿研究

余欣荣　梅旭荣　杨　鹏　周　颖　著

科学出版社

北　京

内 容 简 介

本书从理论内涵、方法原理、政策实践 3 个层面系统地阐述了农业产业绿色发展生态补偿机制。综合运用理论与实践、定性与定量、宏观与微观相结合的研究方法，构建遵循市场逻辑的生态补偿机制研究框架；提出外部效应“双边界”补偿标准定价思路，融合多学科方法评估生态产品供给补偿标准；建立以外部性内部化为导向的生态补偿创新机制，探索回答农业绿色生产行为“为什么补”、“补什么”及“怎么补”等关键问题。本书为完善农业绿色发展生态补偿机制基础理论和评价方法探明了路径，为提高农业生态补偿政策效能提供了定量框架，从而有效指导和推进我国不同地区农业产业领域的生态补偿政策实践。

本书可为农业生产管理、农业政策研究及农业经济领域的管理者、科研人员及广大学者提供参考和借鉴。

图书在版编目 (CIP) 数据

农业产业绿色发展生态补偿研究/余欣荣等著. —北京：科学出版社，2022.7

ISBN 978-7-03-072481-6

Ⅰ. ①农… Ⅱ. ①余… Ⅲ. ①农业生态–生态环境–补偿机制–研究–中国 Ⅳ. ①S181.3

中国版本图书馆 CIP 数据核字(2022)第 100068 号

责任编辑：李秀伟　郝晨扬 / 责任校对：杨　然
责任印制：吴兆东 / 封面设计：无极书装

科学出版社 出版
北京东黄城根北街 16 号
邮政编码：100717
http://www.sciencep.com
北京中石油彩色印刷有限责任公司 印刷
科学出版社发行　各地新华书店经销
*
2022 年 7 月第 一 版　开本：B5 (720×1000)
2022 年 7 月第一次印刷　印张：14 1/4
字数：287 000

定价：168.00 元

(如有印装质量问题，我社负责调换)

前　言

推进农业绿色发展是农业发展观的一场深刻革命，也是绿色发展理念在农业领域的创新和实践。以绿色为导向的农业生态补偿制度建设，是推进农业绿色生产生活方式转变、提升农民福祉、构建全社会绿色低碳制度体系的重要任务。绿色发展背景下的农业生态补偿机制研究已成为我国农业功能区生态环境保护的一项极为迫切的战略任务。目前，我国尚未建立起国家层面的农业生态补偿制度和政策体系，多部门管理难以保障补偿政策的可持续性；尚未建立起科学统一的农业生态补偿标准评估方法体系，决策服务技术支撑不足，难以发挥政策激励效应。

本书以农业生态补偿标准定价机制研究为切入点，全面梳理农业生态补偿基础理论，重新界定农业生态补偿的科学内涵与政策边界，科学回答“补什么”的问题；系统总结农业生态补偿标准评价方法类型、适用范围及优劣势，从外部性等多元视角创新补偿标准定价思路，综合调查、实验、模型等技术手段，构建资源-环境-经济有机结合的农业生态补偿标准核算方法体系；在农业农村部《耕地质量保护与提升行动方案》指导下，以机械化秸秆粉碎还田技术为研究对象，在华北平原粮食主产区开展农户采纳绿色技术行为意愿实证研究，制定与耕地保护成效相挂钩的差别化生态补偿标准，定量回答“补多少”的问题；整合农业绿色发展生态补偿政策构成要素，设计政策体系的纵向框架，提出以判别机制、评价机制、运行机制、投资机制和保障机制为主体的补偿政策体系，实践回答“怎么补”的问题，为完善农业绿色发展生态补偿机制基础理论和评价方法探明了路径，为提高农业生态补偿政策效能提供了定量框架。

本书共分为八章，第一章全面阐述农业绿色发展生态补偿的内涵与意义，系统梳理并完善农业产业体系、技术体系、市场体系及政策体系“四大体系”的框架结构，解析农业绿色发展生态补偿的内涵与内容，阐明绿色发展背景下农业生态补偿机制研究的战略意义。第二章全面凝练农业生态补偿的基础理论，传统西方经济学角度包括外部性理论、公共产品理论、生态资本理论、农业生态学理论、生态经济学理论、环境经济学理论和可持续发展理论；生态文明建设角度包括生态文明建设理论、绿色发展理念、民生福祉理论及信息化理论。第三章综合评述农业生态补偿的评估方法，着重进行农业自然资源资产价值评估与农业绿色生产技术价值评估方法类型划分、原则制定和流程梳理，为评估方法体系的建设奠定基础。第四章围绕农业生态补偿标准定价机制不完善、不科学的关键问题，重新界定农业生态补偿的内涵，厘清补偿标准定价的思路和依据；确定农业绿色生产技术产生的外溢效应价值，划分农业生态补偿的 4 种主要类型，确定各类型生态补偿的内容及核算依据，拓展农业生态补偿方法的理论研究，构建完善的方法论体系。第五章全方位回顾国内外农业生态补偿政策实践及成功经验，从两方面深度了解我国农业生态补偿政策实践特征：一是不同区域生态环境改善与治理的补偿政策实践，二是重大农业绿色生产技术范式转变的补偿政策路径，明确新时期我国农业生态补偿机制创新的主攻方向和关键问题。第六章开展玉米秸秆还田技术补偿意愿价值评估实证研究，以华北平原农业主产区为研究区域，基于农户问卷调查数据，运用国际通用的意愿价值评估方法，探明农户采纳秸秆还田技术的影响因素，准确估计农户支付意愿，确定针对小农户秸秆还田技术补偿标准的理论值和估计值，为典型地区秸秆还田技术补偿政策制定提供科学依据。第七章构建农业绿色发展生态补偿制度框架，界定农业生态补偿政策边界，提出以判别机制、评价机制、运行机制、投资机制和保障机制为框架的补偿制度体系，从投融资机制、多元化市场机制、多方法评价机制及财政预算机制等方面完善政策建议。第八章阐述我国农业绿色发展补偿政策的创新方向，聚焦“十四五”农业领域“碳达峰、碳中和”战略问题，厘清农业实现固碳减排的技术途径，提出建立健全农业全产业链的碳减排政策体系研究思路。

余欣荣同志负责指导全书核心理论体系的构建及大纲的编写；梅旭荣同志对全书理论依据与政策逻辑合理性提出具体意见；杨鹏同志负责协调书稿撰写与出版工作。本书由周颖副研究员负责主笔完成。本书的出版得到了中国农业绿色发展研究会项目（2020002）、中国农业科学院科技创新工程项目、中央级公益性科研院所基本科研业务费专项（1610132020035）的大力支持。

由于资料收集有限，书中不足之处在所难免，恳请同行专家和读者不吝赐教，为成果的进一步完善提出宝贵意见。

作　者

2022 年 1 月于北京

目　录

导　论

推进农业绿色发展是农业发展观的一场深刻革命，也是绿色发展理念在农业领域的创新和实践。农业产业绿色发展是农业绿色发展的基础保证和首要前提，乡村产业实现了绿色发展，就为农民摆脱贫困、增收致富奠定了坚实基础。推进农业产业绿色发展，解决当前制约农业和农村产业发展的深层次矛盾及问题必须依靠制度与政策创新。党的十八大报告提出，建立反映市场供求和资源稀缺程度、体现生态价值和代际补偿的资源有偿使用制度和生态补偿制度。党的十九大报告提出，健全耕地草原森林河流湖泊休养生息制度，建立市场化、多元化生态补偿机制。加快农业产业绿色发展生态补偿制度建设，是乡村生态产品价值实现机制的重要组分，是提升农民幸福感、获得感的重要途径，也是保护生态环境和资源节约利用的一项极为迫切的战略任务。

当前，我国尚未建立起国家层面的农业产业绿色发展生态补偿制度和政策体系，多部门管理难以保障生态补偿政策的可持续性；尚缺乏科学统一的农业生态补偿标准评估方法，农业绿色生产行为外部性问题未能内部化解决，导致生态补偿政策激励效应减弱。为了深入贯彻习近平生态文明思想，服务于国家深化农业生态补偿制度改革的重大决策，破解绿色发展背景下农业生态补偿政策落地难题，打通精准评估到精准施策的生态价值高效转化路径，全面激活农业绿色发展的内生动力，实现农村共同富裕的战略目标，本书从理论内涵、方法原理、政策实践 3 个层面系统地开展了农业产业绿色发展生态补偿机制研究。我们综合运用理论与实践、定性与定量、宏观与微观相结合的研究方法，围绕“原理解析→方法构建→机制优化”研究主线，将“产业链-价值链-政策链”有机结合，构建遵循市场逻辑的生态补偿机制研究框架；基于外部效应和生产者效用原理，提出外部效应“双边界”补偿标准定价思路，融合多学科方法评估生态产品供给补偿标准；建立以外部性内部化为导向的生态补偿创新机制，探索回答农业绿色生产行为“为什么补”、“补什么”及“怎么补”等关键问题。具体体现在 4 个方面。

第一，重新界定农业生态补偿的理论内涵与补偿内容。

一是农业生态补偿的理论基础由传统西方经济学理论和中国生态文明建设理论两大部分组成，其中：传统西方经济学理论又以外部性理论、公共产品理论、生态资本理论为核心，中国生态文明建设理论则以绿色发展理念、民生福祉理论及信息化理论为基础。二是科学解析农业绿色发展生态补偿的内涵：

农业生态补偿是在保护农业资源和环境中产生外溢效益（成本）内部化的环境经济手段及环境规制政策，补偿核心内容包含对农业资源资产保护补偿和对农业绿色生产行为补偿两大部分。三是重建绿色生产技术产生的外溢效益与外溢成本价值，根据技术作用于生态系统的环境影响，将补偿内容划分为 4 种类型：①资源开发建设补偿，针对环境正外部性减少和私人利益损失进行补偿；②资源保护利用补偿，针对生态资本保值和增值行为进行合理回报；③环境污染治理补偿，针对降低环境负外部性的成本投入及损失给予报酬；④环境质量提升补偿，针对提升环境正外部性的投入及收益损失给予补偿。

第二，创设农业产业绿色发展生态补偿标准定价方法。

一是探明上述 4 种补偿类型的补偿标准核算依据，其中：资源开发建设补偿应以资源生产或维护的重置成本、资源资产预期收益及发展机会成本为依据；资源保护利用补偿应以资源保护者直接投入、发展机会成本及资源保护的生态服务价值为依据；环境污染治理与环境质量提升都属于绿色技术应用补偿，其补偿定价主要考虑额外生产成本、环境成本、发展机会成本及技术外溢效益价值等指标因素。

二是创设基于外部效应量化的“双边界”补偿标准定价原理：①从理论研究的纵向边界界定补偿标准的理论上、下限值，以农业资源保护及绿色生产行为产生的生态外溢效益作为补偿标准的理论上限值，以资源环境保护过程中产生的外溢成本作为补偿标准的理论下限值，其差值为农业生态补偿标准的理论价值；②从实践应用的横向边界界定补偿标准参考阈值和定价依据，以农业绿色生产技术采纳的受偿意愿和支付意愿价值区间作为参考阈值，根据补偿对象属性确定适宜的评估尺度，以支付意愿和受偿意愿的比值作为修正参数；以中央及地方政府实际财政支付能力作为基本遵循和制定补偿标准的重要依据。

三是构建农业生态补偿标准核算方法体系，将“生态价值-环境成本-经济效用”三者评估有机结合，综合运用意愿价值评估法、成本收益法、机会成本法及能值分析等方法，完善测算方法并规范技术流程，促进农业生态补偿领域研究方法的交叉与融合。研究以机械化秸秆粉碎还田技术为例，在华北平原粮食主产区开展微观主体绿色技术采纳行为意愿实证研究，制定与耕地保护成效相挂钩的差别化生态补偿标准，定量回答“补多少”的问题。

第三，探明农业产业绿色发展生态补偿政策实践进路。

一是系统总结、梳理发达国家和地区农业生态补偿的成功经验，包括：①制定完善的法律法规，将生态补偿渗透在各行业的单行法里；②建立环境税收制度，国家绿色税收专项用于生态环境保护；③实施生态补偿保证金制度，确定基于机会成本法的标准定价方法；④发挥政府调控与市场机制的互补作用，依靠双重调控提升生态补偿的重要作用。发达国家和地区农业生态补偿政策集中体现了受偿主体清晰、补偿方式多样、补偿标准精确、法律制度完善、长效稳定与动态调控相结合的特征。

二是从区域生态环境保护视角探明政策方向与实施效果。①东北地区针对黑土地退化的严峻问题，实施黑土地保护纲要与计划，以及一系列耕地质量提升与保育补偿政策；②华北地区为解决地下水超采问题，实施地下水超采综合治理试点方案，推广实施农业节水灌溉技术补贴政策，扶持绿色高效节水农业技术和节水农业工程建设；③西部地区为缓解水土流失、生态退化问题，制定国家中长期环境治理规划，通过长期稳定实施水土保持国家补贴政策及退耕还林补贴政策，有效遏制生态环境恶化趋势；④南方地区为打好农业面源污染攻坚战，围绕“一控、两减、三基本”的目标和农业绿色发展五大行动等，在南方重点地区实施农业面源污染防治措施并取得显著成效。

三是从现代农业升级转型视角归纳政策演进历程与特征。①推进循环农业产业化发展，从经营主体、科技支撑、园区建设、废弃物利用及高标准农田建设等五方面制定绿色生态循环农业产业化政策体系；②扶持休闲农业新业态，按照乡村振兴战略宏观部署，从土地政策、资金补贴、基础配套、技术支持、人才培养及社会保障等六方面完善休闲农业与乡村旅游发展政策框架；③保护和发展生态脆弱区农业，以绿色发展理念整合生态脆弱区林草产业和沙产业模式，建立健全项目管理体系、金融服务体系、技术支撑体系、监测预警体系、治沙执法体系等五大制度体系。

第四，构建农业产业绿色发展生态补偿政策制度框架。

一是整合农业产业绿色发展生态补偿政策构成要素，设计政策体系的纵向框架。从战略目标、流程优化、数据衔接、效能实现、管理规范、组织调整等方面重新组合农业生态补偿政策的关键要素，提出以判别机制、评价机制、运行机制、投资机制和保障机制为架构的补偿政策体系。判别机制是理论根基和首要任务，评价机制是内核支撑和重要组分，运行机制是核心中枢和功能实现，投资机制是外力驱动和资金来源，保障机制是条件支撑和要素保障。

二是提出绿色农业产业外部性内部化的关键举措，筹划“双碳”目标重点任务。新时期，我国农业经济发展面临“资源约束趋紧、环境污染严重、生态系统退化”的严峻形势没有根本改变。因此，要从科学认识上解决农业多功能性价值实现问题以及外溢效益内部化问题，制定农业生态补偿创新举措：①建立多元化投融资机制，为农业生态补偿政策的实施提供资金保障；②探索市场机制补偿的可行方法，改进单一化的现金直补方式；③建立多学科融合的补偿标准核算方法，提高补偿政策的精准性；④界定各级政府的生态补偿事权，制定绿色农业生态补偿的财政政策。服务于国家实现碳达峰、碳中和的战略需求，加快建立适应农业“双碳”目标的长效双向激励机制，引导农业经济主体转变生产和生活方式，保障农业绿色低碳发展稳步高效推进。

全书内容结构如下：第一章至第三章为深化农业绿色发展生态补偿机制的理论研究，科学解析农业绿色发展生态补偿的内涵与内容，总结并提炼农业生态补偿的理论基础，分析并评述农业生态补偿的常用评估方法类型。第四章至第六章聚焦农业绿色发展生态补偿机制的实证研究，从外部效应和生产者效用视角确定农业生态补偿标准定价依据，从国际、区域和模式比较 3 个层面厘清农业生态补偿政策实践演替规律，运用调查和模型方法定量分析秸秆还田技术补偿意愿影响因素并确定补偿标准。第七章和第八章完善农业绿色发展生态补偿政策制度，构建新时期农业产业绿色发展生态补偿的制度框架，提出农业产业绿色发展生态补偿政策创新与展望。

本研究成果是著者多年来研究成果的精髓和升华，希望为完善现阶段农业产业绿色发展生态补偿机制的理论研究、方法原理、顶层设计提供创新思路和导向，为指导我国不同地区农业产业领域的生态补偿政策实践发挥指导和促进作用。

第一章　农业绿色发展生态补偿的内涵与意义

第一节　农业绿色发展的科学内涵与支撑体系

一、农业绿色发展的科学认识

2015年10月26～29日中国共产党第十八届中央委员会第五次全体会议上首次提出绿色发展理念，全会强调实现“十三五”时期发展目标，破解发展难题，厚植发展优势，必须牢固树立并切实贯彻创新、协调、绿色、开放、共享的发展理念（中国共产党第十八届中央委员会，2015）。全会首次将绿色发展作为关系我国发展全局的一个重要理念，绿色发展理念是党中央和国务院指导未来我国经济和社会发展的理论基础及行动指南。

绿色发展理念的理论价值体现在：一是继承和发展了马克思主义生态观。绿色发展理念是以我国发展实践为基础提出的，是马克思主义中国化的最新理论成果，是社会主义生态文明建设的重要组成部分。二是丰富和提升了中国特色社会主义理论。绿色发展理念是对中国特色社会主义理论的丰富和完善，中国特色社会主义理论在不同阶段具有不同的成果，这些理论成果之间是一脉相承的。

农业绿色发展是绿色发展在农业领域的具体实践。党的十八大以来，农业绿色发展实现良好开局。根据《中国农业绿色发展报告 2020》，全国农业绿色发展总体水平显著提高，2012～2019年全国农业绿色发展指数从73.46提升至77.14，提高了 5.01%，年均提高约 0.70%。其中，资源节约保育、生态环境安全、绿色产品供给和生活富裕美好4个维度的指数均呈现正向增长（中国农业绿色发展研究会和中国农业科学院农业资源与农业区划研究所，2020）。巩固农业绿色发展良好势头，必须深入贯彻习近平生态文明思想，科学认识和推进农业绿色发展。

1. 农业绿色发展的科学内涵

推进农业绿色发展是农业发展观的一场深刻革命，是农业技术的深刻变革，是绿色发展和生态文明建设新时代的必然选择。科学认识农业绿色发展内涵，用科学眼光分析农业绿色发展，深刻解析农业绿色发展的本质属性具有重要现实意义。

从历史实践看，农业绿色发展是我国优秀农耕文化的宝贵结晶。中华民族在几千年文明的发展历史中，形成无数优秀的农耕文化。中国先民将“天人合一”“道法自然”的哲学思想与物候、自然、土地、水利等农耕生产知识相结合，摸索掌握自然与农业生产的基本规律，形成古代朴素的绿色发展思想。从现实举措看，农业绿色发展是新发展理念在农业农村领域的具体体现。近年来，国家层面大力推进农业绿色发展五大行动，即实施畜禽粪污资源化利用、果菜茶有机肥替代化肥、东北地区秸秆处理、农膜回收和以长江为重点的水生生物保护等；开展高标准农田建设和耕地轮作休耕试点，创建两批国家农业绿色发展先行区。2017 年，中共中央办公厅、国务院办公厅印发了《关于创新体制机制推进农业绿色发展的意见》，标志着我们党对农业绿色发展的规律性认识上升到新的高度，成为当前和今后一个时期农业绿色发展的指导性文件。从科技进步看，农业绿色发展是数字技术、生物技术发展的时代产物。随着物联网、大数据、区块链等新一代信息技术和新型育种、栽培技术的研发应用，农业生产技术正在由依靠增加肥、药、水、劳动力等实现增产增收向减少肥、药、水、劳动力等实现增产增收转变。这为不断推动我国农业绿色发展、保障国家食品安全、加快农业现代化开辟了新途径（余欣荣，2021）。

2. 农业绿色发展理念的实现途径

农业绿色发展理念的实现途径包括如下 5 个方面。

第一，以农业生态系统的维护和保育为基础，保障国土生态空间安全。生态安全格局是维护生态过程安全和健康的关键性格局，即空间意义上的生态底线（生态红线）。在农村城镇化和工业化快速发展过程中，生态环境问题突出。因此，避免农业生态空间被工业化过程侵占至关重要。加强重要生态区域、主要生态廊道、关键节点的生态基础设施建设，使国土空间生态系统“通经络、强筋骨”，充分发挥系统的整体功能。在快速推进农业产业化过程中，首先划定生态底线，保证不同区域的生态空间安全也就保住了农业发展的生命线。

第二，以农业资源减量化和高效利用为宗旨，确保农业的可持续发展。资源环境约束趋紧依然是现代农业发展亟待破解的难点问题。在绿色发展成为国家战略的宏观背景下，农业经济增长方式面临着由资源消耗型向资源节约型、由传统单一生产型向绿色集约高效型转变。探索区域特色循环农业模式，实现农业可持续发展：一是把农业经济活动纳入自然生态体系整体考虑，强调资源利用率和自然生态体系平衡；二是按照“投入品→产出品→废弃物→再生产→新产品”的反馈式流程组织生产，实现资源利用最大化和废弃物排放最小化。

第三，以农业面源污染的防控和治理为途径，推进技术的生态化转型。农业是国民经济的基础，是人类的衣食之源和生存之本。在农业现代化发展进程中，农药和化肥不合理施用、畜禽粪便排放、农田废弃物处置等造成大气-水体-土壤-生物的农业立体污染问题。要打好农业面源污染治理攻坚战，在技术层面上应推进农业技术的生态化转型，加强生态技术在农民中的普及，注重有机肥料替代化肥，生物防治替代化学农药，理顺动植物、微生物与环境之间的关系，有效避免或降低化肥和农药对土壤、水源及大气环境的破坏与污染，建设资源、环境、经济效率与生态效益兼顾的可持续发展的复合农业系统。

第四，以安全绿色生态产品供应为最终目标，实现乡村经济绿色发展。当前，农业和农村经济增速放缓与农民增收渠道变窄的根本原因是农产品质量安全风险隐患仍然存在，农兽药残留超标和产地环境污染问题在个别地区、品种和时段还比较突出。为保证安全绿色生态产品的充足供应，应遴选推广绿色环保、节本高效的重大关键共性技术，支持规模种养企业、专业化公司、农民合作社等建设和运营农业废弃物处理和资源化利用设施，探索建立区域农业绿色发展指标体系，建立有效的激励约束机制，为各地乡村经济绿色发展保驾护航。

第五，以农业生态补偿制度建设为重要保障，调动生产者环保积极性。生态补偿的核心在于通过生态补偿手段来协调生产关系中的利益不对等和人地关系中的区域问题，使生态环境保护和治理行为的生态外溢效益及区域外部成本内部化，是维护、恢复或改善生态系统服务功能的一种激励性制度。加快建立以绿色为导向的生态补偿制度，推进绿色生产和生活方式的转变，为社会持续发展注入新的活力，是保障农业绿色发展的重大决策需求和时代使命，是关乎人民福祉和民族未来的大计，也是盘活生态文明建设全局的“棋眼”。

二、农业的多功能性特征

农业是一个古老的产业，伴随着人类社会的进步而传承发展。农业是一个重要基础性产业，是人类的衣食之源、生存之本和发展之根。农业将自然资源转化为可以被人类利用的物质和能源，自然资源是生态环境必要的物质载体，而生态环境又是农业生产的基础和源泉。农业生态系统是被人类驯化了的生态系统，大量的人工辅助能投入使系统始终保持较高的净初级生产力。因此，长期以来人们对农业的功能定位单一，过分关注其农产品供给功能，而忽略了农业的多功能性特征。

农业的多功能性主要体现在经济功能、社会功能、文化功能和生态功能等 4 个方面（高林英和王秀峰，2008）。

1）经济功能。经济功能是农业最重要的服务功能，主要包括两个方面：一是以农产品实物形态体现的具有市场价值的功能，满足人类生存和发展对食品的需要，确保国家粮食安全，并为工业发展提供充足的原材料。二是以环境物品形态体现的非市场价值的功能，主要指依托农业产业的休闲旅游等服务获得的经济价值，如观光农业、体验农业、教育农业、红色农业等。

2）社会功能。社会功能主要表现为劳动就业、社会保障和社会发展方面的功能。农业作为基础产业，不仅能容纳劳动力就业，而且农副产品的数量和质量直接影响居民身体健康和最基本的生存需要，进而影响到社会可持续发展。另外，农副产品不仅是重要的生活物质，还是国家的战略储备物资，因此，农业在保障社会稳定方面具有重要作用。

3）文化功能。文化功能主要表现为农业在保护文化的多样性和提供教育、审美和休闲等作用上。农业作为一种历史文化的产物，其内部蕴藏着丰富的文化资源，是保持民族特色、维护本国文化传统的基础。因此，对于农业文化功能的挖掘是丰富人们的精神内涵、强化传统文化认同感的迫切需要，也是提升农业生态产品附加值、增加农民收入的重要手段。

4）生态功能。生态功能是农业生态系统的重要功能。农业生态系统是由农、林、牧、副、渔多个子系统构成的，每个系统在组成、结构、格局及动态分布等方面各不相同，系统的复杂性决定了结构多样性，结构多样性决定了功能多样性。农业生态系统的功能主要表现为：保护与改善人类生存环境、维持生物多样性、调节局部气候、贮存与循环营养物质、维持土壤肥力、净化与消解环境污染物等。农业生态功能的实现使得生态资源得到充足补给、生态资本实现保值与增值，增加民生福祉。农业不仅为其他产业发展带来额外的收益，为国民经济发展做出重要贡献，还增加了社会公众的生态福利。因此，农业具有显著的外部性和公共产品属性（郭晓燕和胡志全，2007）。

三、农业发展的约束性问题

1. 农业发展的资源约束问题

农业资源是农业生产力的重要组成部分，随着农业日益向现代化和商品化发展，农业资源对农业生产的作用日趋重要。受长期粗放型增长方式的影响，农业资源的数量减少和质量下降，导致农业发展进入硬约束时期。具体表现在以下两个方面。

一是农业自然资源紧缺。我国各类土地资源的绝对量虽然很大，但人口与土地资源的矛盾十分突出，人均耕地面积只有世界人均量的 1/4。全国因建设占用、灾毁、生态退耕、农业结构调整等，导致耕地逐年减少，农业后备土地资源严重不足（李彦等，2007；周苏娅，2015）。根据水利部发布的 2010 年《中国水资源公报》数据，我国水资源总量为 2.98 万亿 m^3，其中农业灌溉水占国民经济用水量的 80%以上，但仍有部分耕地少水、缺水或无水（李彦等，2007；沈巍，2012）。水利部资料显示，我国人均水资源量不足，水资源分布南北差异较大。全国水资源综合规划成果显示，我国多年平均缺水量为 536 亿 m^3，其中农业缺水约 300 亿 m^3。

二是农业资源质量下降。国土资源部 2009 年 12 月 24 日发布的《中国耕地质量等级调查与评定》显示，全国耕地划分为 15 个质量等别，平均质量等别为 9.80 等，质量水平总体偏低（程锋等，2014）。我国现存低产田约占耕地总量的 1/3，如盐碱地、红壤丘陵、水土流失地、风沙地、干旱地、旱涝地、涝洼地等。根据水利部第二次遥感调查（2002 年），中国水土流失面积达 356 万 km^2，耕地存在水土流失的面积约占 38%。全国每年至少有 50 亿 t 沃土流失，上亿吨 N、P、K 养分随之流失，超过全国一年的化肥用量。水资源分布不均衡等限制因素，使中国 60%以上的耕地质量相对较差（程锋等，2014；何伟，2006）。总之，我国农业资源紧缺、环境污染、生态恶化正在威胁着农业现代化进程。

2. 农业生态环境突出问题

我国广大农村，特别是中西部地区，农业生产普遍采用的是一种外延式的扩大再生产的粗放经营方式，广种薄收、超载过牧、乱砍滥伐现象仍然存在，对生态环境造成了很大的破坏，导致水土流失、土地沙化、盐碱化、旱涝等自然灾害的加剧，从而削弱了农业可持续发展的能力。农村存在大量的剩余劳动力且普遍文化水平不高，剩余劳动力转移存在以下问题：城市化滞后造成农村剩余劳动力转移任务艰巨；第三产业发展滞后严重制约农村剩余劳动力的转移；乡镇企业对农村劳动力的吸纳能力逐步减弱；农村劳动力文化水平不高导致就业岗位选择面狭窄。

受长期粗放型农业增长方式的影响，农业生态环境整体恶化已进入硬约束时期。目前，我国农业源污染排放已占污染总排放量的一半，现阶段农业生产方式难以满足主要污染物总量控制环保要求。同时由于水土资源短缺，我国农业难以大面积实施以休闲轮作为主要内容的保护性耕作，农田退化和耕地质量下降的趋势尚未根本扭转。全民健康和安全意识的增强对农产品质量提出了更高的要求，而在水土资源紧缺和环境污染状况没有根本好转的条件下，土壤遭受重金属、持久性有机物等来自农业自身和外部的污染，农业产品质量安全隐患逐步显现（梅旭荣，2013）。因此，摒弃粗放型农业经营模式，走低碳环保、可持续发展道路已是大势所趋。

3. 农业发展的弱质性问题

农业在支撑人类社会发展的历程中表现出弱质性特征，主要原因有以下三方面：一是农业受环境条件影响很大，生产面临严重的自然风险。各种自然资源彼此间的整体性、地域性、可更新性及有限性等，共同影响并决定着不同区域农业产业结构、耕作制度及模式类型。农业生产会受到自然灾害的影响，生产的不确定性明显（葛云伦和郑婉萍，2004；徐祥临，1997）。二是农业生产周期较长，供给调整滞后于市场需求变化。一方面，对于粮食等主要农产品，占用土地面积大且生产周期长，价格在生产周期内的变动不足以对其供给量产生影响，因而供给弹性小。生产者无法随着市场需求的变化而调整生产规模，只能被动接受价格规律的调节。另一方面，农产品需求收入弹性小，在市场上与其他产业竞争必然产生“外溢效应”（任大鹏和郭海霞，2005）。三是农业投资回报率较低，是社会资本进入农业的极大障碍。当前，土地流转不畅、生产要素短缺、政策保障不足及利益共享机制不牢固等因素制约了社会资本进入农业。社会资本多投向前景不错的设施农业、农产品加工业、农产品物流、休闲农业等，对保障国计民生和分散经营的产业则很少投资。

总之，农业对国民经济的贡献及显著的弱质性特征决定了其在国际社会都是市场经济中的弱者（曾庆芬，2007）。因此，为了解决“市场失灵”导致的农业发展困境，政府采用经济激励手段促进农业生产、流通、贸易等环节发展，既体现真正意义的公平，又是政府公共职能的重要标志（吴贵平，2003）；无论发达国家还是发展中国家政府普遍通过补贴等手段提升农业市场竞争力。

四、农业绿色发展的支撑体系

2017～2019年，国家先后出台了《关于创新体制机制推进农业绿色发展的意见》、《乡村振兴战略规划（2018—2022年）》及《农业绿色发展先行先试支撑体系建设管理办法（试行）》等一系列纲领性文件（中共中央办公厅和国务院办公厅，2017；中共中央和国务院，2018；农业农村部，2019），总体部署农业绿色发展目标任务、重点内容与支撑体系建设等重大问题。全面解读政策内容，立足中国特色国情与农情，以绿色生态为导向的制度体系建设主要包括以下“四大体系”。一是产业体系，构建与资源环境承载力相匹配，与生产、生态、生活相协调的产业格局，明确农业功能区的生产功能、资源与环境管控底线，逐步形成生态集约型、循环低碳型、产业融合型和优质特色型绿色农业产业体系构架。二是技术体系，参照《农业绿色发展技术导则（2018—2030年）》（农业农村部，2018），围绕资源节约型和环境友好型技术，构建分区域、分产业、分导向的农业绿色发展技术体系。三是市场体系，建立全国统一绿色农产品市场准入标准、农产品标准化生产及可追溯体系，推广传统绿色种养模式及生产工艺，培育地方特色和健康的地理标志农产品。四是政策体系，以政策和制度创新为基本动力，从强化资源节约利用、治理产地环境污染和落实需求管理等方面为技术创新保驾护航。

（一）产业体系

新时期，我国农业现代化发展的主攻方向是构建以现代农业产业体系、生产体系、经营体系为主体的“三大体系”，同时也是现代农业发展的“三大支柱”（韩长赋，2016；曹慧等，2017）。“三大体系”是现代农业内在特质和发展规律的全面体现，集产业体系、生产体系、经营体系 3 个体系于一体，是现代农业发展在生产力和生产关系两个层面的理论与现实要求。“三大体系”的关系如图 1-1 所示：产业体系是现代农业的结构框架和布局定位，侧重解决农业资源要素配置和农产品供给效率问题，以及宏观层面上生产力的发展方向问题；生产体系是现代农业的动力支撑和技术保障，侧重解决农业的发展动力和生产效率问题，以及中观与微观层面上农业生产的物质手段和技术创新方向问题；经营体系是现代农业的组织创新和运行保障，侧重解决生产经营者和农业经营效益问题，以及生产关系层面上内生动力问题。总之，现代农业产业体系是“三大体系”的核心，现代农业生产体系和经营体系是“两大支柱”，共同支撑着现代农业产业体系发展。

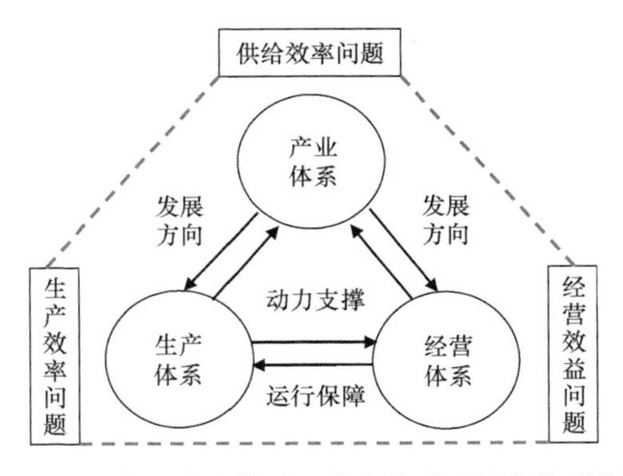

图 1-1　现代农业产业体系、生产体系及经营体系结构图

现代农业产业体系是产业横向拓展和纵向延伸的有机统一，是现代农业整体素质和竞争力的显著标志。构建现代农业产业体系，就是要通过优化调整农业结构，充分发挥各地资源比较优势，促进粮经饲统筹、农林牧渔结合、种养加一体化、一二三产业融合发展，延伸产业链，提升价值链，提高农业的经济效益、生态效益和社会效益，促进农业产业转型升级。学术界关于现代农业产业体系的概念和内涵尚未形成统一的认识。国内代表性研究认为，可以从 3 个角度对农业产业体系进行分类（图 1-2）：一是以农产品类型为依据的横向产业体系，包括粮食、棉花、油料、畜牧、水产、蔬菜、水果等各个产业；二是以农业产业链为依据的纵向产业体系，包括农产品生产、加工、市场流通以及农业服务业等上下游产业体系；三是以农业多功能性为依据的融合产业体系，包括生态保护、休闲观光、文化传承、生物能源等密切相关的循环农业、特色产业、生物能源产业、乡村旅游业等（曹慧等，2017）。

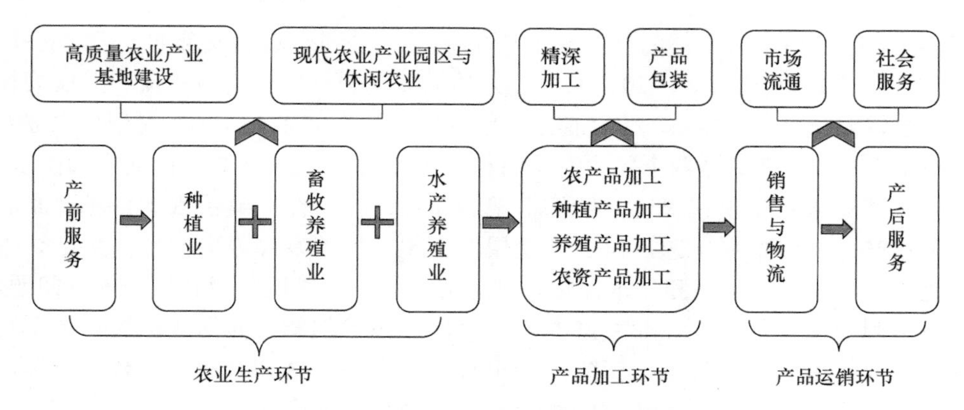

图 1-2 现代农业产业体系分类架构图

我国在管理层面上一直沿用横向产业体系的分类模式。2007 年 12 月 21 日，农业部和财政部联合印发《现代农业产业技术体系建设实施方案（试行）》，标志着我国现代农业产业体系建设进入加快实施阶段（农业部和财政部，2008）。2011 年 2 月 10 日，农业部印发《现代农业产业技术体系建设依托单位和岗位聘用人员名单（2011—2015 年）》，其中首席科学家 50 位，代表现阶段农业产业体系 50 个主攻方向和主导领域（农业部，2007）（表 1-1）。

表 1-1 现代农业产业体系按产品类型分类

粮食作物	水稻、玉米、小麦、大豆、大麦青稞、高粱、谷子糜子、燕麦荞麦、食用豆、马铃薯、甘薯、木薯
油料作物	油菜、花生、芝麻、向日葵
纤维作物	胡麻、棉花、麻类
糖料作物	甘蔗、甜菜
其他作物	蚕桑、茶叶、天然橡胶、牧草
瓜菜类作物	食用菌、大宗蔬菜、西甜瓜
水果类	柑橘、苹果、梨、葡萄、桃、香蕉、荔枝龙眼
畜禽类	生猪、奶牛、肉牛牦牛、肉羊、绒毛用羊、蛋鸡、肉鸡、水禽、兔
特种养殖类	蜂
水产类	大宗淡水鱼、虾、贝类、罗非鱼、鲆鲽类

（二）技术体系

农业绿色发展技术体系是现代农业生产体系的重要组成部分，是破解当前农业资源趋紧、环境问题突出、生态系统退化等重大瓶颈问题，实现农业生产、生活、生态协调统一及永续发展的重要技术支撑和根本途径。2018 年 7 月 2 日，农业农村部印发了《农业绿色发展技术导则（2018—2030 年）》（农业农村部，2018），从国家层面明确农业科技创新方向、优化农业科技资源布局、改革农业科技组织方式，通过“重点研发→集成示范→推广应用”三步走方式，逐级逐步推进农业绿色生产、生活方式的转变，其重要意义体现在以下4个方面。一是通过建立安全无害、节约高效、环境友好、监测到位的农业绿色发展技术体系，变绿色为效益，彻底解决农产品供求结构性失衡问题；二是通过推动绿色生产、种养循环、生态保育、修复治理、污染防控、退牧还草等集约型经济发展方式，破解农业农村资源环境约束问题；三是通过构建农村一二三产业融合发展体系，打通现代农业产业融合链条，以文化和文明作为乡村产业转型发展源泉，探明乡村振兴发展的路径问题；四是通过研发一批绿色发展关键技术和重大产品，大力培育战略性新兴产业，以新业态、新模式、新产业改造提升传统产业，实现传统要素驱动为主向科技创新驱动为主的转变，解决农业绿色发展新动力的问题。

根据农业绿色发展要求实现国土生态安全、资源节约利用、农业污染防控及产品质量安全4个目标，参照2018年农业农村部印发的《农业绿色发展技术导则（2018—2030年）》，研究认为按照发展目标可以将农业绿色发展技术体系划分为生态资源节约型技术、生态环境保护型技术、生态破坏修复型技术及生态田园建设型模式等四大类型（表1-2）；按照主要任务从国家宏观层面可以将农业绿色发展技术划分为研制绿色投入品、研发绿色生产技术、绿色产后增值技术、绿色低碳种养技术、绿色乡村综合发展技术、农业绿色发展基础研究及完善绿色标准体系等7个类型（图1-3）。

表1-2　农业绿色发展技术体系模式类型

类型	具体内涵
生态资源节约型技术	不可再生资源利用、可再生资源利用、新资源和能源开发、新型材料技术应用、节能减排生产技术等
生态环境保护型技术	绿色环保投入品、环境友好型技术、农业面源污染防治、废弃物资源化利用、农田土壤污染监测预警体系等
生态破坏修复型技术	水土流失综合治理、沙漠化荒漠化防治、生态保护与修复、生物多样性保护、环境修复与重建技术等
生态田园建设型模式	生态田园建设模式、生态农园建设模式、生态家园建设模式、生态农业技术模式、循环农业产业体系等

（三）市场体系

农产品市场体系是流通领域内农产品经营、交易、管理、服务等组织系统与结构形式的总和，是连接农产品生产和消费的桥梁与纽带，是现代农业发展的重要支撑体系之一（刘依杭，2017）。2015年，商务部等10部门联合发布《全国农产品市场体系发展规划》（以下简称《规划》），从国家宏观层面健全农产品市场体

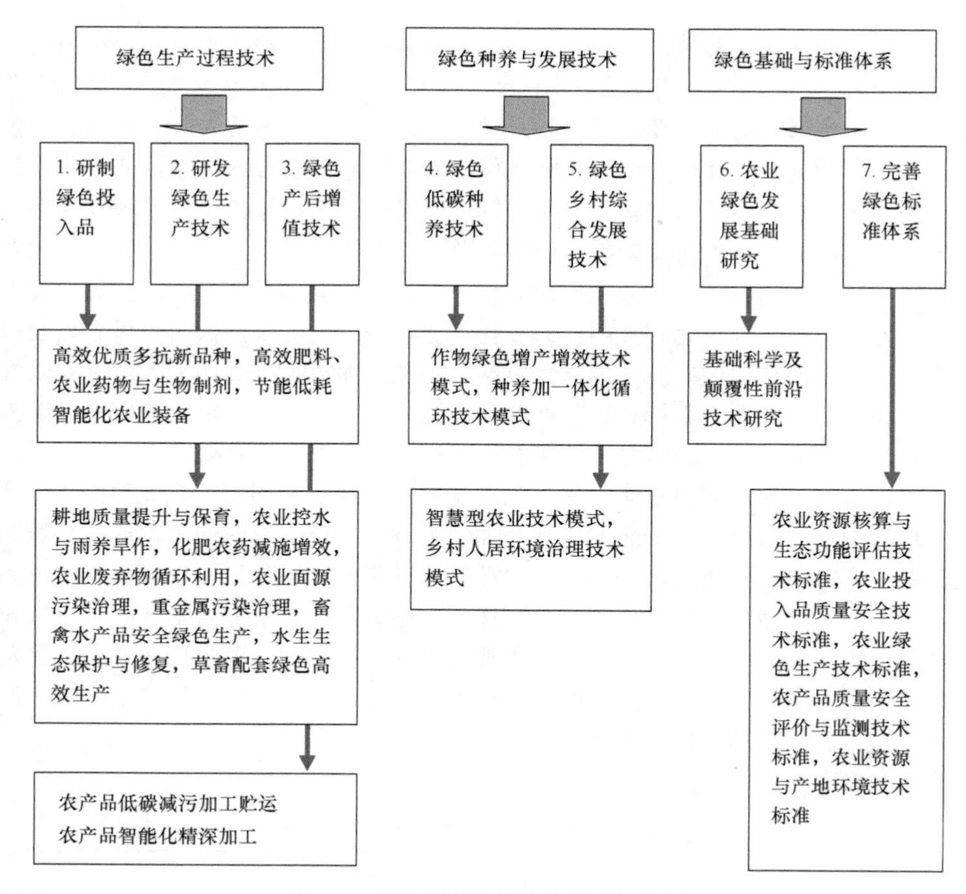

图 1-3　农业绿色发展技术体系架构图

系，优化农产品流通网络布局，提高社会公共服务水平，促进农产品市场体系建设取得长足发展，在服务“三农”、保障和改善民生方面发挥了重要作用（商务部，2015）。随着我国经济发展进入新常态，农产品市场体系发展过程中，既存在“生产小农户、运输长距离、销售大市场、消费高要求”的旧有矛盾，又面临新型工业化、信息化、城镇化、农业现代化快速推进的新要求和新挑战。

目前，我国现代农业市场体系建设存在的问题主要表现在以下 4 个方面：一是农产品经营设施不健全，信息化发展相对落后；二是小规模分散经营模式较为普遍，阻碍农产品流通效率的提高；三是期货市场体系不健全，期货、现货联系不紧密；四是法律法规不完善，缺乏统筹行政管理制度（刘依杭，2017）。从总体上看，我国农产品市场体系依然薄弱，流通体系不健全、流通效率低下，新型市场经营体系亟待创建，下一步重点建设任务如下。

一是优化农产品市场体系架构，健全农产品流通骨干网络。根据《规划》建立全国“八大骨干市场集群和100个左右全国骨干农产品批发市场”，依托市场集群，形成“三纵三横”的全国农产品流通骨干网络。农产品流通骨干网络规划布局在全国重要流通节点和优势农产品区域，推动农产品批发市场或物流中心升级改造；推动零售市场多元化发展，积极发展菜市场、便民菜店、平价商店、社区电商直通车等多种零售业态；建设改造一批长期稳定提供成本价或微利公共服务，具有稳定市场价格、保障市场供应和食品安全等功能的公益性农产品市场（商务部等，2014）。

二是推进农产品绿色流通体系建设，发挥绿色流通先导性作用。①完善农产品流通体系，创新短链流通模式，推进产地市场和新型经营主体与超市、社区、学校等对接，发展订单农业；创建电子商务孵化平台，推进产地市场与新型农业经营主体、农产品加工企业、电商平台的对接，发展农产品网上交易。②完善农产品产地市场体系，推动与农业绿色发展相配套的产地市场建设；重点是升级改造清洗预冷、分等分级、冷藏冷冻、包装仓储、冷链运输、加工配送等商品化处理设施和贮藏设施，健全完善污水处理、垃圾分类回收以及污染物处理等场区基础设施。③加强产地市场信息服务功能建设，建设以公益性服务为核心的农村综合服务平台，鼓励产地市场完善电子结算系统、信息处理和发布系统；完善农产品市场监测、预警和信息发布机制，完善报价指标体系，权威发布价格指数，做好行业发展评估（唐珂，2017）。

三是加快构建现代农业经营体系，推进合作经营主体规范与深度融合。以加快构建以农户家庭经营为基础、合作与联合为纽带、社会化服务为支撑的立体式复合型现代农业经营体系为目标，坚持不断地提升经营服务能力和加强基础条件建设，促进各类经营主体和服务主体融合，切实保障和维护农民权益。提高龙头企业对农户的辐射带动能力，重点支持“公司+合作社+农户+基地”“公司+养殖户+合作化养殖小区”等农业产业化经营模式。推进农村承包地“三权分置”改革，在依法保护集体土地所有权和农户承包权的同时，依法保护土地经营权。引导和规范工商资本下乡，支持有实力的经营主体“全链式发展”，鼓励农民专业合作社、龙头企业以品种研发、加工包装和流通销售为重点延伸产业链，加大对其中薄弱环节的扶持力度（蒲实，2018）。

（四）政策体系

国际社会经验广泛证明，任何国家和地区农业发展要走出困境、乡村经济要实现全面振兴，必须依靠政府采取科学可行的政策手段进行扶持、培育与保护；如果不能通过政策干预手段解决农业问题，势必会造成资源大量流出农业生产领域而削弱农业基础地位（何品帆，2016；曾庆芬，2007）。

市场失灵是市场经济的普遍现象，市场失灵的主要表现有以下几方面：外部效应、垄断性失灵、失业、通货膨胀、公共产品、经济失衡以及收入分配不平衡问题（杨卫书和皇甫睿，2016）。市场失灵在农业领域的表现最为强烈，源于农业的外部性及农业生态产品和生产技术的公共产品属性。农业的正外部性表现在为人类提供具有直接使用价值的农林产品，以及具有间接使用价值（生态服务价值）的环境服务和环境产品两方面（张旭东，2013）；农业的负外部性表现为化肥、农药大量施用引起土壤和水质污染，农田温室气体排放加剧大气污染并威胁到人类身体健康和食品安全。必须尽快转变农业生产方式，大力推进绿色农业生产。农业绿色生产技术并不具有市场竞争力，其生产成本较高、操作复杂且见效期较长，在市场机制下难以被主动接纳和应用。因此，“市场失灵”是政府干预的逻辑起点，也是农业政策形成的逻辑起点。政府制定农业政策干预社会经济生活，并不意味着完全取代市场，政策的应用要与市场机制相结合，弥补市场机制的缺陷，消除市场机制的失灵。

近年来，中共中央、国务院、国家发展和改革委员会（简称国家发展改革委）、农业农村部等部委密集出台了一系列关于“三农”工作的战略意见、决策和纲领性文件，主要针对新时期优先发展农业农村经济、推进农业绿色发展提出具体要求和部署。2021 年中央一号文件（《中共中央　国务院关于全面推进乡村振兴加快农村现代化的意见》）对实施乡村振兴战略进行了全面部署（中共中央和国务院，2021），为做好当前和今后一个时期“三农”工作指明了方向。全面梳理国家支持农业绿色发展和城乡融合发展的政策制度，概括起来有以下 8 个类型，即农业结构政策、农业土地政策、农业科学技术政策、农业可持续发展政策、农业人力资源政策、农产品流通政策、农业财政与金融政策、农业社会发展政策（图 1-4）。

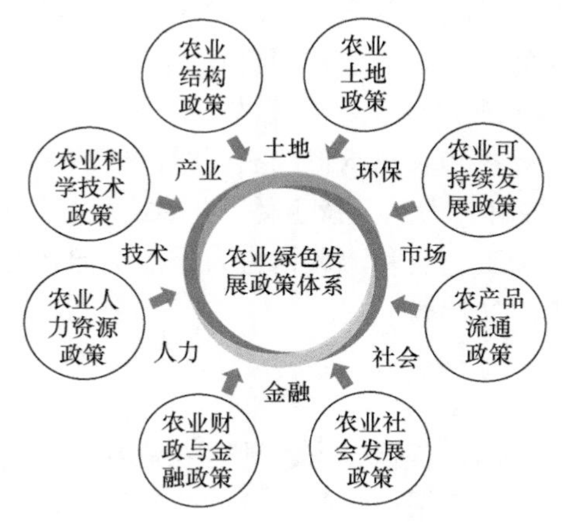

图 1-4　农业绿色发展政策体系框架

第二节　农业绿色发展生态补偿的内涵与内容

一、生态补偿的概念与内涵

随着世界范围对环境与发展前景的深切关注，经济手段作为解决生态环境保护与经济发展矛盾的一项重要政策工具越来越受到人们的重视。经济激励手段与传统的命令手段相比，具有明显的成本-效益优势和更强的激励-抑制作用，在环境政策中占据重要地位。生态补偿正是在此背景下产生和发展起来的一种经济激励手段（杨光梅等，2007）。国外以生态环境服务付费和生态/环境效益付费对生态补偿进行定义更为准确。荷兰学者 Cuperus 等（1996）认为生态补偿的目的是修复受损生态系统或恢复生态系统的服务功能。Allen 和 Feddema（1996）也认为生态补偿是改善生态环境质量的替代措施。英国 Landell-Mills 和 Porras（2002）开展了基于市场调节的生态环境付费机制研究，认为生态补偿是弥补公共产品外部性的一种激励和补偿机制，生态补偿机制的建立不仅为贫困土地所有者提供了额外收入，更重要的是为政策制定者寻求市场手段解决环境问题指明了方向。Pagiola（2002）提供了生态补偿效率分析框架，认为生态补偿效率取决于参与者私人赢利与社会赢利情况之间的损益比较。Wunder（2005）认为生态补偿是一种影响生态效益制造者利用土地的策略。

我国从 20 世纪 80 年代起开展生态补偿的理论研究。张诚谦（1987）提出生态补偿的概念，从补偿资金来源和目标方面加以界定，认为生态补偿作为外溢效益中提取的资金重新归还生态经济系统。叶文虎等（1998）认为生态补偿是对生态环境破坏而征收的补偿费用。20 世纪 90 年代后期的研究观点逐步发生变化。洪尚群等（2001）、毛显强等（2002）提出生态补偿是鼓励环保行为的一种政策激励机制。毛锋和曾香（2006）认识到生态补偿是一种经济激励手段。李文华等（2007）将生态补偿的内涵拓展为调节利益相关者关系的制度安排。

总之，生态补偿的实质是一种政策机制，是“通过对损害（或保护）资源环境的行为进行收费（或补偿），提高该行为的成本（或收益），从而激励损害（或保护）行为的主体减少（或增加）因其行为带来的外部不经济（或外部经济性），达到保护资源的目的”（毛显强等，2002；胡小飞等，2012）。生态补偿是依靠一定的政策手段实行生态保护外部性的内部化，包括对自然资源破坏的补偿和对人们环保行为的补偿两个方面：一是对自然资源破坏的补偿，即政府通过行政管制手段，强制对破坏生态环境及资源的开发者及经营者进行惩罚以及对恢复重建生态环境的生产者进行补偿；二是对人们环保行为的补偿，即政府通过经济激励手段，鼓励由于保护生态环境及参与环保建设而丧失发展机会及经济利益的行为主体，给予经济或政策的奖励及优惠（孙新章等，2006）。

二、农业生态补偿与农业补贴政策

农业生态补偿是生态补偿的重要领域，类似于世界贸易组织（WTO）农业补贴政策的“绿箱”政策，是依靠政府机构推动的，运用行政、法律、经济手段和技术及市场措施，对保护农业生态环境和改善农业生态系统而牺牲自身利益的个人或组织进行补偿的一种政策手段。作为扶持产业发展的农业补贴政策与资源环境保护的激励手段，农业生态补偿在理论依据、政策目标及补偿机制等方面存在较大差异（张铁亮等，2012）（表 1-3）。从表 1-3 的比较可见：农业生态补偿与农业补贴政策是基于不同目标、内容和导向的两大政策体系，然而两者对于农业产业发展的支持和保护主旨是相同的。因此，农业生态补偿要与农业补贴政策相互协调、相互补充、相互促进，在农业环境保护的共同政策框架下发挥各自效能。

表 1-3　农业生态补偿与农业补贴政策的特征比较

项目	农业生态补偿	农业补贴政策
理论依据	农业生产活动显著的外部性、准公共产品属性，农业生态系统服务理论等	农业产业弱质性，农业生产面临自然风险和市场风险等
政策目标	使生态环境保护的贡献者得到相应的报酬，解决农业生态产品消费中的“搭便车”问题	为了弥补“市场失灵”的发展困境，政府采用补贴手段扶持农业，为其发展提供动力
政策实践	森林、草原、湿地、耕地等重点领域生态保护补偿政策，粮食主产区利益补偿等	农业支持保护补贴、生产投入与市场调节补贴、农业生产技术服务补贴等
补偿对象	生产经营主体和环保生产参与者	生产、流通、贸易等各环节经营主体
补偿方式	货币手段、非货币手段兼有	货币手段（价格支持、直接支付）
补偿依据	以生产行为的外部性环境贡献为依据	以政府对市场判断和单边意志为依据

三、农业绿色发展生态补偿的内涵

农业绿色发展是提高全社会生态福利的新型发展模式，其在对生态资源的节约利用和生态环境的保护治理过程中产生了外溢效益和外溢成本，由于这些成本或效益没有在市场中得到应有的体现，环境保护行为的生态福利被无偿享用，生态环境的保护者和参与者并未获得合理的报酬，使得绿色生产过程没有实现帕累托最优。因此，应通过生态补偿政策手段进行改进和调控，以解决政策和市场双重失灵导致的农业绿色发展困境。

基于生态补偿概念和农业生态经济系统的认识，农业绿色发展生态补偿的内涵包括两大方面：一是对农业资源资产保护的补偿，即政府通过行政激励与管制手段，针对资源保护利用和生态服务功能的开发者（经营者），对其提高资源使用价值的开发和利用行为进行补偿；二是对农业绿色生产行为的补偿，即政府通过经济激励手段，鼓励应用绿色生产技术及参与农业环境保护而丧失发展机会及私人利益的经营主体，给予经济或政策的奖励及优惠。在生产实践中，农业生态系统的外溢效益和外溢成本构成不同（牛志伟和邹昭晞，2019），具体类别如表 1-4 所示。

表 1-4　农业生态系统外溢效益与外溢成本价值分类

类型	农业资源资产保护的补偿	农业绿色生产行为的补偿
外溢效益	经济产出价值（产出增加价值）	经济产出价值（产出增加价值）
	社会保障价值（保障稳定价值）	生态服务价值（服务功能价值）
	生态服务价值（服务功能价值）	补偿意愿价值（消费效用价值）
外溢成本	生态建设投入（开发与建设成本）	边际生产成本（额外的生产成本）
	资源产权权益（实物保持与保值）	边际外部成本（减少的环境成本）
	发展机会成本（放弃发展的收益）	边际机会成本（损失的机会成本）

四、农业绿色发展生态补偿的内容

在厘清农业生态系统外溢效益及外溢成本类型的基础上，本研究进一步细化农业绿色发展生态补偿的对象与内容，系统回答“补什么”的问题（表 1-5）。

表 1-5　农业绿色发展生态补偿的对象与内容

补偿类型		补偿客体（受偿对象）	补偿内容（标准核算依据）
农业资源资产保护的补偿	①资源市场交易	资源的所有者即权益人	资源的全部价值量或市场评估价值
	②资源开发建设	受到影响的组织和个人	生态资源生成或维护的重置成本、资源资产预期收益、发展机会成本
	③资源保护利用	资源保护组织和生产者	生态保护者直接投入、发展机会成本、资源保护的生态服务价值
农业绿色生产技术的补偿	①环境污染治理	生产经营主体和参与者	额外生产成本、环境成本、发展机会成本和技术外溢效益价值
	②环境质量提升	生产经营主体和参与者	额外生产成本、环境成本、发展机会成本和技术外溢效益价值
	③生态系统保育	生态保护组织和生产者	生态保护性投入、发展机会成本和生态系统服务价值

1. 农业资源资产保护的补偿内容

根据农业资源资产市场开发活动的类型，将其补偿政策内容划分为 3 类：①资源市场交易补偿，补偿内容为待交易农业资源的全部价值量，或者参照市场上相似交易案例评估价格的修正值，生态补偿实际上是资源资产所有权权益体现，是由资源的稀缺性及其利用的不可逆性决定的。②资源开发建设补偿，农业自然资源一旦被开发建设，生态系统将被破坏，生存条件将受到直接影响。因此，资源开发利用的实际利益者，应当就资源资产价值的减少支付补偿费用（如征税或规制政策）；实际遭受损失的组织或个体，应当按照使用资源的预期收益和机会成本获得补偿。③资源保护利用补偿，节约利用农业自然资源，保护具有特殊社会价值的资源资产，促进了生态资本的保值和增值，提高了全社会的民生福祉，对于为生态建设做出贡献的保护者和生产者，应当按照其对生态环境保护的投资和机会成本得到合理回报。

2. 农业绿色生产技术的补偿内容

根据绿色生产技术对环境的影响作用类型，将其补偿内容划分为 3 类：①环境污染治理补偿，生产者采纳环境污染治理技术过程中，不仅降低了传统生产方式产生的环境成本、投入了额外生产成本并损失了发展机会成本，而且环境治理过程中提升生态系统服务功能产生了外溢效益。因此，应以外溢效益和外溢成本为依据给予技术应用者和参与者合理的报酬。②环境质量提升补偿，经营主体应用关键环境质量提升技术使得农业生态潜力和生态环境质量得到改善与提高，产生了显著的正外部性，农业生态产品的供给者应该平等地分享生态资本增值收益，才能激励人们环保生产的积极性。③生态系统保育补偿，生态系统保护者和生产者通过生态保育技术的运营和管理，使得透支的农业生态系统得到休养生息，生态产品供给能力和生态服务功能得到改善，其在生态资本积累过程中投入大量生产成本、损失了发展机会成本，同时创造了生态系统服务功能价值，必须得到相应的补偿。

第三节　农业生态补偿机制研究的战略意义

一、农业环境领域科技制度创新的重大需求

新时代我国社会主要矛盾是人民日益增长的美好生活需要和不平衡不充分的发展之间的矛盾。我国人民日益增长的美好生活需要和不平衡不充分的发展之间的矛盾在乡村最为突出。党的十八大提出“五位一体”的总体布局，将生态文明建设提到前所未有的战略高度。现阶段，我国农业发展依然面临一系列环境制约和挑战。一是生态环境局部改善整体恶化，环境约束加剧。目前我国主要污染物排放中化学需氧量（COD）、氮（N）、磷（P）成为主要的污染物排放源，其中COD 排放量占总量的 46%以上，N、P 占 50%以上，现阶段农业生产方式难以满

足主要污染物总量控制的环保要求。二是由于水土资源短缺，农业难以实施大面积的保护性耕作，农田退化和耕地质量下降趋势加剧。三是产地环境问题严重，农产品质量安全隐患显现。全民安全意识的增强对农产品质量提出了更高的要求，但在水土资源紧缺和环境污染没有根本控制的情况下，土壤受到来自农业自身和外部的污染，农业产品质量安全隐患逐步显现（梅旭荣，2013）。

为了应对农业环境问题，国家着力推进农业绿色发展，并将其作为生态文明建设的重中之重。党的十八大报告明确提出：保护生态环境必须依靠制度、依靠法治。要把资源消耗、环境损害、生态效益纳入经济社会发展评价体系。建立反映市场供求和资源稀缺程度、体现生态价值和代际补偿的资源有偿使用制度和生态补偿制度。加快建立以绿色为导向的生态补偿制度，推进绿色生产和生活方式的转变，为社会持续发展注入新的活力，是关乎人民福祉和民族未来的大计，更是科技制度创新的重大需求。

一是夯实理论基础的发展需要。重塑自然资源价值理论是建立及健全社会主义市场经济的必然趋势，承认和重视自然资源价值是客观认识和真实反映自然资源稀缺性的必然选择，是建设生态文明、推动经济发展转型的必然要求。否认或忽略自然资源价值，极其不利于自然资源的节约利用和有效保护。目前，国内关于农业资源价值和生态环境价值相关的理论依据研究并不充分，不能为实践提供更坚实的理论基础，因此，有必要从理论研究上进行再创新和再完善。

二是创新制度建设的国家要求。作为生态文明建设理论的核心理念之一，我国自然资源资产的管理正在并将持续发生重大转变，关于自然资源和生态环境的价值评估已经引起全社会的广泛关注。进行自然资源价值的定量化评估，以便将自然资源的价值纳入国民经济核算体系中，并运用经济手段对资源环境进行资产化管理，这是最终实现资源合理配置利用、经济可持续发展、解决资源危机问题的最根本切入点和立足点，也是最为重要的方法之一。只有摸清自然资源的价值形态，才能为准确核算绿色 GDP 提供基础保障，为构建生态补偿政策的定量框架提供科学依据。

三是科学管理与实践的重要依据。首先有助于动态掌握自然资源资产在开发、利用、保护、修复等各个环节的变化情况，有助于及时掌握自然资源资产在各用途间转移过程中的价值变化情况，从而有利于自然资源资产的保值和增值。其次有助于自然资源资产以出售、出租、入股、抵押、担保等合法合理的形式参与市场经营，为经济增长提供重要支撑，并确保自然资源资产在经营过程中的保值与增值。最后有助于科学合理地确认自然资源资产的税收、规费等，从而有助于（全民或国家所有）自然资源资产收益的合理分配。

四是农业可持续发展的根本要求。农业自然资源资产价值评估作为实现农业可持续发展的资源管理工具将成为必然。自然资源价值核算，一方面为我们提供了资源和环境变化的信息，可以及时了解资源供求状况，实事求是地制订计划、做出决策、加强自然资源的管理；另一方面为可持续发展的量化研究提供了方法支持，不但能够定性地描述可持续发展的现状，而且能够提供具体的量化指标，使研究结果具有说服力。

五是保障民生福祉的迫切需要。良好的生态环境是最普惠的民生福祉，是民生事业的重要组成部分。乡村最大的优势就是生态，要让良好生态成为乡村振兴的支撑点，就要走乡村绿色发展之路，以资源节约、环境友好、生态稳定为基本目标，以制度创新、政策创新、科技创新为基本动力。推进农业绿色发展的生态补偿机制研究是制度创新的重要组成部分，只有让生态环境真正成为公共产品，不断增进民生福祉，才能全方位提升人民群众的幸福感和获得感。

二、农业绿色技术外部性内部化的有效途径

农业绿色技术是推进我国生态文明建设、农业绿色发展和农业农村现代化的有力支撑。农业绿色技术与传统技术相比实现了“三个转变”：从注重数量为主向数量质量效益并重转变，从注重生产功能为主向生产生态功能并重转变，从注重单要素生产率提高为主向全要素生产率提高为主转变。农业绿色技术是资源节约、环境友好、清洁生产、产业升级等各项绿色生产方式和生活方式的集成，具有高效、安全、低碳、循环、智能的突出特征。从经济学角度分析，农业绿色技术具有显著的外部性和公共产品属性，农户采用绿色技术获得的边际私人收益远远小于社会边际收益，公众未支付任何费用便获得了福利水平的提升。

农业绿色技术的正外部性主要表现在两个方面：一是生态服务功能带来的环境改善方面的价值，即生态服务价值；二是生产服务功能带来的社会保障方面的价值，即社会效益价值。外溢效益价值与生态服务价值的关系如下：生态服务价值包含于外溢效益价值之中，是外溢效益价值的重要组成部分。生态服务价值是指公众直接或间接从生态系统服务中得到的福利，这种福利是由于技术应用于生态系统产生的。农业绿色技术的外溢效益价值由产出增加价值、生态服务功能价值和补偿意愿价值三部分构成。根据福利经济学庇古税理论，外部性实际是边际私人成本与边际社会成本、边际私人收益与边际社会收益不一致，政府应采取适当的经济手段来消除差异。农业绿色发展生态补偿是支持和推广绿色生产方式的一种政策手段，针对生态环境保护者在绿色技术应用过程中产生外溢效益及减少外溢成本的行为给予合理报酬和奖励，其目的是激励生产者的环保行为并提高农产品质量，实现绿色生产过程帕累托最优［中国地质大学（武汉）资产评估教育中心，2020］。由此可见，生态补偿政策既体现真正意义的公平，又是政府公共职能的重要标志。世界各国普遍通过各种补贴提升农业市场竞争力，补贴成为内部

化解决农业外部性问题的有效手段。

三、全面激活绿色发展内生动力的政策手段

农业绿色发展面向农业弱质产业和农民弱势群体，使其共享技术进步成果和生态福利。农业绿色技术具有准公共产品属性，体现在其消费的局部竞争性和效用的可分割性两方面（赵邦宏等，2006；陈军民和梁树华，2008），即在有限的资金支撑和推广服务范围内，可以应用技术的农户数量有限，但是应用绿色技术生产的优质农产品能满足公众的需求。因此，“准公共技术”在推广实践中应采取市场机制与政府调节相结合的方式。农业绿色技术并不具有市场竞争力，因此技术的持续推广在市场失灵和政策失灵下进入瓶颈期。具体表现在内因和外因两个方面。

从技术本身内因分析：①农业绿色技术使用成本偏高，新材料、新工艺、新设备及过多的物质或劳动力投入，增加了技术生产成本而降低了农民的生产利润，因此降低了农民对新技术的使用率。②农业绿色技术应用是科技创新成果的重要体现，但相对复杂的操作流程和现代化管理方式，提高了农民应用技术的门槛和难度，同时降低了农民采纳新技术的意愿。③农业绿色技术对农业生态系统的影响是一个长期过程，技术产生的外溢效应在短期内难以体现，相比传统生产技术，农业绿色技术的生产成本投入较高，因此不具有市场竞争力。

从技术应用外因分析：①农户作为技术实际应用主体，主观上文化水平低、环保和产品质量意识不强，加之技术信息的不对称性，使其无法对新技术的有效性和经济合理性做出正确判断，客观上分散农户经营规模小、中青年劳动力匮乏、技术购买能力不足，故农户从心理上不愿意采用绿色技术。②基层农技推广体系制度不完善，不能在技术推广中提供充足的资金、人员、信息等支持服务，是技术在农户层面推广应用的重要障碍。③农业绿色发展生态补偿制度建设处于探索阶段，特别是农业环保生产补贴政策的实施缺乏精准靶向，激励绿色产品供给者内生动力的政策体系仍需完善，导致农户参与环保生产的积极性不高。

我国从 20 世纪 70 年代起开始逐渐重视农业资源管理和环境保护，从财政、税收和价格等方面出台优惠政策，制定有关环境与资源保护的法律法规，推动农业清洁生产和环保技术的发展。长期以来，以政策引导和推广手段为主的政策取得了显著成效，但并未形成与绿色转型相适应的长效机制和规范导向，不能为绿色生产技术发展拓展空间。近年来，国家不断加大对技术供方市场的补贴力度，对于技术的需求方农户的补偿标准过低，分主体的补偿标准滞后，难以调动生产者积极性。新阶段应该全面改革创新农业生态补偿定价机制，将技术应用产生的外部效应纳入补偿标准的核算机制中，从兼顾公平性及外部性贡献考虑，创建以

结果而非过程为导向的补偿政策框架，以技术对环境及民生的影响效果作为补偿定价依据，突破技术推广的瓶颈，全面激活农业绿色发展的内生动力。

主要参考文献

曹慧, 郭永田, 刘景景, 等. 2017. 现代农业产业体系建设路径研究. 华中农业大学学报(社会科学版), (2): 31-36.

陈军民, 梁树华. 2008. 农业技术产品属性与政策选择. 产业与科技论坛, 7(11): 61-63.

程锋, 王洪波, 郧文聚. 2014. 中国耕地质量等级调查与评定. 中国土地科学, 28(2): 75-82.

高林英, 王秀峰. 2008. 论农业的多功能性及其价值. 理论前沿, (23): 27-28.

葛云伦, 郑婉萍. 2004. 论农业的弱质性及改造途径. 西南民族大学学报(人文社科版), 25(1): 331-333.

郭晓燕, 胡志全. 2007. 农业的多功能性评价指标初探. 中国农业科技导报, 9(1): 69-73.

韩长赋. 2016-05-18. 构建三大体系 推进农业现代化: 学习习近平总书记安徽小岗村重要讲话体会. 人民日报, 15 版.

何品帆. 2016. 市场失灵的表现及对策分析. 中国商论, (11): 10-11.

何伟. 2006. 耕地资源节约和集约利用的对策研究. 国土资源导刊, 3(2): 45-46.

洪尚群, 马丕京, 郭慧光. 2001. 生态补偿制度的探索. 环境科学与技术, 24(5): 40-43.

胡小飞, 傅春, 陈伏生, 等. 2012. 国内外生态补偿基础理论与研究热点的可视化分析. 长江流域资源与环境, 21(11): 1395-1399.

李文华, 李世东, 李芬, 等. 2007. 森林生态补偿机制若干重点问题研究. 中国人口・资源与环境, 17(2): 13-18.

李彦, 贾曦, 孙明, 等. 2007. 我国农业资源的利用现状及可持续发展对策. 安徽农业科学, 35(32): 10454-10456.

刘依杭. 2017. 农业供给侧结构性改革下构建我国现代农业市场体系的路径选择. 农村经济与科技, 28(17): 153-156.

毛锋, 曾香. 2006. 生态补偿的机理与准则. 生态学报, 26(11): 3841-3846.

毛显强, 钟瑜, 张胜. 2002. 生态补偿的理论探讨. 中国人口・资源与环境, 12(4): 38-41.

梅旭荣. 2013. 农业环境领域科技面临挑战. 中国农村科技, (6): 4.

牛志伟, 邹昭晞. 2019. 农业生态补偿的理论与方法: 基于生态系统与生态价值一致性补偿标准模型. 管理世界, 35(11): 133-143.

农业部. 2007. 农业部公示现代产业技术体系试点单位和人选名单. http://www.gov.cn/gzdt/2007-12/04/content-824488.htm [2007-12-04].

农业部, 财政部. 2008. 农业部 财政部关于印发《现代农业产业技术体系建设实施方案(试行)》的通知. http://www.moa.gov.cn/nybgb/2008/dyq/201806/t20180609_6151528.htm[2008-01-20].

农业农村部. 2018. 农业农村部关于印发《农业绿色发展技术导则(2018—2030年)》的通知. http://www.gov.cn/gongbao/content/2018/content_5350058.htm[2018-07-02].

农业农村部. 2019. 农业农村部办公厅关于印发《农业绿色发展先行先试支撑体系建设管理办法(试行)》的通知. http://www.jhs.moa.gov.cn/lsfz/201911/t20191126_6332394.htm[2019-11-25].

蒲实. 2018-09-19. 加快构建现代农业经营体系. 人民日报, 7 版.

任大鹏, 郭海霞. 2005. 我国农业补贴的法制化研究. 农村经济, (10): 7-9.

商务部. 2015. 全国农产品市场体系发展规划. http://www.gov.cn/xinwen/2015-08/31/content_2922608.htm[2015-08-31].
商务部, 发展改革委, 财政部, 等. 2014. 商务部等13部门关于进一步加强农产品市场体系建设的指导意见. http://www.gov.cn/gongbao/content/2014/content_2701603.htm[2014-02-25].
沈巍. 2012. 中国磷资源开发利用的现状分析与可持续发展建议. 经济研究导刊, (5): 83-84.
孙新章, 谢高地, 张其仔, 等. 2006. 中国生态补偿的实践及其政策取向. 资源科学, 28(4): 25-29.
唐珂. 2017.《关于创新体制机制推进农业绿色发展的意见》解读之九建立绿色农产品的流通体系. http://www.moa.gov.cn/ztzl/xy19d/lsfz/201710/t20171019_5845480.htm[2017-10-19].
吴贵平. 2003. 关于建立农业补贴机制的初步设想. 贵州财政会计, (11): 19-21.
徐祥临. 1997. 农业是弱质产业不是传统观念. 理论前沿, (18): 21-22.
杨光梅, 闵庆文, 李文华, 等. 2007. 我国生态补偿研究中的科学问题. 生态学报, 27(10): 4289-4300.
杨卫书, 皇甫睿. 2016. 生态文明语境下当代农业弱质性的再认识. 贵州大学学报(社会科学版), 34(3): 59-64.
叶文虎, 魏斌, 仝川. 1998. 城市生态补偿能力衡量和应用. 中国环境科学, 18(4): 298-301.
余欣荣. 2021. 人民日报: 科学认识和推进农业绿色发展. http://opinion.people.com.cn/n1/2021/0125/c1003-32010081.html[2021-01-25].
曾庆芬. 2007. 农业的弱质性与弱势性辨析. 云南社会科学, (6): 94-97.
张诚谦. 1987. 论可更新资源的有偿利用. 农业现代化研究, (5): 22-24.
张铁亮, 周其文, 郑顺安. 2012. 农业补贴与农业生态补偿浅析: 基于农业可持续发展视角. 生态经济, (12): 27-29.
张旭东. 2013. 论农业的外部性与市场失灵. 生产力研究, (3): 43-45.
赵邦宏, 宗义湘, 石会娟. 2006. 政府干预农业技术推广的行为选择. 科技管理研究, 26(11): 21-23.
中共中央, 国务院. 2018. 中共中央 国务院印发《乡村振兴战略规划(2018－2022年)》. http://www.gov.cn/gongbao/content/2018/content_5331958.htm[2018-09-26].
中共中央, 国务院. 2021. 中共中央 国务院关于全面推进乡村振兴加快农业农村现代化的意见. http: //www.gov.cn/gongbao/content/2021/content_5591401.htm[2021-01-04].
中共中央办公厅, 国务院办公厅. 2017. 中共中央办公厅 国务院办公厅印发《关于创新体制机制推进农业绿色发展的意见》. http://www.gov.cn/xinwen/2017-09/30/content_5228960.htm[2017-09-30].
中国地质大学(武汉)资产评估教育中心. 2020. 中国自然资源资产价值评估: 理论、方法与应用. 北京: 中国财政经济出版社: 10-40.
中国共产党第十八届中央委员会. 2015. 中国共产党第十八届中央委员会第五次全体会议公报. http://www.beijingreview.com.cn/wenjian/201510/t20151030_800041567.html [2015-10-30].
中国农业绿色发展研究会, 中国农业科学院农业资源与农业区划研究所. 2021. 中国农业绿色发展报告2020. 北京: 中国农业出版社: 2-3.
周苏娅. 2015. 我国农业可持续发展的制约因素、动力机制及路径选择. 学术交流, (4): 145-149.
Allen A O, Feddema J J. 1996. Wetland loss and substitution by the permit program in Southern California, US. Environmental Management, 20(2): 263-274.
Cuperus R, Canters K J, Piepers A A G. 1996. Ecological compensation of the impacts of a road. Preliminary method for the A50 road link (Eindhoven-Oss, The Netherlands). Ecological

Engineering, 7(4): 327-349.
Landell-Mills N, Porras I. 2002. Sliver Bullet or Fools' Gold: A Global Review of Markets for Forest Environmental Services and their Impact on the Poor. London: International Institute for Environment and Development.
Pagiola S. 2002. Payment for water services in Central America: leaning from Costa Rice//Pagiola S, Bishop J, Landell-Mills N. Selling Forest Environmental Services: Market-based Mechanisms for Conservation and Development. London: Earthscan: 37-62.
Wunder S. 2005. Payment for environmental service: some nuts and bolts. CIFOR Occasional Paper No.42. Jakarta: Center for International Forestry Research: 3-11.

第二章　农业生态补偿的理论基础研究

理论依据，就是人们在各种物质性的和精神性的实践活动中的思想观念基础或出发点，是人们思想和行为的前提条件之一。农业生态补偿的理论依据就是关于为何要给予农业生产者以生态补偿的理论支撑，是生态补偿活动开展的前提、依据、出发点或起点。随着农业生态补偿实践活动的发展，人们对为何要进行生态补偿从经济学、法学等各个角度展开了研究（赖力等，2008；秦艳红和康慕谊，2007）。绿色发展导向下农业生态补偿不仅以生态补偿理论基础为依据，还要体现农业包容性增长和提升民生福祉的发展理念。本研究认为，农业生态补偿的理论体系包括：传统西方经济学理论体系和中国生态文明建设体系两大部分。

第一节　经济学基本理论

一、外部性理论

外部性概念源于经济学家马歇尔于1890年发表的巨著《经济学原理》，他将任何由生产规模扩大而发生的经济分为“外部经济”和“内部经济”两种类型；其中厂商生产成本的研究方法为外部性问题的提出奠定基础（阿尔弗雷德·马歇尔，2009）。庇古在1920年出版的《福利经济学》中首次系统地研究外部性问题，认为外部性实际是边际私人成本与边际社会成本、边际私人收益与边际社会收益不一致，政府应采取适当经济手段来消除这种差异。庇古的“庇古税”理论（也称“庇古手段”），即通过征税和补贴促进边际私人成本与边际社会成本相一致，实现外部效应的内部化（阿瑟·塞西尔·庇古，2007）。科斯分别于1937年和1960年发表《企业的性质》及《社会成本问题》两篇文章，奠定了科斯定理的研究基础。科斯定理发现了交易费用及其与产权安排的关系，提出通过确立产权以消除外部性的思想对于解决环境问题具有重要意义和应用价值（科斯等，2004）。布坎南和斯塔布尔宾用数学语言给外部性下了更为准确的定义：当某经济主体在实现自身经济利益最大化的活动中对其他主体产生了影响，而其对这种影响既不付出补偿，也得不到好处时，便产生了外部性。外部性不仅存在于个体行为之间，也存在于群体行为之间；不仅存在于经济活动中，也存在于非经济活动中（朱中彬，2003）。

农业科学技术是农业可持续发展的根本动力，而应用于农田的农业生产技术对农业生产和生态功能有着直接的影响，从播种、耕作、施肥、灌溉、施药、秸秆处理、种植方式等环节都会对作物的产量、农田土壤功能、温室气体排放以及农田污染等方面产生直接或间接的影响。因此，任何一项农业生产技术的提出，不能仅仅以产量效益作为技术选择依据，还需要考虑该项技术对农田生态功能的维护和潜在的环境影响。传统的农业生产因农用化学品的高投入和不合理的耕作方式，导致农业农村环境污染问题突出，农产品质量和安全问题威胁到人身健康，故传统粗放生产方式负外部性明显（杨壬飞和吴方卫，2003；王洪会和王彦，2012）。农业绿色发展以资源节约型、环境友好型技术（"两型技术"）为主要内容，以农业面源污染的防控和治理为途径，技术层面上推进传统技术的生态化转型，注重有机肥替代化肥，生物防治替代化学农药，理顺动植物、微生物与环境之间的关系，有效控制主要污染物对土壤、水源及大气环境的破坏与污染，建设资源、环境、经济与生态效益兼顾的可持续发展的复合农业系统（韦苇和杨卫军，2004；胡帆和李忠斌，2007）。农业生产方式向绿色转型：一方面，降低了农业生产环境成本，减轻负外部性对人们健康的影响；另一方面，生态技术应用于农业生态系统，改善了农田环境质量、增强了系统服务功能，为公众带来更多的福利而表现出显著的正外部性。

农业生态补偿是生态资源环境外部性内部化的有效方法：一方面，对外部经济性行为采用减免税收、财政补贴、转移支付等措施，扶持和鼓励其生态保护行为，提高生态资源环境供给。另一方面，对外部不经济性行为则通过征税、罚款、限定市场准入条件或限期整改的法律、政策等措施，限制或约束其资源消耗数量、生态破坏行为，实现生态资源环境供求平衡；同时，也有利于资源节约和可持续发展，促进生态资源环境的代际平衡。

二、公共产品理论

公共产品（public goods）理论是西方经济学的基本理论之一，古典渊源追溯到大卫·休谟（1983）的"搭便车"和亚当·斯密（1974）提出的"政府的角色应该是守夜人"的思想。瑞典学派代表林达尔于 1919 年在《公平税收》一文中正式提出"公共产品"概念及"林达尔均衡"理论，使人们对公共产品的供给水平问题达成共识。美国经济学家萨缪尔森进行开创性研究，1954 年和 1955 年分别发表《公共支出的纯理论》和《公共支出理论图解》两篇文章，不仅准确定义公共产品内涵，而且建立资源在公共产品与私人产品之间最佳配置的一般均衡模型，即"萨缪尔森条件"（Samuelson condition）（保罗·萨缪尔森和威廉·诺德豪斯，2004；顾笑然，2007）。随着计量分析方法应用于经济学研究的"数理时代"

的开启，理论、方法、模型的研究体系日趋成熟。公共产品具有 3 个显著特征：效用不可分割性、消费非竞争性和受益非排他性；其中非排他性很难避免“公地的悲剧”和“搭便车”问题的发生。根据西方经济学基本原理和外部性理论的“科斯定理”，主要解决途径是通过公共产品产权制度的变革，明晰环境资源的产权，实现资源的有效配置；同时，加强政府对公共产品的有效供给和公共管制（沈小波，2008；沈贵银和顾焕章，2002）。

农业绿色生产技术是以政府为技术活动主体来实施的。由于在有限的资金支撑和推广服务范围内，技术生产和消费的“拥挤程度”存在变化，即可以消费（应用）技术的农户数量有限，每增加一个消费者的边际成本不为零，从而限制了技术在其他农户中的消费，技术成果效用也只能为推广范围内的农户提供。由于农业绿色技术具有公共物品属性或准公共物品属性，意味着其必然存在供给不足、用户“搭便车”等现象，在推广实践中应采取市场机制与政府调节相结合的方式（赵邦宏等，2006；陈军民和梁树华，2008），通过相应的制度安排，协调生态系统服务功能的提供者与受益者之间的利益分配问题，激励生态系统服务提供者的生产、消费行为，即政府要通过补贴政策激励农户采纳农业“两型技术”，抑制受益者不利于环境资源保护的活动，从而达到保护生态环境的目的。

农业生态补偿是消解生态公共产品供需不平衡的重要手段。农业绿色生产技术具有公共产品属性，需要政府供给并推广，目前国家一方面加大对技术市场供方主体的补贴支持，另一方面也逐步关注技术的实际应用主体农户的利益。为了进一步提高农户对于技术产品的应用效率，促进农户个体对生态公共产品的供给，需要构建相应的生态补偿机制，弥补私人供给收益与社会收益之间的差额，并以合理的报酬激励农户的环保生产行为。从公共产品的视角，生态补偿就是促进农户或种养大户对生态产品的供给，对其收益不足以弥补成本的一种补助与合理的利益激励。

三、生态资本理论

生态资本理论源于马克思劳动价值理论、效用价值理论、要素价值理论及供求价值理论等主要价值理论的认识。Krutilla（1988）首次将非使用价值（或存在价值）引入主流经济学，认为生态资本的非使用价值是独立于人们对它进行使用的价值，这部分价值要以备将来使用和遗传给后代人。戴维·皮尔斯和杰瑞米·沃福德（1996）在《世界无末日：经济学、环境与可持续发展》一书中首先提出“生态资本”概念，其最基本的特点是将自然资源纳入经济学研究的范围，从更高的层次与更广的角度考察社会经济的运行与发展。Costanza 等（1997）对全球生态系统的价值估价作了有益尝试，认为生态资本是在某个时间点上存在物质或信息存量，每种存量形式自主地或与其他存量形式一起产生一种服务流，这种服务流可以增进人类福祉，并对全球生态系统服务功能分类赋值计算，奠定评估的方法和理论基础。学术界普遍认为生态资本就是指人类花费在生态环境建设方面的开支所形成的资本，这种资本就实体形态来说，是自然资源的生态资本存量和人为改造过的生态环境的总称，它可以在未来特定的经济活动中给有关经济行为主体带来利润和收益（方大春，2009）。生态资本根据其存在形式不同可分为生态资源型资本、生态环境型资本、生态服务型资本等 3 类。

农业生态资本是指在确保农产品安全、生态安全、资源安全以及提高农业经济效益基础上，在自然因素和人为投资双重作用下，依赖生态系统及其功能产生的农业生态资源和农业生态环境的总和。实际上，农业生态资本是通过自然因素和人为投资双重作用形成的资本，所以农业生态建设投入是生产型支出（严立冬等，2009）。农业生态资本具有二重性：首先，农业生态资源及环境的自然属性使农业生态系统能够生产满足人类需要的农产品，农业生态系统本身具有使用价值和稀缺性，是一种资产；其次，农业生态资本在技术经济过程的运营下实现保值与增值，应用成本效益分析理论将其价值内化到农产品和农业生态服务中，理论上可以通过计量功能的变化值来核算农业生态资本的价值（严立冬等，2010）。

农业生态补偿就是对农业生态建设的额外生产投入及生态环境价值进行补偿，主要包括三部分：一是生态建设投入，农业生产者在保护生态环境建设中耗费了各种成本并提供生态系统服务，必须得到相应的补偿；二是生态资本增值，农业生态技术应用在保护环境的同时，实现了生态资本的保值和增值，其增值所获得的各种收益应该得到相应的分享；三是生态资本所有权，农业生态资本具有产权权益和稀缺性特征，农业生态补偿就是资源所有者为维持生态资源产权所支付的权利维持费用，以及农业资源开发使用带来的效益分享（严立冬等，2011；于法稳，2017）。

四、农业生态学理论

农业生态学是运用生态学和系统论的原理与方法，把农业生物及其自然和社会环境作为一个整体，研究其中的相互联系、协同演变、调节控制和持续发展规律的学科，是生态学在农业领域的分支。在基础研究方面，农业生态学揭示农业生态系统的内部结构组成规律和服务功能运行规律，研究农业生态系统的输入与输出构成规律、效益与效率提高规律和系统调控规律；在应用研究方面，农业生态学开展农业生态系统的现状评价、诊断和预测，提供农业优化模式的功能设计，并对配套的技术和政策提供建议，为生态农业发展、农村环境整治、食品安全生产提供技术支撑。农业生态学侧重于农业生态系统水平上的规律研究，它不同于土壤学、气象学、作物学、畜牧学、林学等以农业生态系统各环境组分为研究主体的自然科学，也不同于农业区划学、农业经济学、农业环境学等以农业经济系统空间布局及效益因素为研究主体的社会科学。农业生态学补充了各学科研究对象间的空白，在一张全景蓝图下为各学科发展提供了原则和系统定位（骆世明，2012）。

和自然生态系统相比，农业生态系统具有显著特征：生物组分以人工驯化和选育的农业生物为主，人是系统最重要的调控力量；系统的输入既有自然的输入又有社会的输入；系统是具有耗散结构的开放系统，既有来自自然与社会物质和能量的输入及输出，又有大量的农副产品的输出和废弃物产出；系统受自然生态系统的自然方式调控，既受生产者直接调控，又受科技、教育、经济、法律、政治等因素间接调控。农业生态系统提供的各种产品和生态过程中形成的维持生命系统的环境条件和效用是农业生态系统的服务功能，即人类能从农业生态系统中获得的直接和间接利益。我国农业生态系统的核心服务功能包括以下 9 个方面：①生产有机物，提供实物、原料及生活必需品；②涵养水源与防治洪涝，促进水分循环；③防止土壤侵蚀，促进营养元素如氮、磷、钾、碳的循环；④调节气候，避免自然灾害；⑤增加生物多样性，保护基因资源；⑥净化环境，消纳处理废弃物；⑦景观保护，休闲旅游功能；⑧传统文化保护和传承，文化开发和教育；⑨创造农村就业机会，稳定农村发展（刘向华，2010）。农业生态系统的服务功能价值主要体现在产品服务价值、环境服务价值、旅游服务价值和文化美学价值等方面。农业生态系统服务功能价值的准确评估，为制定促进农业绿色发展和环境保护的生态补偿政策提供了定价依据和方法支撑。

五、生态经济学理论

生态经济学是一门由多学科相互交叉而形成的边缘学科，是近 20 多年来由生态学家与经济学家紧密合作而发展起来的，旨在整合生态与经济系统，提供新的思考方向，以实现可持续发展的目标。生态经济学的理论根源是从古典经济学的总体观点出发，注重生物物理观，从而有别于以新古典经济学为导向的环境经济学（严茂超，2001）。生态经济学观察思考的客观实体是由生态系统和经济系统组成的有机统一体，其研究对象是生态经济系统，概括起来包括：研究人类经济活动和自然生态之间的关系、生态系统的经济活动、生态变化的社会影响和生态经济系统的矛盾运动。生态系统与经济系统之间通过技术系统联系在一起。所以，生态经济学是研究生态系统、技术系统和经济系统所构成的复合系统的结构、功能、行为、运行机制及其规律性的科学（姜学民，1986）。生态经济学将基础理论研究、发展战略研究和应用技术研究融为一体。在理论研究上，将生态科学、经济科学和技术科学结合在一起；在发展战略上，以自然生态系统各种构成要素作为人类经济过程开发和建设的对象与条件，研究各种条件因素不同组合下对生态经济系统物质、能量及价值流的内在影响及对生态经济效益的外在作用机制；在应用技术上，将能量学原理、生物物理学原理和经济学原理融入其理论体系中，形成独特的认识视角和方法论体系。

农业生态经济学是生态经济学的重要分支学科，是现代生态科学与农业经济科学相互交叉的新型边缘学科。农业生态经济学运用生态经济学的理论、原理和方法，揭示农业自然再生产过程与经济再生产过程相互作用的客观规律，并在指导农业再生产过程中宏观控制与微观经营管理方面运用这些规律，实现生态过程与经济过程良性循环，达到生态平衡与农业经济协调发展，使生态效益、经济效益与社会效益相统一（姜学民，1986）。农业生态系统是以农业生物为主要组分、受人类调控、以农业生产为主要目标的生态系统，是生态系统与社会经济系统相互融合的生态经济复合系统（骆世明，2012），也是农业生态经济学的研究对象。农业生态经济学从生态规律与经济规律的相互关系中考虑人们经济活动、技术活动的方向、方式及其适度规模，揭示、运用这些规律，可为农业经济发展战略提供理论依据。农业生态经济学更强调生态规律、生态平衡对农业经济持续、稳定发展的重要性，是农业生态补偿政策的重要理论基础。

六、环境经济学理论

环境经济学归属于应用经济学学科，研究全球经济发展与环境问题的互相联系，是环境科学与经济学交叉的边缘学科。环境经济学的研究最早开始于 20 世纪 50 年代，国际社会对于人口、粮食、资源、能源、环境 5 个重大生存和发展危机的认识，促使基于经济学与环境科学的相互渗透，致力于探究环境-经济关联、运作与调控机制的环境经济学的产生，环境经济学在历经和参与两次环境革命中不断发展。很多环境经济学家通过理论和实证研究认为：正确的环境政策将有助于经济增长，而如果管理有方，经济增长也会有助于环境保护（张世秋，2018）。

环境经济学研究充分利用经济杠杆来解决环境污染问题，使环境的价值体现得更为具体，将环境的价值纳入生产和生活的成本中，从而阻断了无偿使用和污染环境的通路，经济杠杆是目前解决环境问题最主要和最有效的手段。环境经济学依托的经济学理论主要有微观经济分析中的均衡理论、福利经济学、信息经济学、公共选择理论和新制度经济学的理论与方法，并将生态学、系统论、控制论以及资源学的相关理论分析框架纳入其中。环境经济学就是研究合理调节人类经济活动，使之符合自然生态平衡和物质循环规律，使社会经济活动建立在环境资源的适度承载能力基础上，综合考量短期直接效果和长期间接效果，兼顾自然资源利用的代内公平和代际公平。

农业作为国民经济的基础性产业，其生产性功能得到了长足发展，然而由于农业资源长期透支、农业生产方式不合理和气候灾害的影响等，农业应对气候变化等多元化目标与可持续发展面临严峻挑战。农业生态环境领域存在的问题主要体现在局部污染形势严峻、资源利用率较低、污染纵深治理需求增大、生态功能开发滞后等方面（王农等，2020）。根据环境经济学理论，农业环境问题产生的经济根源是资源配置的市场失灵和行政干预的政府失灵。系统梳理相关文献，归纳起来环境经济学的政治措施分为两大类型：一是管制型政策，也称法律手段（制定各种农业环境资源法律法规）；二是经济型政策，包括庇古税（征收税费及开展补贴），以及科斯手段（产权交易及协商）。环境经济学研究的另一个重要领域是环境成本的估价及环境价值评估，对农业生态环境价值的精准评估可作为农业生态补偿定价的重要依据。

七、可持续发展理论

可持续发展理论是指既满足当代人的需要，又不对后代人满足其需要的能力构成危害的发展，以公平性、持续性、共同性为三大基本原则。可持续发展理论的最终目的是达到共同、协调、公平、高效、多维的发展。1987 年，世界环境与发展委员会公布了题为《我们共同的未来》的报告（黄国勤，2007）。该报告提出了可持续发展战略，标志着一种新发展观的诞生。1989 年，联合国环境规划署专门为“可持续发展”的定义和战略通过了《关于可持续发展的声明》，认为可持续发展的定义和战略主要包括 4 个方面的含义：一是走向国家和国际平等；二是要有一种支援性的国际经济环境；三是维护、合理使用自然资源；四是在发展计划和政策中纳入对环境的关注。

可持续发展从概念走向实践，仍然是国际社会、学术界和企业界寻求解决的问题。要解决问题必须建立一个定量化工具，即可持续发展指标体系，用于测量和评价一个国家和地区可持续发展的状态及程度。通过建立科学的指标体系，评价可持续发展水平，为战略的具体实施指明方向。目前，国际上应用较多的可持续发展指标体系包括：以生态足迹为核心的生态学方向指标体系；以绿色 GDP 为代表的经济学方向指标体系；以人类发展指数（HDI）和真实发展指数（GPI）为重点的社会政治方向指标体系；以联合国可持续发展委员会主题指标体系和中国科学院可持续发展研究组提出的“可持续能力”（SC）指标体系为主的系统学方向指标体系（马光等，2000）。

农业可持续发展是可持续发展原理在农业上的实际应用与具体体现。1991 年

9 月，联合国粮食及农业组织第 63 届会议审议规定了可持续农业的基本目标：①保持自给自足和发展适当与持续的平衡，以实现粮食安全；②实现农村地区的就业和增收，特别要消除农村贫困现象；③保护自然资源和环境，实现环境持续改善和生态良性循环。中国未来农业可持续发展的主要趋势是：集约化、规模化、产业化、标准化、优质化、多样化、综合化、高效化、生态化、国际化和绿色化。农业可持续发展理论为农业现代化的发展道路指明方向，为农业支持与保护政策的创新提出具体要求，推广资源节约、环境友好的农业生产技术模式，提供绿色产品和有机产品，确保人类健康和经济社会可持续发展。

第二节　生态文明建设的中国理念

一、生态文明建设理论

党的十八大以来，党中央直面生态环境面临的严峻形势，高度重视社会主义生态文明建设。习近平总书记指出："走向生态文明新时代，建设美丽中国，是实现中华民族伟大复兴的中国梦的重要内容。"这一重要论述表明：实现中国梦是中国各族人民的共同愿景，生态文明建设是中国梦不可或缺的重要组成部分。生态文明建设事关"两个一百年"奋斗目标的实现和中华民族永续发展，足见生态文明建设的重要作用。2015 年中共中央、国务院发布《关于加快推进生态文明建设的意见》，文件中明确指出生态文明建设的指导思想是"把生态文明建设放在突出的战略位置，融入经济建设、政治建设、文化建设、社会建设各方面和全过程，协同推进新型工业化、信息化、城镇化、农业现代化和绿色化，以健全生态文明制度体系为重点，优化国土空间开发格局，全面促进资源节约利用，加大自然生态系统和环境保护力度，大力推进绿色发展、循环发展、低碳发展，弘扬生态文化，倡导绿色生活，加快建设美丽中国，使蓝天常在、青山常在、绿水常在，实现中华民族永续发展。"

2015 年 9 月 11 日中共中央政治局召开会议，审议通过了《生态文明体制改革总体方案》，对生态文明领域改革进行顶层设计。推进生态文明体制改革首先要树立和落实正确的理念，统一思想，引领行动。要树立尊重自然、顺应自然、保护自然的理念，发展和保护相统一的理念，绿水青山就是金山银山的理念，自然价值和自然资本的理念，空间均衡的理念，山水林田湖是一个生命共同体的理念。推进生态文明体制改革要坚持正确方向，坚持自然资源资产的公有性质，坚持城乡环境治理体系统一，坚持激励和约束并举，坚持主动作为和国际合作相结合，坚持鼓励试点先行和整体协调推进相结合（中共中央和国务院，2015）。推进生态文明体制改革要搭好基础性框架，构建产权清晰、多元参与、激励约束并重、系统完整的生态文明制度体系。一是健全自然资源资产产权制度和用途管制制度。通过对自然生态空间进行统一确权登记，逐步形成归属清晰、权责明确、监管有效的自然资源资产产权制度，并且建立空间规划体系，划定生产、生活、生态空间管制界限。二是坚定不移实施主体功能区制度，划定生态保护红线。要把重要生态功能区、生态敏感区以及生物多样性保育区作为禁止开发区域，划定在红线以内，建立起生态安全屏障、人居环境保护屏障和生物多样性保育屏障，从空间上对人类的开发行为提出明确要求。三是实行资源有偿使用制度和生态补偿制度。现已经探索建立了森林生态效益补偿基金制度、草原生态补偿制度、水资源和水土保持生态补偿机制、矿山环境治理和生态恢复责任制度、重点生态功能区转移支付制度等。

农业是国民经济的基础产业，具有生产、生态、经济、社会、文化等多种功能。农业生态文明建设是生态文明建设的重要部分。农业绿色发展、可持续发展是生态文明理念在农业上的具体体现。建设农业生态文明、推进农业绿色发展的主要任务包括：一是树立以绿色生态为导向的农业发展理念，将绿色生态理念贯穿到法律法规，政策制定，农业生产、加工及销售各个层面；二是健全完善农业绿色发展法律法规体系和标准体系，及时清理、废止与农业绿色发展不相适应的标准和行业规范；三是建立健全农业生态补偿机制，将农业补贴从鼓励生产向绿色发展方向转变，提高经营主体生态建设的积极性；四是强化农业资源环境生态保护力度，建立符合资源环境承载力的农业产业布局，统筹资源匹配与市场供求的关系；五是加快技术研发和宣传培训力度，提高农村生态建设的科学性和农业生产物化投入的合理性（孙炜琳，2017）。农业生态文明建设应在产业系统内部、资源利用方式、产业功能拓展、技术生态转型等 4 个方面实现农业现代化升级，走现代集约型生态农业、资源低耗型循环农业、产业融合型休闲农业和生态福祉型绿色农业发展道路（周颖和陈柏旭，2020）。

二、绿色发展理念

2015 年 10 月 26～29 日，党的十八届五中全会召开，鲜明提出创新、协调、绿色、开放、共享的发展理念。绿色发展理念是以我国发展实践为基础提出的，是社会主义生态文明建设的重要组成部分，是对中国特色社会主义理论的完善与发展。

绿色发展理念的内涵：绿色发展理念以人与自然和谐为价值取向，以绿色低碳循环为主要原则，以生态文明建设为基本抓手。绿色发展是在传统发展基础上的一种模式创新，是建立在生态环境容量和资源承载力的约束条件下，将环境保护作为实现可持续发展重要支柱的一种新型发展模式。具体来说包括以下几个要点：一是将环境资源作为社会经济发展的内在要素；二是把实现经济、社会和环境的可持续发展作为绿色发展的目标；三是把经济活动过程和结果的

“绿色化”“生态化”作为绿色发展的主要内容和途径（李明悦和刘大勇，2019）。

绿色发展理念的实践路径有以下 4 个方面：一是提升全民绿色发展意识。树立公民的绿色发展意识，提高公民参与绿色发展实践的意识；加强绿色发展宣传教育工作，运用各种方式宣传绿色发展理念。二是完善生态文明制度体系。健全生态法律法规体系，制定相应的环境保护法律法规；完善生态环境保护管理制度，包括监管制度和污染防治以及生态修复制度，建立并完善生态保护机构。三是加大绿色科技创新投入。加大科研的发展力度，加大人才培养力度，吸引更多的创新人才，促进绿色科技的发展。四是提高能源资源利用效率。推进生产方式绿色化，从产品原料选择可再生材料，到生产过程使用清洁能源，再到最后包装采用绿色材料，均要按照绿色生产标准进行；提倡绿色生活方式，一方面鼓励低碳生活方式，引领广大群众节约资源；另一方面培养绿色消费方式，反对过度消费及一切不合理的消费行为。

三、民生福祉理论

2013 年，习近平总书记在海南考察时强调：“良好生态环境是最公平的公共产品，是最普惠的民生福祉。”这一科学论断深刻揭示了生态与民生的关系，既阐明了生态环境的公共产品属性及其在改善民生中的重要地位，同时也丰富和发展了民生的基本内涵。良好生态环境是提高人民生活水平、改善人民生活质量、提升人民安全感和幸福感的基础与保障，是重要的民生福祉。生态环境所产生的效益具有扩散性、外部性的特征，不仅惠及当地，同时也惠及周边乃至更广泛的地区（中国林业科学院，2014）。因此，良好生态环境也是覆盖面最广、最普惠的民生福祉。本研究科学解析民生福祉理论，包括以下 5 个方面（中共中央宣传部，2014）。

第一，保护环境是保障民生的第一要务。这是人们在思想认识层面的深刻转变，也是国家执政理念和方式的深刻转变。牺牲环境为代价是破坏民生行为，是不值得提倡和追求的；改善生态环境是国家安全和综合实力的重要体现，是要大力倡导和推行的。“环境就是民生，青山就是美丽，蓝天也是幸福”。良好生态环境蕴含的经济价值和综合效益是人民群众的长远福祉，值得我们不断求索。

第二，保护生态是改善民生的重大需求。发展经济是为了实现人民群众的幸福生活，保护生态也是为了实现人民群众的美好生活。目前生态环境质量已成为一种公共供给短板，要让孤立存在的自然生态系统或元素呈现自然财富、生态财富、社会财富、经济财富；因此，改善生态环境自然就成为改善民生的重要突破口。要做到生态惠民、生态利民、生态为民，把解决突出生态环境问题作为民生优先领域，提供更多优质生态产品，满足人民群众对良好生态环境的新期待，提升人民群众获得感、幸福感、安全感。

第三，促进人与自然合谐共生是治国理政的重要内容。为人民提供物质富足的幸福生活和环境优美的美好生活，两者作为党治国理政的民生宗旨是一个统一的整体，在政策实践中也理应兼顾并重。中国共产党领导下的政府不仅要应对严峻的生态环境挑战，在治国理政的方式与能力上也要进行生态化跃进和提升。要按照系统工程的思路，综合运用行政、市场、法治、科技等多种手段，构建生态环境治理体系，全方位、全地域、全过程开展生态环境保护建设。

第四，坚持共谋全球生态文明建设之路。中国要成为全球生态文明建设的重要参与者、贡献者、引领者，要在国际大舞台上重塑人类生态文明引领性角色，就要站在更高的角度，为实现人类文明与地球生态共生共赢共筑根基、指明方向。生态文明建设关乎人类未来，建设绿色家园是人类的共同梦想。中国秉持人类命运共同体理念，携手应对气候环境领域挑战，共同守护地球家园。

第五，美丽乡村是美丽中国的意蕴所在。乡村最大的发展优势是生态，保护乡村优美的生态环境，不仅保证了农业发展的生命线，更牢牢把握住乡村文明的脉搏。在美丽中国这幅绿水青山图中，其真正灵魂、所表达的真正意蕴是美丽乡村呈现的带有朴素的、乡土的、特色的、唯一的中国传统文化元素和中华文明标志。强调生态环境保护也是发展，绿水青山本身就是财富，将生态优势转变成乡村生态振兴经济优势，实现发展和保护相统一。

四、信息化理论

信息化的概念源于日本，1963 年日本学者梅棹忠夫（Tadao Umesao）在题为《论信息产业》的文章中提出，“信息化是指通讯现代化、计算机化和行为合理化的总称”。社会计算机化的程度是衡量社会是否进入信息化的一个重要标志（李广乾，2019）。20 世纪 70 年代后期，西方社会开始普遍使用“信息社会”和“信息化”的概念。1997 年召开的首届全国信息化工作会议，将信息化和国家信息化定义为：信息化是指培育、发展以智能化工具为代表的新的生产力并使之造福于社会的历史过程。国家信息化就是在国家统一规划和组织下，在农业、工业、科学技术、国防及社会生活各个方面应用现代信息技术，深入开发、广泛利用信息资源，加速实现国家现代化进程。

信息化理论体系伴随着社会信息化进程，由 4 个基本要素构成：信息技术→信息革命→信息化→信息社会（周宏仁，2009）。①信息技术，信息技术在国际上理解为基于（数字）计算机的各种相关技术，是一门通用技术，既包括计算机技术、微处理技术、通信技术、网络技术等硬件技术，也包括方法学等软件技术。②信息革命，人类历史上经历了 5 次信息革命，即语言的使用、文字的使用、印刷术的使用、电话和电视的使用、计算机和互联网的使用。信息革命引起社会生产力和生产关系的巨大改变，使人类社会的经济体系、产业结构、组织体系和社会结构发生深刻变革。③信息化，信息化是向着充分利用信息（包括由信息而产生的知识）的方向变化。信息化不仅是一个技术进步的过程，更重要的是一个社会发展演变的过程；不仅体现了生产力飞跃和进步，更意味着生产关系的重组和变革。现代信息技术在各行业的应用推动了各领域信息化建设和发展。④信息社会，信息化推进的结果是使人类进入信息社会，即以信息服务性产业为基本社会产业，以数字化和网络化为基本社会交往方式的新型社会。国际学术界从技术、经济、社会、网络、文化 5 个维度对信息社会特征进行测度（Webster，1994）。

我国信息化的发展大致经历了 3 个阶段：一是改革开放前的信息化研究阶段（1949～1978 年），这一阶段研究领域面窄，包括电子计算机技术、原子能技术、半导体技术、自动化技术、无线电技术、航天技术、激光技术和光纤通信技术等八大技术。二是改革开放后的信息化研究阶段（1978～2001 年），这一时期信息化理论研究围绕着信息化推动并服务经济社会发展展开，研究的主要领域包括信息经济及信息经济学、信息技术、信息产业、信息管理、信息高速公路、信息服务业、信息网络、信息资源和信息科学（姜爱林，2002）。三是社会主义现代化建设阶段（2002 年至今），这一时期国家信息化发展战略初步确立，信息技术不断创新，信息产业持续发展，信息网络广泛普及，信息化成为全国经济社会发展的显著特征。根据国家信息化发展战略要求，实现信息化就要构筑和完善 7 个要素：开发利用信息资源、建设国家信息网络、推进信息技术应用、发展信息技术和产业、培育信息化人才、制定和完善信息化政策及信息安全（中共中央办公厅和国务院办公厅，2006）。

加快农业信息化发展已经成为推进农业现代化和乡村振兴发展的必然选择及必由之路。按照《2006—2020 年国家信息化发展战略》及《全国现代农业发展规划（2011—2015 年）》总体部署（国务院，2012），根据走中国特色农业现代化道路的基本要求，农业部（现称农业农村部）相继印发了《全国农业和农村信息化建设总体框架（2007—2015）》（农业部，2007）、《全国农业农村信息化发展“十二五”规划》（农业部，2011）、《“十三五”全国农业农村信息化发展规划》等一系列重要的政策文件（农业部，2016），为推进农业农村信息化发展指明发展方向、明确任务重点。

我国农业进入高质量发展新阶段，乡村振兴战略深入实施，农业农村加快转变发展方式、优化发展结构、转换增长动力，为农业农村生产经营、管理服务数字化提供广阔的空间。2019 年，国家制定了《数字农业农村发展规划（2019—2025 年）》（农业农村部和中央网络安全和信息化委员会办公室，2019），该规划是农村信息化建设的升级版。未来将是一个万物感知、万物互联、万物智能的世界，通信技术的发展使得农业农村数据采集体系更加完善健全，天空地一体化观测网络、农业云平台的建成使我们依赖更先进的技术手段和方法更科学地揭示农业生态系统与外部环境之间的相互影响、相互作用规律。万物互联将给我们全方位认识农业系统提供更清晰的画面，为解决农业环境问题提供广阔的前景，让我们能够基于更准确的现实数据做出精准决策和判断。

主要参考文献

阿尔弗雷德·马歇尔. 2009. 经济学原理. 彭逸林, 王威辉, 商金艳, 译. 北京: 人民日报出版社: 50-60.

保罗·萨缪尔森, 威廉·诺德豪斯. 2004. 经济学. 17 版. 萧琛, 译. 北京: 人民邮电出版社: 29-30.

庇古. 2007. 福利经济学. 金镝, 译. 北京: 华夏出版社: 80-95.

陈军民, 梁树华. 2008. 农业技术产品属性与技术选择. 产业与科技论坛, 7(11): 61-63.

戴维·皮尔斯, 杰瑞米·沃福德. 1996. 世界无末日: 经济学、环境与可持续发展. 张世秋, 等, 译. 北京: 中国财经政治出版社: 10-20.

方大春. 2009. 生态资本理论与安徽省生态资本经营. 科技创业月刊, (8): 4-6.

顾笑然. 2007. 公共产品思想溯源与理论述评. 现代经济, 6(9): 63-65.

国务院. 2012. 国务院关于印发《全国现代农业发展规划(2011—2015 年)》的通知. http://www.gov.cn/zhengce/content/2012-02/13/content_2791.htm[2012-01-13].

胡帆, 李忠斌. 2007. 外部经济应用的非对称性与区际生态补偿机制. 武汉科技学院学报, 20(3): 30-34.

黄国勤. 2007. 农业可持续发展导论. 北京: 中国农业出版社: 13-18.

姜爱林. 2002. 中国信息化理论研究回顾与述评. 当代中国史研究, 9(4): 108-117.

姜学民. 1986. 农业生态经济学的研究对象和内容. 生态经济, (3): 14-15.

科斯 R, 阿尔钦 A, 诺斯 D. 2004. 财产权利与制度变迁: 产权学派与新制度学派译文集. 刘守英, 等, 译. 上海: 上海人民出版社: 52-54.

赖力, 黄贤良, 刘伟良. 2008. 生态补偿理论、方法研究进展. 生态学报, 28(6): 2870-2877.

李广乾. 2019. 轻装信息化是理解数字经济发展的技术基础. 重庆理工大学学报(社会科学版), 33(2): 1-6.

李明悦, 刘大勇. 2019. 习近平绿色发展理念的理论价值及实践路径. 学理论, (2): 6-8.

刘向华. 2010. 我国农业生态核心服务功能体系构建. 当代经济管理, 32(12): 37-41.

骆世明. 2012. 农业生态学. 北京: 中国农业出版社: 8-15.

马光等. 2000. 环境与可持续发展导论. 3 版. 北京: 科学出版社: 294-303.

农业部. 2007. 农业部关于印发《全国农业和农村信息化建设总体框架(2007—2015)》的通知. http://www.moa.gov.cn/nybgb/2007/dseq/201806/t20180614_6152085.htm[2007-11-21].

农业部. 2011. 全国农业农村信息化发展“十二五”规划. http://www.moa.gov.cn/ztzl/sewgh/

[2011-12-07].
农业部. 2016. 农业部关于印发《"十三五"全国农业农村信息化发展规划》的通知. http://www.cac.gov.cn/2016-09/02/c_1119498697.htm[2016-08-29].
农业农村部, 中央网络安全和信息化委员会办公室. 2019. 农业农村部 中央网络安全和信息化委员会办公室关于印发《数字农业农村发展规划(2019—2025年)》的通知. http://www.moa.gov.cn/gk/ghjh_1/202001/t20200120_6336316.htm[2019-12-25].
秦艳红, 康慕谊. 2007. 国内外生态补偿现状及其完善措施. 自然资源学报, 22(4): 557-567.
沈贵银, 顾焕章. 2002. 农业推广服务的公共物品属性分析. 农业经济问题, (12): 30-34.
沈小波. 2008. 环境经济学的理论基础、政策工具及前景. 厦门大学学报(哲学社会科学版), (6): 19-25.
孙炜琳. 2017. 农业是生态文明建设的重要载体. 中国科学报, 5版.
王洪会, 王彦. 2012. 农业外部性内部化的美国农业保护与支持政策. 长春理工大学学报(社会科学版), 25(5): 64-66.
王农, 刘宝存, 孙约兵. 2020. 我国农业生态环境领域突出问题与未来科技创新的思考. 农业资源与环境学报, 37(1): 1-5.
韦苇, 杨卫军. 2004. 农业的外部性及补偿研究. 西北大学学报(哲学社会科学版), 34(1): 148-153.
休谟. 1983. 人性论(下卷). 关文运, 译. 北京: 商务印书馆: 578-579.
亚当·斯密. 1974. 国民财富的性质与原因的研究(下卷). 郭大力, 王亚南, 译. 北京: 商务印书馆: 252-253.
严立冬, 陈光炬, 刘加林, 等. 2010. 生态资本构成要素解析: 基于生态经济学文献的综述. 中南财经政法大学学报, (5): 3-9.
严立冬, 邓远建, 屈志光. 2011. 绿色农业生态资本积累机制与政策研究. 中国农业科学, 44(5): 1046-1055.
严立冬, 张亦工, 邓远建. 2009. 农业生态资本价值评估与定价模型. 中国人口·资源与环境, 19(4): 77-81.
严茂超. 2001. 生态经济学新论: 理论、方法与应用. 北京: 中国致公出版社: 95-105.
杨壬飞, 吴方卫. 2003. 农业外部效应内部化及其路径选择. 农业技术经济, (1): 6-12.
于法稳. 2017. 中国农业绿色转型发展的生态补偿政策研究. 生态经济, 33(3): 14-18, 23.
张世秋. 2018. 环境经济学研究: 历史、现状与展望. 南京工业大学学报(社会科学版), 17(1): 71-77.
赵邦宏, 宗义湘, 石会娟. 2006. 政府干预农业技术推广的行为选择. 科技管理研究, 26(11): 21-23.
中共中央, 国务院. 2015. 中共中央 国务院印发《生态文明体制改革总体方案》. http://www.gov.cn/guowuyuan/2015-09/21/content_2936327.htm[2015-09-21].
中共中央办公厅, 国务院办公厅. 2016. 中共中央办公厅 国务院办公厅关于印发《2006—2020年国家信息化发展战略》的通知. http://www.gov.cn/gongbao/content/2006/content_315999.htm[2006-03-19].
中共中央宣传部. 2014. 习近平总书记系列重要讲话读本. 北京: 学习出版社, 人民出版社.
中国林业科学研究院. 2014. 良好生态环境是最公平的公共产品和最普惠的民生福祉. 河北林业, (10): 10-13.
周宏仁. 2009. 信息化理论体系基本框架的研究. 电子政务, (2): 7-17.
周颖, 陈柏旭. 2020. 生态文明背景下我国农业现代化新内涵与发展道路探索. 农业科学, 10(12): 1081-1089.

朱中彬. 2003. 外部性理论及其在运输经济中的应用分析. 北京: 中国铁道出版社: 35-40.
Costanza R, d'Arge R, Groot R D, et al. 1997. The value of the World's Ecosystem Services and Natural Capital. Nature, 387(15): 253-260.
Krutilla. 1988. Conservation reconsidered, environmental resources and applied welfare economics: essays in honor of John V. Krutilla. Washington, D.C.: Resources for the Future: 10.
Webster F. 1994. What information society? The Information Society, 10(1): 1-23.

第三章　农业生态补偿的评估方法研究综述

第一节　生态补偿标准核算方法概述

生态补偿关键要解决“应该补偿多少”和“能够补偿多少”两个核心问题。补偿标准的确定是补偿政策的核心内容，直接影响到补偿政策效果和补偿者承受能力，也是建立补偿机制的重点和难点问题。农业生态补偿实质是对农业生态系统外溢成本（效益）内部化的一种制度安排，对农业生态系统服务外部成本（效益）的准确计量是确定补偿标准的科学依据。国外从 20 世纪 80 年代起，基于在流域水资源管理、生物多样性保护、景观美化及农业环境保护等领域的生态补偿项目实践，探索生态补偿标准核算的新方法和新思路。美国及欧盟普遍运用机会成本法、旅行费用法及意愿价值评估方法等方法，从农业生产成本、生态效益评估及受偿者意愿等不同角度估算生态补偿标准，为激励农民从事环保生产行为提供有力的技术支撑。

我国从 20 世纪 80 年代引入非市场价值评估方法，在流域生态补偿和森林生态补偿标准等领域的研究比较活跃，而对于农民采纳生态环保措施的补偿标准研究并不多见。国内迄今仍然没有形成一套官方认可的补偿标准核算方法，现有的实证研究及试点示范还不能为决策服务提供支持，迫切需要在补偿标准的核算方法和研究思路上改进和提高。目前，国内外常用的生态补偿标准研究方法包括：生态系统服务价值评估方法、意愿价值评估方法、机会成本法、成本效益分析法。本章系统梳理现有常用评估方法的适用范围、条件及优缺点，为建立多学科、多方法集成的农业生态补偿标准核算方法体系提供参考和借鉴。

一、生态系统服务功能价值评估方法

（一）生态系统服务功能价值评估研究进展

生态系统服务功能（ecosystem service function）的概念最早出现在 20 世纪 60 年代（King，1966），生态系统服务功能及价值的研究经过逐渐演化和融合，已发展成为由经济学、生态学等多学科交叉研究的重要学术领域和最有活力的前沿阵地。20 世纪 90 年代以来，以 Costanza 等对全球生态系统服务功能价值评估为基础，国外基于各种时空尺度的自然资源价值评价从生态系统服务、水资源价值、

生产资本、生物多样性保护等多角度展开，在理论方法和实践应用的广度与深度上取得显著进展（Costanza et al.，1989；Pimentel et al.，1995）。2001～2005 年联合国组织发布的《千年生态环境评估报告》使全世界认识到了生态环境对于人类生存与发展的重要意义；国际社会的高度重视使科学家更积极地投身到生态系统服务功能与人类福利的关系、变化的驱动因子、评价技术与方法及评价结果与政策制定等领域中，并在森林、湿地、农田、草地等不同生态系统服务功能价值评估案例中提出了不同的评估方法（Woodward and Wui，2001；Peters et al.，1989；Hanley and Ruffell，1993）。

国内生态系统服务功能及其价值评估研究源于 20 世纪 80 年代。欧阳志云等（1999）综合运用生态学及经济学方法，探讨了大区域生态服务功能的内涵与评价方法；分析评价了中国陆地生态系统在有机质生产、CO_2的固定、O_2的释放、水源涵养等方面的作用及间接价值，较早地奠定了国内生态系统服务功能价值评估的理论和方法基础。张志强等（2001）全面总结了 21 世纪初国内外有关生态系统服务及自然资本的价值理论、价值评估的各种方法及类型，评述学科研究进展与趋向，为推进生态价值评估向生态-环境-经济核算体系方向发展提供了参考。赵军和杨凯（2007）从研究对象、价值构成、研究方法、时空过程等 4 个方面对生态系统服务价值评估的特征进行了分析，指出非市场价值评估手段仍处于初级发展阶段，对于总经济价值的认知尚未达成一致，导致评估结论对生态系统管理的理论支持较弱，是国内评估研究的基本问题所在。王燕等（2013）阐述了我国现行生态服务价值评估方法的内涵与特点，深入剖析评估方法存在的缺陷，提出在非市场化生态系统服务价值核算理论与计量方法方面尚未取得突破，建议从宏观和微观角度完善评估方法。

研究系统梳理国内外生态系统服务价值评估方法的研究文献，比较分析 3 类生态经济学评估方法（表 3-1）可知，直接市场价值评估法和间接市场价值评估法是目前普遍采用的方法，意愿价值评估方法已成为国外非市场价值评估广泛使用的方法，在我国运用较少。

表 3-1　常用生态系统服务价值评估方法比较

评估方法	常见类型	适用范围
直接市场价值评估法	市场价值法、影子价格法替代工程法、机会成本法	用于传统市场上有价格的生态服务或直接受生态环境变化影响的商品，主要针对生态系统提供能源和物质等实物性资源的服务功能评估
间接市场价值评估法	替代成本法、旅行费用法、享乐价值法	用于没有直接市场价格信息，借助于市场上其他商品信息等间接措施获知，用来评估对生态系统服务的支付意愿或舍弃服务的补偿意愿
假想市场价值评估法	意愿价值评估法	用于缺乏真实市场数据，依靠假想市场引导消费者获得对生态系统服务的陈述性偏好，从而评估环境物品或生态系统服务的价值

（二）农田生态系统服务功能及其价值评估

国内外农田生态系统服务功能内涵与价值评估是在对生态系统服务价值研究的总体背景下进行的，并选择性借鉴生态系统服务功能价值评估流程和方法（任志远，2003）。孙新章等（2007）采用生态经济学的方法，对中国农田生态系统的服务功能进行了价值评估，初步计算了2003年中国农田生态系统服务功能的价值。杨志新等（2005）、李波等（2008）、唐衡等（2008）全面开展了北京城市郊区不同农田类型及种植模式的生态系统服务价值评估，研究均采用国外生态系统服务功能价值评估方法，结合相关的统计与监测数据资料，对农田生态系统潜在的服务价值进行测算。张微微等（2012）在地理信息系统（GIS）和遥感（RS）的支持下，根据生态系统服务评价理论，采用生态经济学方法计算关中-天水经济区范围内农田生态系统的生态服务价值量，研究将经济、生态指标与矢量数据相结合，不仅提高了价值测度的准确性，也使生态价值的分级图展示形式更便于理解和应用。

20世纪90年代以后，国内学术界开展保护性耕作技术生态环境效应研究。杜守宇等（1994）较早地在西北干旱地区开展旱作节水农业技术的整体功能效应与田间试验研究，结果表明：秸秆覆盖还田具有蓄水保墒、保持水土、改善土壤结构、提高有机质与矿质营养水平等环境效应。国内学者2000年以后开展以秸秆还田为核心的保护性耕作技术应用效果及意愿的理论研究和实证分析。一是从宏观层面研究国家实施保护性耕作技术效果，开展技术补贴政策定性评价。高旺盛（2007）系统界定保护性耕作技术体系原理，分析我国保护性耕作技术存在问题的原因，提出保护性耕作技术体系建设的重点方向。薛彩霞等（2012）全面梳理我国现行环境友好型施肥技术补贴政策，以测土配方施肥和秸秆还田补贴为例，提出推进环境友好型施肥技术补贴的建议。赵旭强等（2012）基于山西省340份农户问卷调查，定量分析保护性耕作技术对产量和生产成本的影响，评价补贴政策的实施效果及农户对该项补贴政策的期望。平英华等（2013）开展秸秆机械化还田生产过程经济分析，摸清服务者（机手）与被服务者（农户）的投入和产出，秸秆还田具有良好的经济和环境效益。二是从微观层面研究农户采纳农田清洁生产技术行为，分析技术采纳行为影响因素。方松海和孔祥智（2005）研究农户禀赋各因子对保护地生产技术采纳决策的影响作用，结合逻辑斯谛（logistic）回归模型分析摸清明显倾向于采纳及不采纳技术的农户特征，并为政府制定技术推广政策提供参考建议。王金霞等（2009）基于黄河流域的实地调查，运用计量经济模型定量分析保护性耕作技术的影响因素主要包括政策支持、项目实施、劳动力机会成本和灌溉条件等。

二、意愿价值评估方法

意愿价值评估方法（contingent valuation method，CVM）是环境经济学应用

最广泛的公共物品价值评估方法，其在假想市场环境下，直接询问受访者对于某一环境物品或资源保护措施的支付意愿（willingness to pay，WTP）或因环境受到破坏及资源损失的受偿意愿（willingness to accept，WTA），以 WTP 和 WTA 来评估环境服务的经济价值（Mitchell and Carson，1989）。美国 Davis（1963）博士应用 CVM 评估美国缅因州滨海森林的娱乐价值，并逐渐将其用于评估环境资源的游憩和美学价值。美国加利福尼亚大学 Hanemann（1994）在 1984 年建立了 CVM 与随机效用最大化原理的有效联系，1985 年最早提出二分式选择法，为 CVM 的应用奠定经济学基础。美国国家海洋和大气管理局研究人员在 1992 年对 CVM 进行评估，提出著名的 15 条原则，推动 CVM 在资源环境测度中的应用和发展（张翼飞和赵敏，2007）。

CVM 不仅是国际社会广泛采用的非市场价值的重要评估方法，而且是社会科学中定量化行为研究的有效手段。CVM 对于缺乏真实市场价格信息、无法反映非使用价值的环境物品价值评估独具优势，得益于数据来源的途径。CVM 的研究对象往往是作为个体的人，也可以是公司或组织；它对一群人的行为及陈述感兴趣，试图理解人的行为特征以及形成原因。CVM 以消费者效用恒定的福利经济学理论为基础，以 WTP 和 WTA 两个效用指标为评价尺度，通过建立受限条件下的间接效用函数模型，科学计量消费者在面对环境改善时的支付意愿和面对环境退化时的受偿意愿（张志强等，2003；蔡志坚等，2011；张翼飞和赵敏，2007）。CVM 采用社会调查方法收集收据，引导个人对环境物品和服务定价，在实证研究基础上科学判断环境物品价值，为决策或政策制定提供科学依据。

意愿价值评估方法是国际社会进行非市场价值评估普遍采用的陈述偏好评估法。国外的农业生态补偿政策都是在农民自愿参加的基础上，尊重与保护农民的利益，鼓励农民从事环保的生产行为。这种做法避免了“生态补偿”演变成为行政主管的个人意志，从而提高了生态补偿的合理性和有效性。例如，美国的退耕补偿政策，政府主要借助竞标机制和遵循农户自愿的原则来确定与各地自然和经济条件相适应的补偿标准，通过农户与政府博弈，化解了生态补偿中利益双方的潜在矛盾；此外还有比较成功的环境质量激励项目（Environmental Quality Incentives Program，EQIP）和保护支持计划（Conservation Security Program，CSP）等，都是充分考虑农民的意愿和利益，政策制定中给予农民极大的自主权和选择权。

三、机会成本法

机会成本法（opportunity cost method）是指在无市场价格的情况下，资源使用的成本可以用所放弃的替代用途的收入来估算，具体地说使用一种资源的机会成本是指把资源投入某一特定用途以后所放弃的在其他用途中获得的最大利益。机会成本与一般成本的区别在于它是一种未沉淀成本，即未实际发生的成本，而一般成本则是一种沉淀成本。机会成本的特点如下：①机会是可选择的项目，机会成本所指的机会必须是决策者可选择的项目，若不是决策者可选择的项目便不属于决策者的机会。②机会成本是有收益的，放弃的机会中收益最高的项目才是机会成本，即机会成本不是放弃项目的收益总和，多个选择方案中收益最高的才是机会成本。③机会成本是指在资源有限的条件下，把一定资源用于某种产品生产时所放弃的用于其他可能得到的最大收益（熊萍和陈伟琪，2004；胡海川等，2018）。

欧盟在生态补偿机制中广泛采用机会成本法，即根据各种环境保护措施所导致的收益损失来确定补偿标准，再根据不同地区的环境条件等因素制定出有差别的区域补偿标准（Schomers and Matzdorf，2013；Wunscher and Engel，2012）。我国在农林系统分别实施了退耕还林、退牧还草、生态公益林补偿及天然林保护工程等生态补偿政策，但是生态补偿标准定价实际上只计算了农民原来种植粮食的机会成本，没有补偿发展机会成本的损失，与瑞典等发达国家对退耕还林实行50%的补助率相差甚远。特别是生态脆弱区和贫困区的农户，不仅需要生态建设和保护的资金，更需要提高自身发展能力和社会福利水平的资金及援助，这才是农民更关心的问题。由此可见，作为一种简单易行又有效的方法，机会成本法在环境与资源管理决策中已得到广泛应用；但该方法的应用具有一定的局限性，且计算结果也并非十分精确（胡海川等，2018；袁伟彦和周小珂，2014），应与其他方法配合使用以获得最佳评估结果。

四、成本效益分析方法

成本效益分析（cost-benefit analysis，CBA）方法在20世纪七八十年代的西方国家开始普及，它是以福利经济学为基础，从全社会的角度衡量项目方案的成本和收益并以此做出项目决策的一种系统方法。具体来说，成本收益分析是通过全面比较一个公共项目或一项公共政策的全部成本和收益，在判断净收益大小及社会公共福利后再评估项目或政策实施价值的一种方法（许光建和魏义方，2014）。成本收益分析作为一种经济决策方法，将成本费用分析法运用于政府部门和计划决策以及公共管理之中，以寻求在公共项目投资决策上如何以最小的成本获得最大的效益，提升全社会的公共福利。

成本收益分析方法首先确定一个项目的所有潜在成本和收益，并把它们转换成货币单位，依据决策规划进行比较，最后从全社会的角度确定该项目是否可行。成本收益分析方法的一个重要特征就是包含和估计非货币成本及收益，也就是社会效用，即这些项目对经济社会中的生产和消费总水平及公共福利水平的影响，而这些在私人投资项目中是不考虑的，只有在政府投资项目中才予以考虑。因此，政府投资项目中的成本和收益包括直接成本收益及间接成本收益。直接成本收益是指与投资项目开支直接相关的成本收益，如对项目所投入的资本、人力和所获得的产出增加或生产率的提高等。间接成本收益是指难以定量评估的，但是由项目本身带来的成本和收益。

政府资源的有限性促进了以成本效益分析法为代表的分析方法在公共政策决策中的应用。成本收益分析法已经被美国、欧盟国家、英国等许多国家广泛使用，协助进行政策方面的决策。从 20 世纪 60 年代起，成本收益分析就已经运用到美国政府部门的水利项目评估及其他的重要领域。在过去的 20 年里，采用成本收益分析法已经成为美国政府各个行政部门的一个重要行为，除国会以外的行政和司法实践，在政策决策中成本收益分析法已经成为默认的法律规定。欧盟国家也有一些政府在制定政策过程中使用成本收益分析法，如荷兰、奥地利、瑞典。英国 1995 年出台的《环境法》就要求环境机构考虑相关法规和保护措施的预期成本及收益（席涛，2004；应晓妮等，2021；徐莹和李沁璜，2013）。

纵观现有生态补偿标准核算方法研究，国际社会逐渐形成了一系列对非市场交易的商品或服务进行测量的方法。本研究总结认为，现阶段普遍采用的非市场价值评估方法主要分为揭示偏好方法和陈述偏好方法（图 3-1）（许光建和魏义方，2014；应晓妮等，2021）；其中：揭示偏好方法利用个人在实际市场和模拟市场的行为来推导环境物品或服务的价值，也称为间接市场方法或替代市场方法。陈述偏好方法在假想市场的情况下，通过调查技术直接从被调查者的回答来引出环境价值，因此是一种相对“直接方法”。

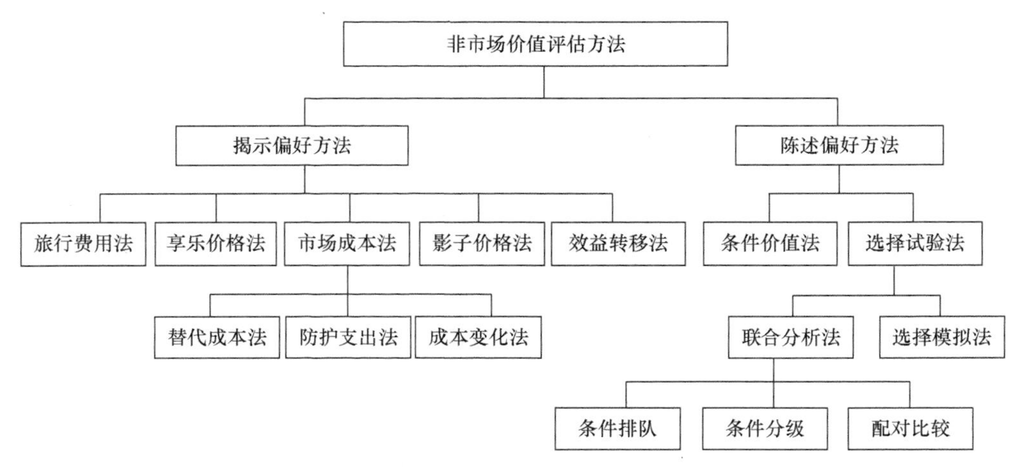

图 3-1　非市场价值评估方法主要类型结构图

第二节　农业自然资源资产价值评估

一、农业自然资源资产特征与价值构成

自然资源资产是指以自然资源形式存在，能够参与市场活动并产生价值，同时具有清晰的产权主体和产权边界的稀缺性资产。自然资源转化为资源资产必须具备5个基本条件：可定义性、稀缺性、能给使用者带来效益、为一定的主体所拥有或控制、能够可靠计量。自然资源的基本属性有3个重要方面：一是自然资源的权属制度，可分别按照自然资源权属的主体、取得方式和资源的种类进行划分；二是自然资源的稀缺性，稀缺性是自然资源价值的基础，是形成市场的根本条件；三是自然资源的劳动价值，自然资源的价值来自人的劳动结果（谷树忠等，2002）。

农业自然资源是指存在于地球表层自然系统中参与农业生产过程的物质和能量。农业自然资源的基本属性：资源的共生性和整体性，资源分布的地域性，资源的相对有限性与绝对无限性，资源的多宜性，资源利用的层次性。农业自然资源的构成可概括为气候资源、水资源、土地资源和生物资源等4个方面。我国农业自然资源的总体特征：①资源总量丰富，种类齐全；②人均资源量少，生存空间狭小；③资源质量相对悬殊，低劣资源比例偏大；④资源时空分布不平衡；⑤资源开发强度大，后备资源不足；⑥物种资源丰富，有待保护（刘秀珍，2009）。

农业自然资源的多功能性或多功用性决定了自然资源的价值，主要体现在以下6个方面：一是资源价值，即为农业经济发展提供不可或缺的水文、土壤、气候、生物等物质或能量，满足人们基本生活保障及其对资源的多样需求。二是劳动价值，自然资源的价值来自人的劳动结果。一方面是直接的劳动耗费，另一方面是自然资源的重置劳动耗费。三是稀缺价值，稀缺性是自然资源价值的基础，是形成市场的根本条件，只有稀缺的东西才在市场上有价格，稀缺价值也是其效用价值。四是经济价值，即作为重要生产要素，与劳动力、资本、技术等一起推动经济增长和发展。五是社会价值，即为社会发展提供就业机会、文化服务、生存保障等。六是生态价值，作为农田、森林、草地、水域、湿地等生态系统的基础组成部分，直接决定生态系统的结构、功能和效率。

从图3-2可知：资源价值是其产权价值，是权属主体权益的体现；劳动价值是其附加价值，是物化劳动的价格体现；稀缺价值是其效用价值，是选择带来的机会成本；经济价值是其使用价值，是满足人类生存需要的意义体现，是自然资源资产价值的核心；社会价值是其保障价值，维持人类基本生活保障；生态价值是其服务价值，是间接服务人类需求的功能价值。

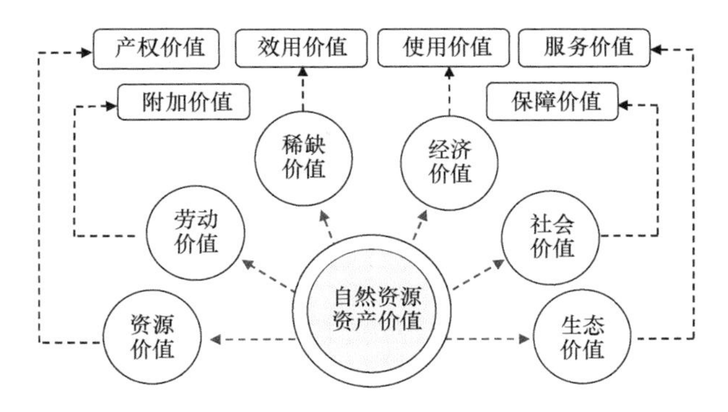

图 3-2　农业自然资源资产价值构成示意图

二、农业自然资源资产价值评估原则与方法

（一）自然资源资产价值评估原则

第一，明确自然资源资产估价的主要目的。确保自然资源资产的保值、增值，确保自然资源资产价值充分实现，确保自然资源资产收益由利益相关者相对均衡分享。

第二，明确自然资源资产估价的基本原则。一是直接价值为主兼顾间接价值的原则，立足主要评估的直接机制，同时兼顾适度评估间接价值。二是经济价值为主兼顾其他价值的原则，主要瞄准对经济价值的评估，必要时兼顾生态价值和社会价值等。三是分类评估基础上扩展至综合评估的原则。关注各类自然资源资产之间的价值共生、共进关系（总体大于部分之和）；关注各类自然资源资产不同价值之间的共轭关系，不能为了取得某种价值而放弃、破坏其他价值；关注不同类型自然资源资产价值的差异性，包括水文、土壤、生物等资源资产价值变化特点，存量资源资产与流量资源资产的差异性，水资源资产价值的不确定性，生物资源资产的周期性及季节性等。

第三，明确自然资源资产价值评估的重点。农业自然资源资产价值评估主要评估资源的使用价值（资源价值）、附加价值（经济价值）和稀缺价值；农业绿色生产技术价值评估主要评估技术应用产生的经济价值、社会价值和生态价值（图 3-3）。

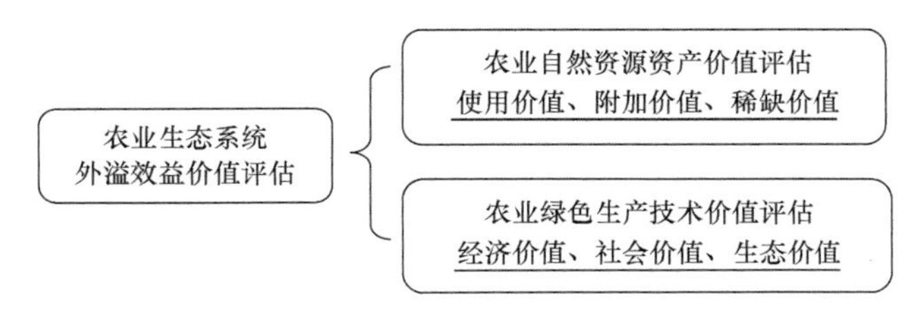

图 3-3　农业生态系统外溢效益价值评估重点

（二）自然资源资产价值评估方法

自然资源为社会经济发展提供不可或缺的物质和能量，是人类生存的自然基础和物质财富的重要源泉。重视自然资源保护和资源的永续利用，是社会经济可持续发展的重大需求。自然资源资产价值的合理定价，可以帮助人们重新审视自然资源，引导人们改善资源利用方式；揭示自然资源保护增进人类福祉的全面贡献，为建立资源节约利用的生态补偿机制提供参考依据。

自然资源资产价值的分类研究。李金昌（1992）认为自然资源资产价值应当包括两部分：一是自然资源资产本身蕴藏的“潜在社会价值”；二是自然资源资产中包含的人类社会劳动的“现实社会价值”；自然资源资产价值的核算应当由这两部分价值构成。于连生（2004）提出自然资源的价值主要体现在自然资源具有天然价值、附加人工价值及稀缺价值。国内代表性研究指出，自然资源资产价值是由其多功能性决定的，主要体现在资源价值、环境价值、生态价值、经济价值和社会价值等方面［中国地质大学（武汉）资产评估教育中心，2020］。总之，自然资源资产价值的构成应该从满足社会经济发展需要出发，考虑自然资源的天然属性、社会属性和生态属性，客观、真实、合理、全面地反映自然资源资产价值的经济特征。

自然资源资产价值评估方法研究。全球自然资源资产核算方面做得比较好的国家有美国、英国、加拿大和澳大利亚等。各国对自然资源资产价值的计量存在争议，具有代表性的方法主要有收益现值法、市场价值法、公允价值法和净现值法（刘利，2019）。我国在自然资源资产核算的主体、范围、分类、方法等方面与这些国家均存在不同程度的差异。目前，国内普遍使用的评估方法有成本法、收益法、市场法和意愿法（陈助君和丁勇，2005），各种方法的理论基础、优势和劣势及适用场合不同（表 3-2）；但各种方法同时使用可以相互验证、相互完善，有

表 3-2　自然资源资产价值评估方法比较

方法	理论基础	优势	劣势	分类
成本法	权益价值论 劳动价值论	计算简单，价格来源清晰易懂	自然资源资产成本构成复杂，不易确定	历史成本法 重置成本法 旅行成本法
收益法	效用价值论	定价原理直观，评估结果容易被接受	未来预期收益不易预测，主观性较强，导致价格可信度降低	收益还原法 收益分成法 收益倍数法
市场法	市场经济条件下，资产的价格受供求规律影响	客户易于理解，评估价格容易被接受	大部分自然资源资产交易市场发育不完全，没有足够参照物用作评估	现货市场交易法 期货市场交易法
意愿法	消费者效用恒定的福利经济学理论	数据获取难度低	过于主观，不一定能反映自然资源资产的真实价值	支付意愿法 调查意愿法

效提高评估结果的准确性（葛京凤和郭爱请，2004）。根据自然资源的再生性特征分类，石油、天然气等自然资源资产计量应采用市场法，源于资源的稀缺性和市场供求关系的密切性；森林资源、土地资源、矿产资源、水资源等价值评估可以选择成本法或收益法；对于生物资源、土地资源资产的休闲旅游及文化价值评估多选择意愿法，依据消费者主观偏好对环境产品的非市场价值进行主观判断。

总之，由于自然资源资产价值构成的复杂性和多样性，现有任何一种自然资源资产价值计量方法都存在一定的局限性，很难用一种方法准确地计量自然资源资产价值。因此，探索区域适宜的自然资源资产分类定价方法，考虑自然资源资产对人类福利的影响是自然资源资产价值评价体系研究的主导方向。

三、农业土地资源价值评估方法

（一）土地资源基本属性与价值构成

1. 土地资源基本属性

土地是一种综合的自然资源，与大气、水、生物、矿产等单项资源相比，土地对人类生存来说是最基本的，也是最广泛、最重要的，能用来满足人类自身需要和改善自身的环境条件。土地具有以下基本属性特征（刘黎明，2010）：①生产性。土地具有一定的生产力，即可以生产出人类需要的某种植物产品和动物产品，这是土地的本质特征之一。②面积的有限性。受地球表面陆地部分的空间限制，土地的面积（或称土地资源的数量）是有限的，各种土地利用对有限土地面积的竞争异常激烈。③位置的固定性。每一块土地的绝对位置的固定性；一般来讲，每一块土地所处的环境及其物质构成在一定时空范围内基本上也是固定的。④再生性。土地是一个生态系统，土地资源具有可更新性。土地对污染物也有一定的净化能力。⑤资产属性。供给的稀缺性、位置的固定性、个体的异质性和使用的永久性形成了土地的资产属性（地产）。⑥价格二重性。价格的二重性体现在：一方面是作为自然物的土地价格，具有使用价值；另一方面是作为开发的土地价格，具有交换价值。⑦生态属性。土地本身是一个生态系统，是万物生存、生活、繁育的基础，具有支撑、养育、净化等重要的服务功能。⑧社会属性。土地构成了社会生产力的物质要素，社会生产离不开土地资源。

综上所述，土地资源与人类社会的发展息息相关，而对于农业产业来说，土地资源就更为珍贵，土地是最基本的物质条件、生产场所和发展保障，没有了土地也就失去了农业产业发展的最基本条件。本研究认为在土地众多属性中，土地的生产属性、生态属性、社会属性及资产属性是进行土地价值评估最根本的属性，基于这 4 种属性功能的价值量评估是研究的切入点和问题核心所在。

2. 土地资源价值构成

根据前述对土地资源基本属性的分析，借鉴国内相关研究成果，本研究进一步归纳总结提出土地资源总经济价值的构成框架（图 3-4）：首先，作为自然物的土地资源价值构成，主要用途是农业用地或耕地使用，其价值由经济产出价值、社会保障价值、生态服务功能价值三部分构成。其次，作为开发的土地资源价值构成，主要用途为非农用地（建设用地、工业及商业用地等），其价值由经济产出价值、社会保障价值、生态服务功能价值、资产交易价值四部分构成（李景刚，2013）。

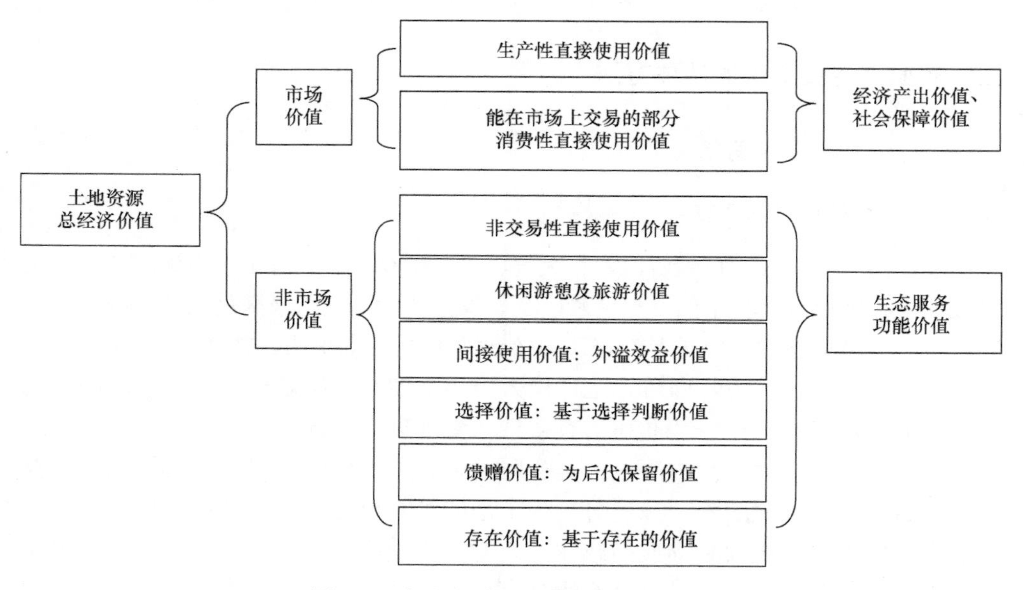

图 3-4　土地资源总经济价值分类体系

土地上的成本投入通过两种方式改变土地的资本价值：一是在原有土地物质上进行技术、资本、劳动投入，增强了土地的生产能力或者赋予土地某种功能；二是随着科学技术的发展，人类利用自然的能力增强，通过一定的要素投入可以开垦出一定量的土地，使得土地的供给开始具有弹性。根据投入资本（包括技术、劳动、资金、管理）对形成土地价值的作用，把土地的成本价值分为以下 4 类：第一类，宏观层次，具体表现为国际谈判、国防军备、设备的支出。第二类，私人土地所有权或者使用权及其他权能的取得、维护成本。第三类，土地开发的前期成本。使用土地前对土地进行前期勘测和调查而投入的劳动，制定和实施国家土地政策及利用规划而投入的成本，是合理开发利用的前提。第四类，土地开发利用成本，是指使土地获得最佳使用效益而对土地进行开发改造所投入的成本。

耕地的改良、耕地与非耕地的内部转换、耕地与建设用地的类型转换、建设用地的基础设施配套等活动都会引起土地成本价值的增加。

（二）农用地资源价值评估方法综述

农业土地资源即农用地，是用于农业生产的土地，包括耕地、园地、林地、草地，还包括农田水利用地、养殖水面、农田交通用地、设施农用地等（肖斌，2019）。农业土地资源是最重要、最基础的农业自然资源，其他自然资源往往与土地资源高度关联。农用土地作为资源性资产，具有经济属性、社会属性、生态属性等基本属性；不同的属性决定了农用土地能够满足人类多功能需要，体现出不同的价值内涵。国内大多数研究从土地资源对农业经济发展功能效用的视角，将农用土地资源价值分为经济价值、社会价值和生态价值三部分，农用土地资源的理论价值应是三者之和（王万茂和但录龙，2001；张飞和孔伟，2013；李景刚等，2009）。

1. 农用地价值分类与估价方法

从农用土地价值评估的视角，可将农用土地价值分为土地流转价值、转用价值、征农价值和征用价值 4 类，并形成相应的农用土地价格体系。参照《农用地估价规程》和《城镇土地估价规程》等国家标准规定（中华人民共和国国家质量监督检验检疫总局和中国国家标准化管理委员会，2012，2014），通用的土地资源价值评估方法有收益还原法、市场比较法、成本逼近法、剩余法、评分估价法及基准地价修正法等（表 3-3）。上述估价方法是现行农用土地经济价值评估的通用

表 3-3　农用地价值评估方法特点比较

评估方法	定义	适用范围	使用限制
收益还原法	将待估农用地未来各期正常年纯收益，以适当土地还原率还原，估算农用地价格	在正常条件下有客观收益且土地纯收益较容易测算的农用地价格评估	未来收益较难确定，待估对象有详细投入、产出资料；还原率较难选取
市场比较法	将待估农用地与近期市场已发生交易的类似农用地比较，并进行适当修正的方法	农用地市场交易比较活跃的地区，有足够的可比交易实例的土地	农用地市场发育不充分，具备替代关系的交易案例较少；人员要求较高
成本逼近法	以开垦农用地所耗费的各项客观费用之和为依据，再加上利润、利息、应缴纳税金和农用地增值收益来推算	适用于经过未利用土地开发或土地整理后的农用地价格评估	估价结果有时可能会与市场价格产生偏差，需要进行各种修正来确定农用地价格
剩余法	测算完成开发后交易价格的基础上，扣除预计正常开发成本及有关专业费用、利息、利润等，以价格余额估算土地价格	适合待开发农用地的价格评估	市场波动较大的不适用
评分估价法	建立影响农用地价格的因素体系和评分标准，用得分值与客观的农用地单位分值价格乘积表示	适用于所有农用地价格评估，前提是先确定客观的农用地单位分值价格	农用地影响因素评分标准及评价赋分受主观因素影响较大的不适用
基准地价修正法	利用基准地价和基准地价修正系数表对基准地价进行修正，求取宗地价格的方法	适用于有基准地价区域的农用地价格评估	没有公布基准地价的地区不适用

方法，实践中应根据当地土地市场发展情况，结合估价目的和估价对象特点，按照规程要求适当选择，一般应采取两种以上（含两种）的评估方法。

2. 耕地资源价值评估方法研究

耕地资源承载着粮食安全、工业化和城镇化建设用地及生态环境建设等重大功能。我国有限的耕地资源受到来自人口、经济、环境等各方面压力日益加剧，建立耕地资源保护机制是推进农业绿色、永续发展的国家战略需求，也是回应人民诉求、保护民生福祉的有效政策手段。价值评估是建立和完善耕地保护制度的首要前提和必然步骤。当前，关于耕地资源价值评估研究主要围绕耕地资源的全价值、外部性价值及生态服务价值等 3 个方面进行。

第一，关于耕地资源全价值的评估。蔡运龙和霍雅勤（2006）等重建耕地资源价值构成，认为耕地资源价值包括经济产出价值、生态服务价值及社会保障价值，其中：经济产出价值是一种市场价值，社会保障价值是一种非市场、非外部性价值，生态服务价值则是一种外部性价值；应用收益还原法、替代市场法和意愿评估法估算典型区域耕地资源的总价值。柴铎和林梦柔（2018）深入剖析耕地保护补偿的理论根源是耕地资源配置的市场和政府失灵，基于“全价值”核算方法，以省级数据为样本测算横向补偿关系，并划分省际横向补偿分区。苑莉（2011）分析农用地社会价值包括提供就业保障、粮食安全保障和维护社会稳定等方面的价值，基于代际公平原则和社会保障价值的核算方法，估算四川省乐至县农用地社会保障价值。

第二，关于耕地资源外部性价值评估。蔡银莺等（2006）借鉴国外思路认为耕地资源非市场价值包括选择价值、馈赠价值、存在价值，采用条件价值评估法对武汉市耕地资源非市场价值进行了初探。宋敏和张安录（2009）将农地资源正外部性划分为提供社会保障、保证粮食安全以及提供生态服务 3 个方面，采用市场价值评估法、收益还原法、预防性支出法和修正系数法估算湖北省农地资源正外部性价值量。陈竹等（2013）认为农地保护的外部效益即非市场收益，利用选择实验模型测算武汉市农地保护支付意愿，比较了不同方法下外部效益测算结果的差别。牛海鹏等（2014）认为耕地保护的外部性是非市场价值的集中体现，基于条件价值评估法构建了耕地保护外部性测度、分析和检验一体化的方法体系，并以河南省焦作市为研究区域进行了实证应用。

第三，关于农田生态系统服务价值评估。李向东等（2006）、王德建等（2015）分别开展了稻麦秸秆还田双免耕种植模式，以及稻麦秸秆全量还田的生态环境效应价值评估，研究沿用国外的评估方法对保护性耕作模式下的农田生态价值进行核算，对技术的实施起到推动作用。陈源泉等（2014）尝试运用能值、生态系统服务、生命周期评价等 3 种生态经济学方法评价东北、华北粮食产区保护性耕作模式的生态环境效应，并对 4 种模式的生态服务价值进行排序，评估结果为区域适宜的保护性耕作技术模式选择提供理论指导。周志明等（2016）以绿肥引入冬闲田产生的 5 项生态服务功能作为评估对象，采用生态经济学方法，建立冬绿肥-春玉米生态服务功能价值评估体系，为完善绿肥发展的价值核算方法和种植绿肥生态补偿政策提供理论依据。陈春兰等（2016）应用生态经济系统能值分析理论与方法，评估南方双季稻区不同秸秆还田模式的能值效益，通过能值产投比及环境污染指数等关键指标的综合评价，得出生物质炭还田模式的可持续发展水平最高。

当前，农用地资源价值的评估研究成果丰硕，但是深入探讨还存在着两个方面的不足：一是在方法层面上，现有的研究大多针对农用地资源某一项或两项价值量进行评估，全面测算农用地土地资源价值的研究较少；尽管农用地经济价值的估价规程已经成熟，但是随着农用地权属、用途等制度的改革，现有的评估方法已经不能满足发展需要。二是在操作层面上，由于不同区域社会经济条件和土地资源禀赋不同，故对于农用地资源功能效用的战略需求也不同，符合区域农业战略发展需求的农用地资源价值评估研究不足，导致不能为农业土地资源保护制度创新提供技术支撑。因此，加快建立统一系统的农用地“全价值”评价方法体系，制定符合区域实际的差别化生态补偿策略，提升补偿政策的科学性、精准性和可操作性是农业生态补偿制度亟待破解的难点问题。

（三）耕地资源价值评价方法举例

本研究参考前人研究成果认为：耕地资源的价值是由经济产出价值、社会保障价值和生态服务价值三部分构成，耕地资源的总价值为耕地资源的经济产出价值、社会保障价值和生态服务价值的总和。

1. 经济产出功能及价值评价

耕地资源与人类劳动相结合，产出了人类生存和生产所必需的食物与原料，也是我国农民主要的收入来源。人类食物中 88%来自耕地，不仅粮、油、蔬菜等食物产品靠耕地资源供给，而且 95%以上的肉、蛋、奶产量也由耕地资源主副产品转化而来。耕地还是轻工业原料的主要来源地。农民收入的 40%～60%是直接或间接从耕地资源获得的（个别地区达到 80%以上）。耕地资源的经济产出价值就是耕地年经济收益的提前支付，通过收益还原法求耕地资源年收益的现值就获得耕地资源的经济产出价值，也就是说，耕地资源的经济产出价值为耕地年收益与贴现率的商。

采用收益还原法评价耕地经济产出价值的程序：①搜集与评价地区有关的收益和费用等资料；②计算年总收益；③计算年总费用；④计算年净收益；⑤确定

贴现率；⑥根据收益还原法公式计算。计算公式为：$V_c = a/r$。式中，V_c是耕地资源的经济产出价值；a为耕地资源的净收益；r为贴现率。

2. 社会保障功能及价值评估

耕地资源主要在两个层次上发挥社会保障功能：在国家层次上提供粮食安全，在农民层次上提供社会保障。耕地是我国粮食安全的重要基础，解决农民就业的最终出路，是社会稳定和农民养老的根本保障。因此耕地的社会保障功能作用巨大。社会保障价值是一种非市场、非外部性价值，它是为了承担社会保障功能而存在的，对于不可进入市场的价值部分，选择非市场价值评价方法。本研究参照国内代表性的研究方法（蔡运龙和霍雅勤，2006），用单位耕地资源所承载的农业人口的社会保障支出替代耕地资源社会承载价值，社会保障支出包括提供养老保险（V_{s1}）和就业保障（V_{s2}）。具体的计算公式如表3-4所示。

表3-4 耕地资源社会保障价值计算公式与含义

价值类型	计算公式	公式含义
社会保障价值	$V_s=(V_{s1}+V_{s2})\times k_s$	式中，V_{s1}为养老保险价值；V_{s2}为就业保障价值；k_s为修正系数
养老保险价值	$V_{s1}=\dfrac{Y_a}{A_a}$	式中，Y_a为人均养老保险价值；A_a为被评价地区人均耕地面积
人均养老保险价值	$Y_a=(Y_{am}\times b+Y_{aw}\times c)\dfrac{M_i}{M_0}$	式中，Y_a以当地人口平均年龄为a时的个人保险费趸缴金额代替；Y_{am}为a年龄男性公民保险费趸缴金额基数；Y_{aw}为a年龄女性公民保险费趸缴金额基数；Y_a、Y_{am}、Y_{aw}皆可从中国人寿保险股份有限公司研究基准年个人养老金保险费率表中查询；b为男性人口占总人口的比例；c为女性人口占总人口的比例；b、c皆可从当地社会统计年鉴中查询；M_i为农民月基本生活费；M_0为月保险费基数，即：$M_i=M_0$，并将农民月基本生活费定为从50岁起月领200元
就业保障价值	$V_{s2}=\dfrac{C_a}{A_a}$	式中，C_a为乡镇企业人均固定资产价值；A_a为被评价地区人均耕地面积
修正系数	$k_s=\dfrac{P_0}{P_i}$	式中，P_0为全国平均水平的农业人口人均非农业纯收入；P_i为评价案例所在地区（省级）农业人口人均非农业纯收入

3. 生态服务价值评估

耕地及其中的生物所构成的生态系统具有重要的生态服务功能，包括生物多样性的产生与维持、气候调节、营养物质贮存与循环、土壤肥力的更新与维持、环境净化与有害有毒物质的降解、植物花粉的传播与种子的扩散、有害生物的控制、减轻自然灾害等许多方面。此外，农田系统不仅是人们的休闲、娱乐、文化、教育和科研场所，还是乡村农耕文明的体验场所和传承之地。耕地资源的生态服务价值是一种外部性价值，即生态外溢效益价值，可以采用直接市场法或假想市场价值评估方法。

（1）意愿价值评估方法

在假想市场环境下直接询问受访者对于农田环境物品或资源保护措施的支付意愿（WTP）或因环境受到破坏及资源损失的受偿意愿（WTA），以 WTP 和 WTA 来评估环境服务的经济价值。CVM 用于生态服务价值评估研究的技术流程包括以下 6 个重要环节，每个评估环节为了规避可能的偏差，研究都采取了相应的改进措施和操作手段，应用流程如图 3-5 所示。

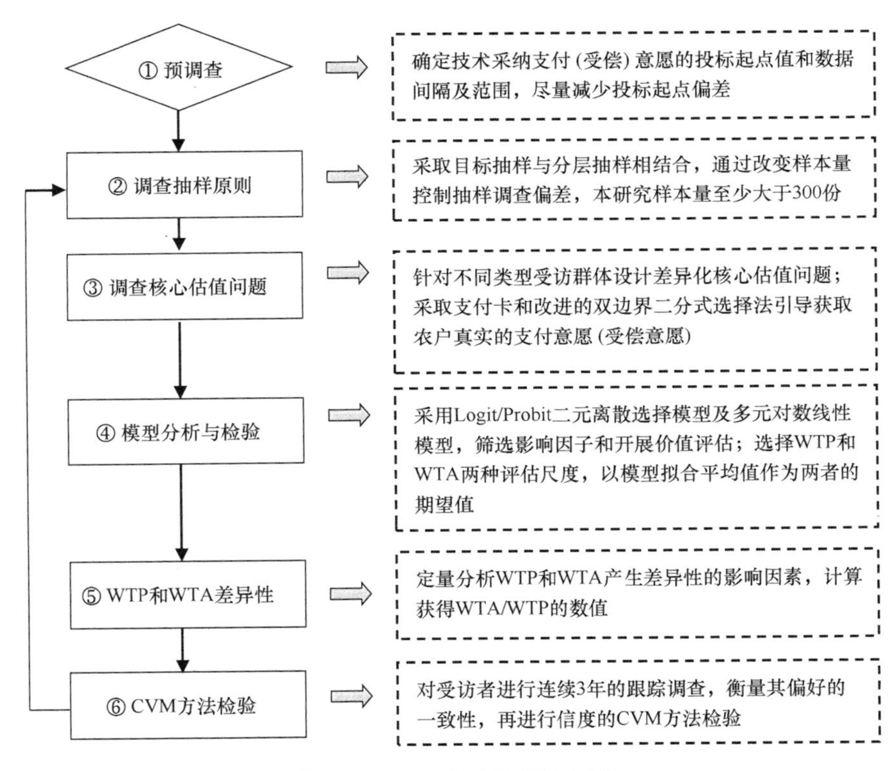

图 3-5　CVM 技术应用流程图

（2）直接市场价值评估

根据谢高地、鲁春霞等的研究（谢高地等，2003；欧阳志云等，1999），得到全国水平的耕地生态系统服务功能价值的货币量（表 3-5）。

表 3-5　中国农田生态系统单位面积生态服务价值表　（单位：元/hm^2）

耕地生态系统服务功能	单位面积价值
气体调节	442.4
气候调节	787.5
水源涵养	530.9

续表

耕地生态系统服务功能	单位面积价值
土壤形成与保护	1291.9
废物处理	1451.2
生物多样性保护	628.2
娱乐文化	8.8
合计	5140.9

表 3-5 中数据是全国平均值，对具体地区的评价还需要根据各地自然条件的差异加以修正。可以假设生态系统的服务功能与其生物量呈正相关，鉴于生物量的测定比较繁杂，可用一个地区的潜在经济产量替代。据此提出修正系数：

$$k_e = \frac{b_i}{B} \tag{3-1}$$

式中，k_e 为生态服务价值修正系数；b_i 为被评价地区耕地生态系统的潜在经济产量；B 为全国一级耕地生态系统单位面积平均潜在经济产量，皆根据王万茂和黄贤金（1997）的研究成果获得数据，B 值为 10.69t/hm^2，b_i 值在各农业区域各异。

因此，耕地资源生态服务年价值为

$$V_{e'} = V_a \times k_e \tag{3-2}$$

式中，V_a 为我国耕地资源生态服务年价值的平均值。与年经济收益的贴现（还原）同理，耕地资源生态服务价值为耕地资源生态服务年价值与贴现率的商：

$$V_e = \frac{V_{e'}}{r} \tag{3-3}$$

4. 耕地资源总价值

耕地资源的总价值（V）为耕地资源的经济产出价值（V_c）、生态服务价值（V_e）和社会保障价值（V_s）的总和：

$$V = V_c + V_e + V_s \tag{3-4}$$

通过上述一系列计算公式，最终得到耕地资源的总价值量数值。

5. 耕地资源生态补偿标准定价

综上所述，以资源管理为目的的土地资产价值以及以资源利用为目的的土地资源价值评估的计算公式如下：

土地资产总价值=经济价值+社会价值+生态价值+机会成本+产权价值（3-5）

土地资源总价值=经济价值+社会价值+生态价值+机会成本（3-6）

基于上述土地资源资产价值评估方法，本研究提出耕地资源补偿标准的定价原则：以土地资源总价值为理论上限，以经济产出价值为理论下限，以生产者补偿意愿为参考阈值，以中央政府财政支付能力为重要依据，确定满足相关利益主体的合理补偿标准。

四、水资源价值评估方法

（一）水资源的基本属性

水资源的价值是由其内在的本质属性决定的，其属性特征也揭示了水资源的作用功能和范畴。在现代经济环境下，水资源的特征属性可以划分为自然属性、社会属性、经济属性、生态属性和环境属性（游进军等，2012）。

1）水资源的自然属性：是指水资源在流域水循环过程中的形成机制及其演化规律，包括水资源的可再生性、时空分布不均匀性等。

2）水资源的社会属性：一是流域内各地区的人群对流域水资源应当享有大体相同的基本使用权；二是水资源开发利用应有助于体现公平原则，包括代际公平、城乡公平、上下游公平和部门公平；三是区别不同的社会需要，生存用水权应当优先得到保证，生态水是生存用水的一部分。

3）水资源的经济属性：是指水资源价值属性，包括三大内容：一是由于水资源具有可利用的经济价值以及可能引发的自然和人为灾害，水资源在经济上呈现出明显的利害两重性；二是水资源为全社会所有，其所有权向具体使用者转让，或者水资源使用权向其他使用者转让，均要有一定的经济量度；三是水资源评价、水资源规划、水资源保护等所付出的社会投入。

4）水资源的生态属性：水资源是维系生物繁衍和生存不可缺少的要素与物质，是保持生物多样化、维护生态平衡的基本保障，净化空气、调节气候，为生命物质提供适宜的生存条件和生存环境，是宇宙生物圈生物链不被破坏、协调平衡的自然调节器。

5）水资源的环境属性：水资源具有稀释、降解污染物，吸附污尘，净化空气，美化环境和景观的作用，水体是一切水生生物的寄生场所和生存空间；在人类活动强烈干扰下的水资源环境属性的纳污和自净功能更加突出。

（二）水资源价值分类

1. 水资源价值内涵

基于上述水资源属性分析：在当前的经济模式下，水不仅是基础性资源，同时也是商品，具有产权所有者，存在稀缺性，具有不同的使用功能，在开发利用过程中需要投入人类劳动，这些特性都决定了水资源具有多重价值属性。

国内外对水资源价值问题的认识主要基于地租论、劳动价值论、边际效用价值论和存在价值与非使用价值等理论观点。水资源价值的内涵主要体现在稀缺性、水资源产权和劳动价值 3 个方面（沈大军等，1998）。

1）稀缺性是水资源价值的基础，是市场形成的根本条件，只有稀缺的东西才在市场上有价格。水之所以成为资源，是因为其相对的稀缺性；水资源之所以有价值，是因为在现实社会经济发展中水资源的稀缺性逐步提升（水资源供需关系的变化）。水资源的稀缺性又是一个相对的概念，即体现为水资源价值的时空差别。

2）水资源产权是经济运行的基础，商品和劳务买卖的核心是产权的转让。水资源产权主要是 4 种权利：所有权、使用权、收益权和转让权。《中华人民共和国宪法》和《中华人民共和国水法》规定：水资源属于国家所有，农业集体经济组织所有的水塘、水库中的水属于集体所有。国家对水资源拥有产权，任何单位和个人开发利用水资源即是使用权的转让，需支付一定的费用。

3）劳动价值是水资源的调查、生产和流通等过程中，包含了人类劳动价值，即劳动和资金的投入，主要有两个方面：一是资源所有者为了在交易和开发利用中处于有利地位，对其所拥有的资源的数量和质量的摸底，主要是水文监测、水利规划等各种前期的投入；二是在资源开发利用中的劳动投入，如在供水中对水源工程的投入、供水工程投入、水处理的投入、管理人员费用、运输费用等。因此，我们认为水资源价值中包含着劳动价值。

2. 水资源价值构成

综上所述，学术界结合当前经济、技术条件下水资源价值的定义：水资源价值是水在经济社会和环境体系循环过程中与评价主体建立起的特殊关系，体现为使用价值、产权价值、劳动价值和补偿价值，在市场经济中通过均衡价格来反映（甘泓等，2012）。

1）水资源的使用价值，即水资源给使用主体带来的效用价值，对于生产者是指水给用水者带来的利益增值，对于消费者则是指水能满足使用者需求的能力。水资源的使用价值包括经济价值、社会价值、生态价值和环境价值。经济价值、社会价值可以通过市场价格来反映，生态价值和环境价值属于公共服务功能，很难给出定量化的评价。

2）水资源的产权价值，是指供给有限的水资源给产权所有者带来的租金收益。水资源产权可分为公权和私权，流域级、省级行政区、地市级行政区以及更小的行政单元的水权属于公权，农业、工业、生活等层次的水权则属于私权。在市场经济中，水权交易的定价反映到市场价格中，在非市场化的体制中，则通过政府定价来实现，由于目前政府定价还缺乏科学的理论基础，这方面亟待完善。

3）水资源的劳动价值，即水资源开发利用过程中无差别人类劳动，通俗来讲是指在水资源管理、开发、供给、利用等过程中人力、物力以及财力等投入。劳动价值从生产者角度来评价水资源价值，包括两部分：管理者的管理维护投入（水资源规划管理投入、保护投入、恢复投入）；生产者的资源开发投入（水源工程投入、供水工程投入、水处理投入、管理人员费用、运输费用等）。

4）水资源的补偿价值，是指在水资源开发利用过程中产生的负外部性影响，主要体现为水资源耗减和水环境退化问题。水资源耗减的价值已经在产权价值中得到了体现，因此补偿价值主要体现为水环境退化价值。水环境退化发生在水资源开发、利用和排放的各个环节中，故水资源退化价值包括：开发时的外部性、使用时的外部性及排放时的外部性影响。国家可以将用水者造成的外部性影响纳入使用者的支出成本中，通过价格杠杆减轻或消除外部性影响。

（三）水资源利益相关者界定问题

流域水资源是典型的公共品，水资源利益相关者的界定在很大程度上具有自然资源利益相关者属性。自然资源利益相关者是指对自然资源有着共同利益和收益的群体、组织或非组织，也指那些直接或间接影响资源保护目标或者被其影响的组织或个人。为此，国内学者将水资源利益相关者的内涵总结为：影响流域水质或水量的个人、群体或单位都属于水资源利益相关者。利益相关者的识别是开展水资源治理工作和进行治理机制设计的基础。利益相关者识别的前提是划定研究对象的边界，因为基于不同的目标，利益相关者分析结果可能是不一致的。因此，只要确认利益攸关点，涉及的利益相关者就容易识别和区分。识别利益相关者的步骤如图 3-6 所示。

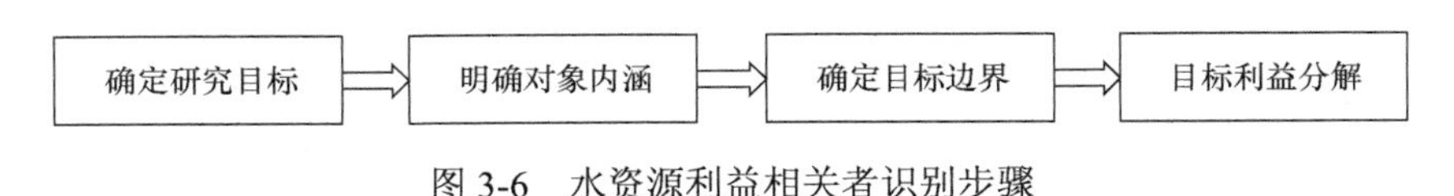

图 3-6　水资源利益相关者识别步骤

学术界对利益相关者识别和分类的方法主要有专家评分法、滚雪球抽样法、半结构访谈法、中心群法、彩虹图法、“利益-影响”矩阵法、米切尔评分法等。国内相关研究从主动性、紧迫性、权力性 3 个维度对水资源利益相关者进行界定和分类；研究采用专家评分法和米切尔评分法，先后通过座谈和问卷调查方式，对流域水资源利益相关者的界定和重要性排序进行研究。问卷采用 7 点李科特量表法，最大得分为 7 分，最小得分为 1 分；将 7 分划分为 3 个层次：1～3 分（含），3～5 分（含），5～7 分（含）；再将这些利益相关者的均值得分划归相应的层次中，分类结果如表 3-6 所示（陈礼丹，2019）。

表 3-6 水资源利益相关者三维分类结果

得分赋值	主动性	紧迫性	权力性
5～7（高）	环保组织、中央政府	沿岸牧民、沿岸农民、中央政府、沿岸渔民、供水企业	属地政府、中央政府
3～5（中）	供水企业、沿岸农民、沿岸牧民、沿岸渔民、属地政府、媒体	环保组织、属地政府、水电企业、航运企业	沿岸牧民、沿岸农民、沿岸渔民、航运企业、供水企业、水电企业、排污企业、环保组织、媒体
1～3（低）	排污企业、城市居民、水电企业、航运企业	排污企业、媒体、城市居民	城市居民

（四）流域生态补偿机制存在的问题

流域横向生态补偿机制是流域范围内生态保护地区和受益地区基于平等协商构建的成本共担、效益共享、合作共治的生态环境保护机制。截至 2020 年 3 月，我国共推进实施跨省流域横向生态补偿 10 宗，长江经济带 11 个省（市）中有 8 个省（市）已经初步建立起省域内流域横向生态补偿机制。尽管我国流域横向生态补偿制度建设与实践取得突破性进展，但仍然存在以下 4 个方面问题。

一是横向生态补偿机制办法未出台，关于流域横向生态补偿机制的核心要素，如主体权利义务、补偿程序规范、纠纷解决机制、责任分担制度等也亟待法律明确规定。二是流域横向生态补偿相关政策整合力度不够，具体表现在：横向和纵向两种类型的生态补偿政策之间存在叠加冲突；流域生态补偿与其他要素生态补偿政策之间缺乏协调；流域生态补偿与其他生态环境保护政策之间的协同性不够，缺少互融性和连贯性。三是主体参与流域生态补偿的内在动力不足，中央政府不可能对所有流域都实施财政奖励，也很难一直保持较高的资金投入水平。在中央财政投入边际效益不断递减的情况下，如何有效激励流域上、下游各方参与积极性是亟待破解的重要问题。四是流域上、下游政府间磋商协作机制不完善，一方面是跨行政区域生态补偿磋商机制不完善，另一方面是流域上、下游政府间联防共治机制未有效建立（李奇伟，2020）。

建立适合我国国情的流域生态补偿机制，破解当前流域生态补偿制度实施中存在的共性问题，首要途径是厘清上、下游利益相关者的矛盾和关系，识别流域内水资源保护和利用过程中的受偿方与受益方，探明两个关键问题：一是上游地区维护流域水质安全的生存压力（经济、社会、生态），以及上游地区执行资源节约和环保准入门槛需要放弃的发展机会；二是下游地区对上游入境水水质、水量的具体要求（环保标准），以及下游地区在享受了资源供给利益的同时理应承担起的相应责任（王军锋和侯超波，2013；蒋毓琪和陈珂，2016）。流域生态补偿机制有助于调整流域内各相关利益主体的环境及经济行为、激励流域范围内的生态环境保护和建设，有效缓解流域生态服务供给和需求之间的矛盾，促进流域上、下游协调可持续发展，其框架体系及基本环节如图 3-7 所示。

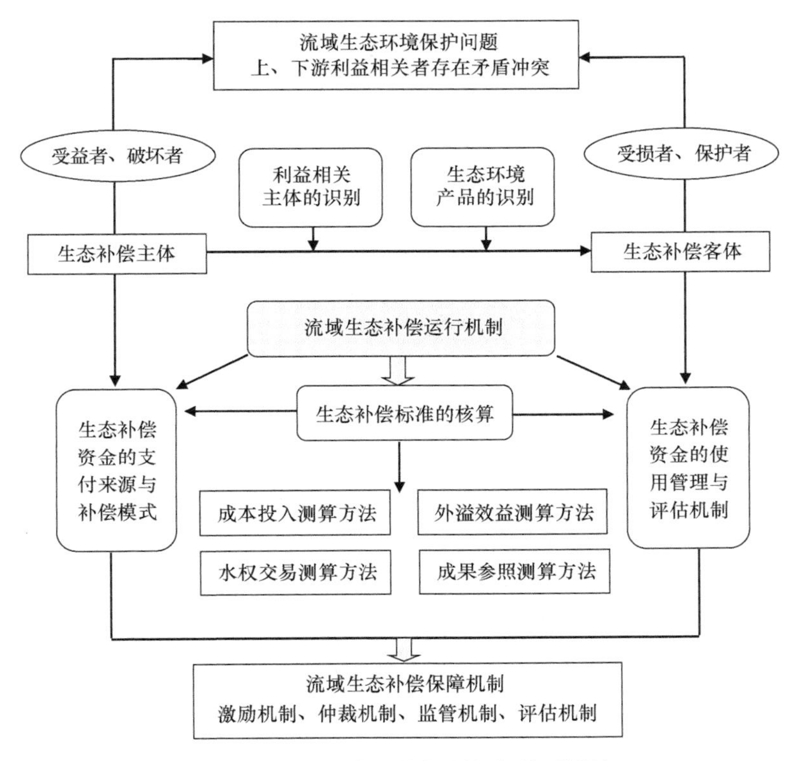

图 3-7　流域生态补偿机制框架体系设计

（五）流域生态补偿标准核算方法

流域生态补偿标准的核算直接关系到流域生态补偿政策的科学性、有效性和实施效果。确定科学合理的补偿标准，使其不仅能够合理反映流域生态系统服务功能的价值及其成本与收益，还能被上、下游利益主体所接受，并有效纠正利益相关者的经济关系，达到保护流域生态环境的目的。根据流域生态补偿标准测算思路可分为以下 3 种核算方法。

1. 基于成本投入的测算方法

基于成本投入的测算方法主要核算上游地区对于流域生态建设与生态保护的各项投入，以及由此而导致发展受限制的损失，以此来确定补偿标准。通常采用的研究方法包括费用分析法和机会成本法（蒋毓琪和陈珂，2016；魏楚，2011）。

1）费用分析法。该方法主要是从流域上游生态建设与生态保护所付出的成本角度进行测算，是较常用的计算方法。生态建设投入总成本包含直接成本和间接成本，各项成本投入主要包括的内容如图 3-8 所示。

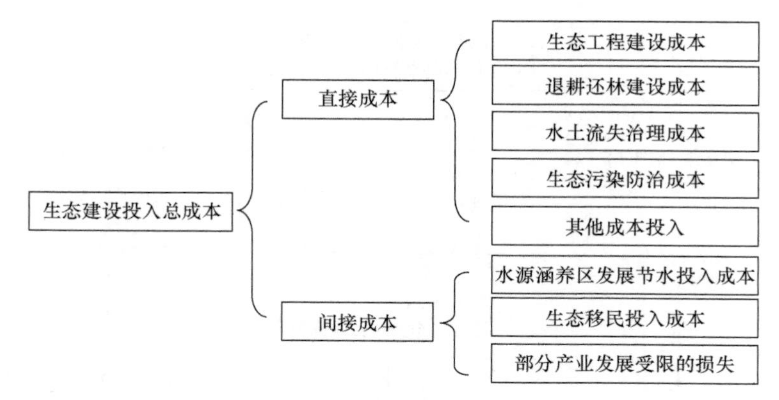

图 3-8 生态建设投入总成本

流域生态保护投入的直接和间接成本测算采用市场直接定价法，主要有静态核算和动态核算两种方法且经常结合使用。由于生态建设与生态保护的收益是由上、下游地区共享的，因此需要对流域生态建设与生态保护的费用进行分摊。一般采用上、下游取水比重，断面水质等系数进行修正，从而计算出总费用中应由下游承担的部分，即下游向上游补偿的部分。

2）机会成本法。该方法是指水源保护区为保护整个流域的生态环境所放弃的经济收入和发展机会等。机会成本法测算的基本要素是确定合适的载体，即以该载体为基础，定量计算出进行生态保护和不进行生态保护状况下的利润差值，也即保护生态的机会成本。常见的载体包括劳动力、土地、森林等。机会成本是生态保护者放弃发展的机会，目前可计算的是基于载体的某一用途所带来的直接损失，对于间接损失，如放弃发展的工业等则无法测算，因此计算出来的仅仅是机会成本的一部分。机会成本的核算有问卷实地调查和间接计算等方法，其中：间接计算法应用较多，通过比较两个地区的经济差异，测算保护流域生态环境所造成的经济损失。

2. 基于外溢效益的测算方法

基于外溢效益的测算方法主要估算流域生态保护所带来的外部效益，以及增加的生态服务价值，主要采用意愿价值评估方法及生态服务价值评估方法。

（1）意愿价值评估方法

意愿价值评估方法是基于效用最大化原理，在假想市场环境下，直接询问利益相关者对于流域水资源环境改善的支付意愿（WTP）或因水资源环境受到污染的受偿意愿（WTA）。根据 WTP 和 WTA 估算出环境资源的经济价值。由于流域生态系统具有控制水土流失、涵养水源、净化水质等多种服务功能，其功能价格很难从市场直接测度，因此其非使用价值、社会价值可以采用 CVM 确定。

（2）生态服务价值评估方法

流域生态环境的外溢效益是通过其产生的生态服务功能来体现的，将生态服务功能进行“货币化”就能够判断流域的外溢效益价值。具体评估步骤：一是科学解析流域生态系统产生的服务功能类型，进行类别的划分；二是调查、核定或统计各类服务功能量（物质量）的大小，并进行核心功能的分析；三是确定适宜的替代市场技术评估方法，确定生态服务产品的价格或功能价值当量因子；四是根据流域生态系统的面积和服务功能单价，测算出流域生态系统服务功能总的经济价值。

3. 基于水权交易的测算方法

通过水权交易方式推进流域生态补偿，是采用市场化方式改善流域水环境质量、落实流域生态补偿机制的重要途径，有助于推动构建政府为主导、企业为主体、社会组织和公众共同参与的水治理体系，有助于调动流域上、下游地区参与生态环境保护和治理的积极性。基于水权交易的水资源价值法，就是根据上游供给下游的水资源数量及水质质量设定交易价格及交易方向。如果是优质好水，则下游向上游购买；如果是劣质污水，上游则需要向下游赔偿。我国现行成功案例包括浙江东阳和义乌在 2001 年签订的水权交易、嘉兴市秀洲区的排污权交易等（沈满洪和谢慧明，2020；王奕淇和李国平，2019）。

总之，国内流域生态补偿标准评估方法很多，各种方法的适用范围、评估对象、方法特征及结果偏差各异，依然没有形成具有普适性的公认的补偿标准核算方法体系。因此，研究综合考虑流域水资源环境对于生存活动及生产发展的影响变化，建立科学的生态补偿标准评估方法体系，探索适宜区域特点的生态补偿模式是今后亟待破解的重要课题。

五、森林资源价值评估方法

森林生态系统是陆地生态系统的主体，在全球生态系统中起着决定性作用。森林是自然界最丰富、最稳定和最完善的有机碳贮库、基因库、资源库、蓄水库和能源库，具有调节气候、涵养水源、防风固沙等多种功能，对于保护人类生存发展的“基本环境”起着决定性和不可替代的作用（赵同谦等，2004；李文华，2008），还直接或间接地为人类提供福祉。因此，森林生态系统服务功能可以理解为森林生态系统与生态过程中形成及维持人类赖以生存和发展的自然生态环境条件与效用（赵金龙等，2013）。

将环境问题纳入经济范畴研究，森林环境外部效应即森林生态系统服务功能价值部分，实际是游离在市场交换关系之外的，市场价格无法反映森林环境资源这部分功能的稀缺程度，使其得不到保护和合理开发利用，引发了环境危机问题。为此，我们必须对森林环境资源的这部分功能进行合理定价，引导森林资源的市场价格，按照“谁开发、谁保护”“谁破坏、谁恢复”“谁受益、谁补偿”的原则，建立森林资源生态补偿机制，以减少或消除“市场失灵”问题（杨建州等，2006；喻景深等，2007）。

1. 森林生态系统外溢效应表现

森林生态系统服务功能是其外部性的集中表现，即生态外溢效应的体现，主要有以下 7 个方面（表 3-7）。

表 3-7　森林的主要生态外溢效应表现形式

主要种类	具体项目
生物多样性保护	物种保护、遗传基因保护、陆地生态平衡维持
缓解和防止温室效应	吸收并固定 CO_2、释放 O_2，提供薪炭柴替代矿物燃料
防止土壤侵蚀、流失	防风固沙、防止土壤表面风蚀或水蚀、防治沙尘暴等
涵养水源	调节入江河水量、减缓洪涝灾害、水资源储藏、水质净化等
调节小气候、净化空气	调节土壤和地表温湿度、吸收 SO_2 等有害气体、吸滞烟土粉尘
提供休闲娱乐场所	森林疗养、森林休憩、森林娱乐、森林体育运动等
森林文化、教育	森林艺术、森林宗教、森林学习、森林动植物保护教育等

2. 森林生态系统服务功能价值评估

基于上述森林生态系统服务功能表现，对其中主要服务功能产生的价值指标进行评估研究，考虑数据的可获得性和评估方法的普遍适用性，选择的生态系统服务功能指标包括：提供林产品、水源涵养、保育土壤、大气调节、净化环境、营养循环、生物多样性、森林游憩、森林防护等（肖强等，2014；王兵等，2011）。其中：提供林产品服务功能价值可采取市场价值法进行直接评估；其他 8 项生态系统服务功能评价采用替代市场价值和假想市场价值相结合的方法，并参照《森林生态系统服务功能评估规范》（LY/T 1721—2008）①中的公式进行计算（表 3-8）（国家林业局，2008；王兵等，2020）。

目前，国内外学术界对森林生态系统服务功能价值评估的技术途径主要有 3 种：一是基于森林生态系统服务功能产出效益价值进行评估，主要通过技术手段获取核心服务功能的产出实物量，利用替代物的市场价格来估算森林的生态系统服务价值，采用直接与间接相结合的市场评估方法；二是基于森林生态系统的外溢效应价值进行评估，森林除提供物质产品以外，对于生存环境改善、民生福祉提高都产生正向的影响作用，而自身的公共产品属性使其外部性没有内部化解

① 文献作者当时研究参照标准为 LY/T 1721—2008，后续读者请参照最新标准 LY/T 1721—2020。

表 3-8　森林生态系统服务功能价值评估计算方法

服务项目	功能指标	评估方法	计算方法
水源涵养	调节水量	替代工程法	蓄积水量×用水价格
	净化水质	替代工程法	蓄积水量×净化费用
保育土壤	固土	影子工程法	流失量×单位蓄水量水库造价成本
	保肥	影子价格法	N、P、K 等养分流失量×化肥价格
大气调节	固定 CO_2	市场价格法/影子价格法	CO_2 固定量×固碳价格或造林成本
	释放 O_2	市场价格法/影子价格法	O_2 释放量×工业制氧价格或造林成本
净化环境	吸收污染气体	费用分析法	吸收污染气体量×去除单位污染气体成本
	滞尘	费用分析法	滞尘量×消减单位粉尘的成本
营养循环	林木持留养分	影子价格法	林木持留 N、P、K 量×化肥价格
生物多样性	物种保育	费用分析法	香农-维纳指数、濒危指数及特有种指数
森林游憩	旅游	旅行费用法	通过旅游消费行为对环境产品进行价值评估
	游憩	意愿价值法	调查人们保护资源的支付意愿和受偿意愿
森林防护	森林防护	费用分析法	森林面积×单位面积森林各项防护成本

决，因此应以外溢效益作为森林生态系统服务功能价值评估的依据；三是基于边际机会成本定价法计算森林资源产品原木的价值。原木的边际机会成本等于原木的边际生产成本、边际使用成本和边际环境成本之和，原木的边际生产成本就是采伐成本。陈仁利等（2006）、李金昌（1995）认为可以根据原木产量和成本的序列数据采用回归分析法求取边际生产成本，也可以根据理论推导确定经验公式进行测算。

第三节　农业绿色生产技术价值评估

一、农业绿色生产技术的外部性特征分析

（一）农业绿色生产技术的外部性特征

1. 农业生产外部性

外部性是指一个经济主体的行为对另一个经济主体的福利所产生的影响并没有通过市场价格反映出来。通俗地说，当某个经济主体在实现自身经济利益最大化的活动中对其他主体产生了影响，而它对这种影响既不付出补偿，也得不到好处时，就产生了外部性。外部性产生的实质是社会边际收益或社会边际成本与私人边际收益或私人边际成本之间存在差异。外部性问题可分为两类，其中能给外界或他人带来效益的，就是正外部性；若是给外界或他人造成损失（或不利影响）的，就是负外部性。外部性又称外溢效应（外部效应），正外部性和负外部性又分别称为外溢效益和外溢成本（朱中彬，2003）。

农业生产活动具有显著的外部性特征，农业的稳定和发展不仅给农业经营者和投资者带来利润，也给其他部门提供一个“稳定的基础环境”，如为人们提供生活必需的粮食和农产品，为工业提供生产原材料，为服务业提供良好的生态环境等。农业生产的正外部性体现在两个方面：①农业为人类提供具有直接使用价值的农林产品，其价值可以在市场交换中体现；②农业生态系统在提供农林产品的同时完成生态系统的服务功能，如调节气候、美化环境、水文调节、废弃物处理、休闲娱乐等。农业所提供的生态系统服务价值（间接使用价值）及留给后代的选择价值和遗赠价值，惠及整个社会，享受福利的公众不用付出任何代价。农业活动的负外部性体现在不合理的农业耕作方式、农用化学品投入等带来的水资源污染、土壤结构破坏、生物多样性消失等环境问题。农业绿色发展以资源节约型、环境友好型技术为重要内容，“两型技术”的推广和应用将改善环境质量、增加生态产品供给、保护自然资源、提高经济效益，对于生态环境的改善、美丽乡村和清洁家园的建设带来非负的效益和福利，表现出显著的正外部性。

2. 准公共产品属性

农业绿色生产技术是介于私人产品与纯公共产品之间的混合产品，不同时具备非排他性和非竞争性，称为准公共产品。政府对于农业绿色生产技术的供给缺乏弹性，供给量的多少取决于成熟农业技术产品的多少、推广成本高低和农机推广部门人员工作努力程度。因此，农业绿色生产技术产品的供给主要来自政府组织，影响其供给水平的主要因素是政府主导的公益性农业技术推广机构的运行效率（陈军民和梁树华，2008)。“准公共技术”在推广实践中采取市场机制与政府调节相结合的方式，对于农户技术采纳产生的外部“负效应”，政府向使用技术农户征收补偿费用以弥补受到影响的农户；而对于发生的外部“正效应”，政府向未采用技术的其他受益者征收一定费用补偿技术用户本人。此外，政府向农户开展实用技术培训和技术指导，培训费可由参训农户和政府分别承担（赵邦宏等，2006)。

3. 利益相关者界定

根据利益相关者理论，农业生产经济活动的利益相关者是指那些能够影响农业生产目标的实现或被生产目标的实现所影响的个人或群体。农业生产目标是为所有利益相关者创造财富和价值，农业也是由利益相关者组成的系统，与为其提供法律和市场基础的社会大系统一起运作。农业利益相关者必须具备 3 个条件：一是影响力，即某一群体是否拥有影响企业决策的地位、能力和手段；二是合法性，即某一群体在法律和道义上赋有对农业产品和服务的索取权；三是紧迫性，即某一群体的要求能否立即引起农业管理层的关注。

农业生产的主要利益相关者应该是主动参与农业生产活动的决策与运行过

程、主动承担农业经营活动风险的相关者，包括分散农户、经营主体、农业合作社、农业主管政府部门；次要利益相关者是被动地参与农业生产决策和运作，对于生产活动不起根本作用，包括农村社区、供货企业、消费者、媒体、其他政府部门等。

（二）农业绿色生产技术的外溢效益分析

农业农村部坚持突出农业科研绿色导向，把农业科技创新方向和重点转到低耗、生态、节本、安全、优质、循环等的绿色技术上来。2018 年发布《农业绿色发展技术导则（2018—2030 年）》，规定农业绿色技术包括九大类：耕地质量提升与保育技术、农业控水与雨养旱作技术、化肥农药减施增效技术、农业废弃物循环利用技术、农业面源污染治理技术、重金属污染控制与治理技术、畜禽水产品安全绿色生产技术、水生生态保护修复技术、草畜配套绿色高效生产技术等 9 项技术。

以上述 9 项技术为主要研究对象，分析其产生的外溢效益（正外部性），主要体现在其对农业生态系统服务功能的维护、提升和改善方面，具体包括：土壤肥力提高、有机质提升、土壤性状改善、生物多样性增加、化学品减少投入、蓄水保墒、节约灌溉、污染减排、污染防控、污染治理、安全生产、绿色产品、生态修复、资源高效利用等多方面。每一方面的生态功能改善及变化，都通过观测、调查、统计等方法核定实物量，进而根据生态系统服务功能价值评估方法核算相应的价值量。除此之外，还可以通过调查技术活动的生产者对于参与某项农业绿色生产技术或措施的支付意愿或受偿意愿来评估技术产生的环境服务价值。

总之，农业绿色生产技术的外溢效益主要表现在两个方面：一是生态服务功能带来的环境改善方面的价值，即生态服务价值；二是生产服务功能带来的社会保障方面的价值，即社会效益价值。外溢效益价值与生态服务价值的关系如下：生态服务价值包含于外溢效益价值之中，是外溢效益价值的重要组成部分。生态服务功能价值主要体现在外溢效应上，是指应用技术后公众直接或间接从生态系统中得到的福利。由此可得，农业绿色生产技术的外溢效益价值构成如表 3-9 所示：①技术应用带来的产出增加价值，是技术增产功能的价值体现和技术推广的动力；②技术产生的生态服务价值，是指技术应用后对农业生态系统功能的维护、改善和提高等方面的生态价值；③技术采纳的补偿意愿价值，是指基于农户支付意愿及受偿意愿的技术应用补偿意愿价值（周颖等，2019）。

以作物秸秆还田技术和高效配方施肥技术为例，简要概括技术对降低环境负外部性和提升系统正外部性两个方面的主要表现（表 3-10）。

表 3-9 农业绿色生产技术的主要外部性价值及其受益方

价值类型	价值形式及内涵	受益方
产出增加价值	产量增加价值：提高产品产量的市场价值	农户、公众
生态服务价值	固碳减排价值：促进土壤固碳减排的价值 化肥减施价值：促进无机化肥减施的价值 污染减排价值：减少面源污染排放的价值 水分保持价值：涵养水源节约灌溉的价值 生物品种价值：保持生物品种多样性的价值 生态旅游价值：乡村旅游产品服务的价值	农户、公众
补偿意愿价值	补偿意愿价值：技术采纳支付意愿及受偿意愿价值	农户、公众

表 3-10 典型农业绿色生产技术的环境影响作用分析

技术类型	环境影响	
	负外部性 ↓	正外部性 ↑
作物秸秆还田技术	减少焚烧引起的温室气体排放，抑制土壤中 N、P、K 的淋溶损失，缓解地表水富营养化，减轻地下水污染	蓄水保墒、保持水土、改善土壤结构、提高有机质与矿质营养水平、提高土壤微生物活性和功能多样性、提高作物产量
高效配方施肥技术	减少化肥使用量、降低农田温室效应、减少化肥产生的重金属污染、减轻氮肥淋失引起的土壤盐渍化及地表水富营养化	节约生长期能耗、改良土壤酸化性状、改善地表水质、提高农产品品质、提高作物产量、节约生产成本

（三）农业绿色生产技术的外溢成本分析

农业技术的应用过程也就是农业生产活动的过程，因此技术的生产成本实际是农业生产成本。本研究全面梳理国内外自然资源定价理论研究成果，借鉴学术界早期研究提出的边际机会成本理论框架，以种植业生产成本为例，科学解析农业绿色生产技术外溢成本的内涵与构成。

1. 边际机会成本概念

机会成本是指在其他条件相同时，将一定的资源用于某种用途时所放弃的用于其他用途时所能获得的最大收益。机会成本中不仅包括财务成本，还包括生产者在尽可能有效地利用上述财务成本所代表的生产要素（劳动、资本品和自然资源）时所能够得到的利润。所以，采用机会成本所确定的商品或劳务的价格中，同时包括了财务成本和利润。

章铮（1996）、厉以宁和章铮（1998）较早地提出用机会成本来确定自然资源价格，包括了三方面的含义：首先，机会成本定价意味着将相应的利润计入成本中；其次，机会成本定价也意味着必须将所放弃的机会可能带来的最大纯收益计入成本中；最后，自然资源的开发可能使社会和他人受到损失（包括环境污染造成的损失），因而，机会成本定价还意味着必须将这些损失（包括得到补偿和未得到补偿的损失）计入成本之中。

所谓边际是指数学中的增量比。边际分析研究的是自变量发生单位变动时，因变量的相应变动。任何商品和劳务的机会成本都不是一个常量。自然资源的机会成本不仅随着产量的变化而变化，而且随着自然资源稀缺程度的变化而变化。随着时间的推移，自然资源的单位机会成本通常是逐步增加的。因此，自然资源的价格不是由其平均机会成本决定的，而是由其边际机会成本来决定的（李季等，2001；向平安等，2006；侯增周，2010）。

2. 边际机会成本构成

李季、向平安、侯增周等深入研究水稻生产的外部成本构成。主要研究观点有：边际机会成本（MOC）由边际生产成本（MPC）、边际外部成本（MEC）和边际使用成本（MUC）三部分构成，即

$$MOC=MPC+MEC+MUC \tag{3-7}$$

①边际生产成本（MPC）是指农业生产过程中的直接生产成本，以种植业为例，粮食生产中的边际生产成本包括种子、化肥、农药、灌溉、机械等生产费用，也就是生产者所承担的货币实际支付（人工除外）部分。②边际外部成本（MEC）是指农业生产行为对环境造成的污染及生态破坏带来的成本，这部分成本是资源环境损失成本，没有被纳入农户的经济核算中，一直以来始终被忽视，是由农户之外的社会所承担的。这部分成本虽然不涉及实际的货币支付，但作为隐形成本，其伴随着农业技术经济活动而产生并长期存在，是社会为满足农产品供应所付出的代价，因此是农业生产成本的一部分。③边际使用成本（MUC）是指用某种方式利用某一稀缺自然资源时所放弃的以其他方式利用同一自然资源可能获取的最大纯收益。自然资源具有物质上的稀缺性，并且存在多种选择或多种机会，因此现在使用该自然资源所放弃的将来使用它可能带来的纯收益，就成为现在使用该自然资源的边际使用成本。

进一步分析可知，市场上化肥、农药的价格只反映其边际生产成本（MPC′），而化肥、农药等投入品制造的过程中带来大量的环境污染，并且耗费大量煤炭、天然气等不可更新资源，因此，投入品生产过程中的边际外部成本（MEC′）和边际使用成本（MUC′）同样不可忽视。因此，①中的边际生产成本（MPC）实际是种植业生产投入品的边际机会成本（MOC′），其数学内涵为

$$MPC=MOC'= MPC'+ MEC'+ MUC' \tag{3-8}$$

将公式（3-7）和公式（3-8）合并可得

$$MOC=MPC'+(MEC+MEC')+(MUC+MUC') \tag{3-9}$$

基于上述分析，种植业生产的外部成本理论上包括化肥、农药使用中产生的环境成本和生产中产生的环境成本两部分；使用成本包括生产中使用土地可能造

成的耗竭成本和投入品生产中使用不可更新资源可能造成的耗竭成本两部分。实际操作中，由于投入品制造过程中的外部成本和使用成本无法控制，并不属于农业生产活动研究的主要范围，为了简化研究对象、突出主要问题，本研究的外部成本是指化肥、农药用于农业生产中的环境成本和使用者使用土地资源可能造成的耗竭成本。

3. 农业生产外部成本

农业生产外部成本就是农业环境成本，它包含了对预防性成本的支出以及生产过程中对环境造成的实际损害，是需要整个社会共同承担的，是公共环境问题范畴。国内相关研究将农业环境成本进行分类，农业环境成本按照来源不同主要包括直接成本与间接成本，农业生产过程中产生的环境成本称为直接成本，而上游与下游所属企业生产过程中所产生的环境成本是间接成本；按照生产部门的不同，农业环境成本也可以由种植环境成本、水产环境成本、畜牧业环境成本等组成（唐华仓，2006；陈慧芳，2018）。

以种植业生产为例，农作物在生产过程中对环境造成的污染主要包括大气污染、土壤污染、水体污染及自然灾害等 4 个方面，相应地，环境成本（外部成本）可以归纳为以下 4 类。

1）大气污染问题：氧化亚氮（N_2O）、甲烷（CH_4）等农田温室气体排放对气候变化的潜在影响。秸秆焚烧会引起温室气体排放，对大气环境造成污染。

2）土壤污染问题：由于化肥过量施用造成农田氮、磷素运移和污染物产生，引起土壤重金属富集、土壤酸化和土壤质地变化，从而影响作物生长并危害人类身体健康。

3）水体污染问题：氮、磷等化肥淋失作用会通过地表径流进入沟渠，污染地表水，造成水体的富营养化，污染地下水，严重影响动植物的生长环境，威胁人类生存健康。

4）自然灾害问题：农业生产会开垦丘陵、山地土壤，以及在湖边湿地围湖造田，从而引起水土流失、土壤侵蚀，使得河道淤积、湖泊蓄洪能力降低，容易引发洪涝灾害。

总之，不同的农业产业部门依托不同的生产技术体系，不同的技术体系对生态环境的干预、影响程度和方向亦不同，不同产业部门和相同产业部门内不同产业类型生产的环境成本也各不相同。因此，深入剖析农业生产环境成本的构成要素将有利于准确测度农业技术应用生态外溢成本（效益），为确定农业生态补偿标准提供定量依据和评估方法；不同产生部门的环境成本构成要素各异，需要结合实地调研、社会调查，并借鉴前人研究成果进行科学解析。

二、农业绿色生产技术应用价值评估研究综述

农业绿色生产技术为生态环境改善和乡村振兴发展带来非负的效益和福利，而表现出显著的正外部性。推进农业绿色生产技术发展及绿色生产方式的转变必须依靠制度，要通过制定引导政策、完善生态补偿制度，调动各类主体的积极性。制度的创新与政策效能的提高又以技术外溢效益精准测度为依据。学术界运用生态经济评估方法，在耕地质量提升与保育、化肥和农药减施增效及农业废弃物循环利用等技术领域开展了农业绿色生产技术应用价值评估研究，并在技术外溢效益判断和环境成本分析方法研究方面取得初步进展。

（一）农业绿色生产技术外溢效益评估研究

一是耕地质量提升技术。Feiziene 等（2018）和 Thorenz 等（2018）运用生态能值分析法评估常规耕作和免耕对于土壤有机碳等指标的环境影响作用，认为免耕优势显著且麦秸的生物经济潜力最大。陈源泉等（2014）运用能值、生态系统服务、生命周期评价等 3 种方法评价东北、华北粮食产区保护性耕作模式的生态环境效应。李洋阳等（2015）在天津市苏家园村构建包含 3 个等级 19 个评价指标的体系，基于层次分析法评价传统耕作、免耕覆盖、深松耕等耕作方式的综合效益。周志明等（2016）建立冬绿肥-春玉米种植模式生态服务价值评估体系，为完善绿肥发展的价值核算方法和种植绿肥生态补偿政策提供理论依据。

二是化肥农药减施增效技术。张成玉和肖海峰（2009）采用社会经济成本效益模型分析江苏、吉林测土配方施肥的增产价值。邓祥宏等（2011）以基于河南省 4 种粮食生产成本收益数据，运用数学包络分析（DEA）模型分析测土配方施肥补贴政策效果。罗小娟等（2013）构建投入需求和产出供给方程，研究太湖流域农户采纳测土配方施肥技术的环境与经济效应。沈晓艳等（2017）基于中国省际面板数据和计量模型，评估测土配方施肥技术的环境和经济效应。吕悦风等（2019）研究南京市溧水区水稻种植户化肥减施受偿意愿，运用生态能值分析法测定水稻种植折合纯化肥投入补偿标准参考值为每年 268.75kg/hm^2。

三是农业废弃物资源利用技术。李向东等（2015）运用生态能值分析法估算豫南雨养区小麦-玉米不同秸秆还田模式的生态系统服务价值，建议雨养区适宜推广的耕作模式。Gaglias 等（2016）研究居民建立环境保护及社会公益托管社区基金的支付意愿，支付意愿估计平均值为每户每两个月 6.5～6.7 欧元。余智涵和苏世伟（2019）等基于江苏省 462 份农户数据，计算秸秆还田的受偿意愿为 55.86～60.15 元/hm^2。韦佳培等（2014）调查三省 400 户农户废弃物资源化利用的支付意愿，结果表明秸秆和畜禽粪便的平均支付意愿分别为每年 186 元/人和 310.8 元/人。

（二）农业绿色生产技术环境成本分析

农业环境成本通常是指人类在从事农业生产活动过程中，为了控制对环境的影响而发生的预防性支出和农业生产行为对环境影响的货币化（覃一枝和宾幕容，2016）。

近年来，国内学者开展了农业环保技术应用的环境成本核算研究。赖力等（2009）以化肥施用的污染产生剂量为基础，借助生态能值分析法和伤残调整生命年评估手段，估算1990～2005年全国化肥施用环境影响的能值成本和宏观经济价值。赵志坚等（2012）用计量模型及借助能值分析理论首次测算湖南省粮食生产使用化肥投入的环境成本，改变了人们习惯于计算粮食直接生产成本而忽略生产过程中资源环境损失成本，弥补了环境成本货币价值计算的缺失。侯增周（2011）认为水稻生产的外部成本由水稻种植中的环境成本和所需化肥、农药投入品生产中产生的环境成本构成，系统总结水稻生产外部成本的评估步骤及主要评估方法。沈根祥等（2009）利用能值分析法计算测土配方施肥技术减少化肥施用所降低的环境成本，并以江苏省海安县（现为海安市）为例对测土配方施肥技术节本增收效果进行综合评价。

综上所述，国内农业绿色生产技术应用价值评估研究仍处于探索阶段，技术本身的外部性绿色贡献及环境效应评价研究取得初步进展，但现有研究主要存在两个方面问题：一是理论研究亟待突破和完善。绿色技术应用产生的生态服务功能的识别及技术生态服务与其他生态资源服务相互交叉的区分还不够清晰，针对技术生态服务这类公共物品缺乏明确的定义，技术外溢效应价值内涵界定不清。由于理论上缺乏统一认识和规范指导，现有研究服务的科学决策依据不足。二是方法研究需要创新和融合。农业绿色生产技术外溢效益价值评估涉及社会经济、生态环境等多学科领域，价值评估的目的是为补偿标准制定提供依据。现有研究从不同的问题视角量化分析了绿色技术应用的生态服务价值或环境成本，但是分技术、分主体的生产行为外部性绿色贡献评价体系尚未建立，健全完善农业生态补偿政策缺乏精准靶向和对标标准。

三、农业绿色生产技术外部成本评估流程与方法

（一）农业绿色生产技术外部成本评估流程

综前所述，科学识别农业生产的外部成本，从而进一步开展外部成本的价值评估。评估外部成本需要3个步骤：一是筛选，明确需要和能够进行评估的外部成本指标；二是量化，核定外部成本指标的物理量数据；三是货币化，依托环境经济价值评估方法将外部成本货币化（侯增周，2010）。具体步骤和要求如图3-9所示。

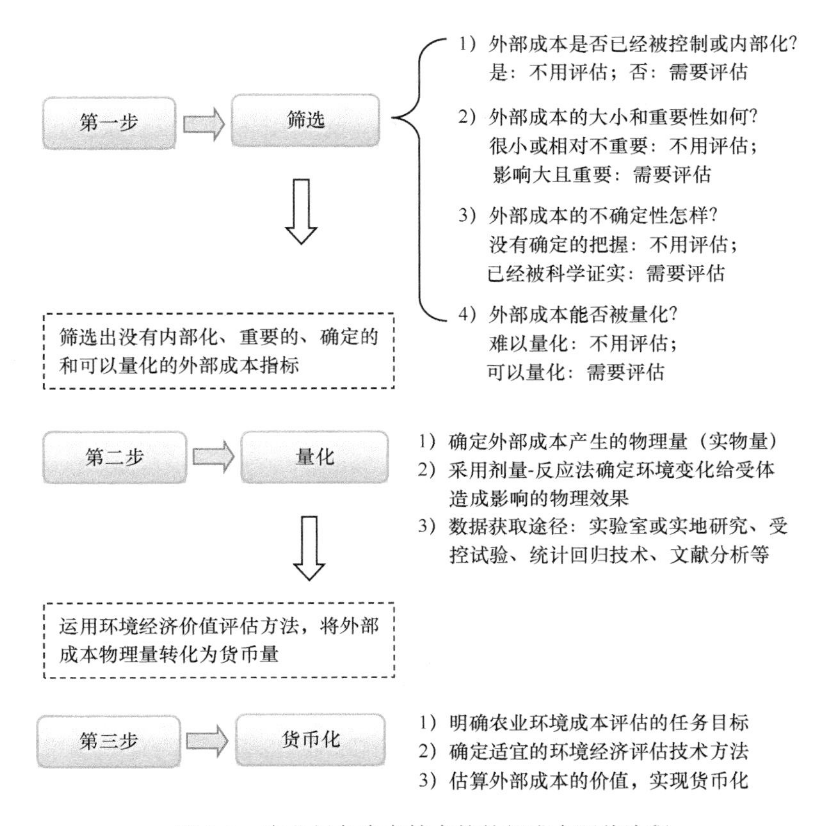

图 3-9 农业绿色生产技术的外部成本评估流程

（二）常用农业绿色生产技术价值评估方法

综上所述，农业绿色生产技术外溢效益及外部成本价值评估主要方法包括：直接市场价值评估、间接市场价值评估和假想市场价值评估三大类，具体类型如表 3-11 所示。现阶段，国内常用的方法有生态能值分析法、成本收益分析法、层次分析法和意愿价值评估法、旅行费用法、替代工程法和成果参照法等（表 3-12）

表 3-11 农业绿色生产技术应用价值评估方法归类

外溢效益（成本）		推荐方法
生态外溢效益价值	产出增加价值	成本收益法、市场价值法
	生态服务价值	替代市场法、假想市场法、实验观测法
	补偿意愿价值	社会调查法、假想市场法
生产边际机会成本	边际生产成本	成本核算法、成本分析法
	边际外部成本	剂量反应法、实验观测法、替代市场法
	边际使用成本	机会成本法、影子价格法

表 3-12 农业环境保护技术价值评估方法特点

方法	适用范围	评估目标	主要问题
生态能值分析法	农业复合生态系统中对技术潜在的生态经济价值进行定量研究	评估能值产投比：对农业生态系统能量转化率及投入与产出效果进行评估	生态系统价值流和信息流能值分析指标亟待完善，技术外溢效益未准确核算
成本收益分析法	公共事业决策领域对需要量化社会效益价值的项目进行评估	评估投资的利润比：对项目全部成本和效益的评估，以最小的成本获得最大的收益	生态系统的物质量及结构功能量动态变化规律研究不足，偏重价值流分析
层次分析法	应用于资源管理及政策评价领域，解决复杂的定量化决策问题	评估指标的权重比：构建多层次分析结构模型，计算指标权重，获得重要程度排序	评估结果是技术综合效应分值，对于技术产生的生态服务功能价值量的估算不够
意愿价值评估法	缺乏市场信息环境物品价值评估，以消费者支付/受偿意愿进行定价	评估意愿的偏好比：计量消费者在环境改善时的支付意愿和环境退化时的受偿意愿	评估结果容易产生偏差，对于秸秆还田技术改善环境使用价值的评估不够
旅行费用法	通过人们的旅游消费行为来对非市场环境产品或服务进行价值评估	评估环境产品支付意愿：构建消费者剩余旅游需求曲线，并与消费者支出求和	评估结果存在旅行效用偏差、情景不确定等因素，主观判断与决策行为会产生偏差
替代工程法	采用建造该工程的费用来估计环境污染或破坏造成的经济损失的评估方法	评估替代工程成本：对替代工程费用进行测算来估计环境污染造成的经济损失	替代工程的非唯一性以及与原环境系统功能效用的异质性导致评估结果的偏差
成果参照法	参照其他地区环境价值评估的方法和成果并进行调整后用于本地价值评估	评估政策地生态价值：将研究地获得的研究结果适当调整转移到政策地价值评估中	缺少研究地与政策地时间维度和地区差异的考虑及调整，导致评估结果可靠性降低

（周颖等，2019；吴欣欣和陈伟琪，2012），系统总结各类方法的适用范围、基本特征及优劣势，为选择科学的评估方法、准确判断技术应用价值提供参考依据。

主要参考文献

蔡银莺, 李晓云, 张安录. 2006. 耕地资源非市场价值评估初探. 生态经济(学术版), (2): 10-14.
蔡运龙, 霍雅勤. 2006. 中国耕地价值重建方法与案例研究. 地理学报, 61(10): 1084-1092.
蔡志坚, 杜丽永, 蒋瞻. 2011. 条件价值评估的有效性与可靠性改善: 理论、方法与应用. 生态学报, 31(10): 2915-2923.
柴铎, 林梦柔. 2018. 基于耕地“全价值”核算的省际横向耕地保护补偿理论与实证. 当代经济科学, 40(2): 69-77.
陈春兰, 侯海军, 秦红灵, 等. 2016. 南方双季稻区生物质炭还田模式生态效益评价. 农业资源与环境学报, 33(1): 80-91.
陈慧芳. 2018. 农业生产环境的成本核算及控制研究. 中国市场, (32): 67-68.
陈军民, 梁树华. 2008. 农业技术产品属性与政策选择. 产业与科技论坛, 7(11): 61-63.
陈礼丹. 2019. 水资源利益相关者识别分类实证研究. 商业经济, (3): 127-129.
陈仁利, 余雪标, 黄金城, 等. 2006. 森林生态系统服务功能及其价值评估. 热带林业, 34(2): 15-18.
陈源泉, 隋鹏, 高旺盛. 2014. 不同方法对保护性耕作的生态评价结果对比. 农业工程学报,

30(6): 80-87.
陈竹, 鞠登平, 张安录. 2013. 农地保护的外部效益测算: 选择实验法在武汉市的应用. 生态学报, 33(10): 3213-3221.
陈助君, 丁勇. 2005. 自然资源价值新论: II 自然资源价值评估. 内蒙古科技与经济, (13): 56-57.
邓祥宏, 穆月英, 钱加荣. 2011. 我国农业技术补贴政策及其实施效果分析: 以测土配方施肥补贴为例. 经济问题, (5): 79-83.
杜守宇, 田恩平, 温敏, 等. 1994. 秸秆覆盖还田的整体功能效应与系列化技术研究. 干旱地区农业研究, 12(2): 88-94.
方松海, 孔祥智. 2005. 农户禀赋对保护地生产技术采纳的影响分析: 以陕西、四川和宁夏为例. 农业技术经济, (3): 35-42.
甘泓, 秦长海, 汪林, 等. 2012. 水资源定价方法与实践研究 I: 水资源价值内涵浅析. 水利学报, 43(3): 289-295, 301.
高旺盛. 2007. 论保护性耕作技术的基本原理与发展趋势. 中国农业科学, 40(12): 2702-2708.
葛京凤, 郭爱请. 2004. 自然资源价值核算的理论与方法探讨. 生态经济, (S1): 70-72.
谷树忠, 姚予龙, 沈镭, 等. 2002. 资源安全及其基本属性与研究框架. 自然资源学报, 17(3): 280-285.
国家林业局. 2008. 森林生态系统服务功能评估规范. 中华人民共和国林业行业标准(LY/T 1721—2008).
侯增周. 2010. 农业生产外部环境成本的经济分析: 以水稻生产为例. 安徽农业科学, 38(23): 12804-12806.
侯增周. 2011. 农业生产外部环境成本的经济分析: 以水稻生产为例. 中国农业会计, (2): 34-36.
胡海川, 曹慧, 郝志军. 2018. 生态补偿标准确定方法研究. 价值工程, 37(3): 100-103.
蒋毓琪, 陈珂. 2016. 流域生态补偿研究综述. 生态经济, 32(4): 175-180.
来海亮, 汪党献, 吴涤非. 2006. 水资源及其开发利用综合评价指标体系. 水科学进展, 17(1): 95-101.
赖力, 黄贤金, 王辉, 等. 2009. 中国化肥施用的环境成本估算. 土壤学报, 46(1): 63-69.
李波, 宋晓媛, 谢花林, 等. 2008. 北京市平谷区生态系统服务价值动态. 应用生态学报, 19(10): 2251-2258.
李季, 靳百根, 崔玉亭, 等. 2001. 中国水稻生产的环境成本估算: 湖北、湖南案例研究. 生态学报, 21(9): 1474-1483.
李金昌. 1992. 资源核算及其纳入国民经济核算体系初步研究. 中国人口·资源与环境, 2(2): 25-32.
李金昌. 1995. 要重视森林资源价值的计量和应用. 林业资源管理, (5): 43-46.
李景刚. 2013. 基于资源价值的土地可持续利用规划研究. 北京: 中国大地出版社: 25-35.
李景刚, 欧名豪, 张效军, 等. 2009. 耕地资源价值重建及其货币化评价: 以青岛市为例. 自然资源学报, 24(11): 1870-1880.
李奇伟. 2020. 我国流域横向生态补偿制度的建设实施与完善建议. 环境保护, 48(17): 27-33.
李文华. 2008. 生态系统服务功能价值评估的理论、方法与应用. 北京: 中国人民大学出版社: 128-133.
李向东, 陈尚洪, 陈源泉, 等. 2006. 四川盆地稻田多熟高效保护性耕作模式的生态系统服务价值评估. 生态学报, 26(11): 3782-3788.

李向东, 张德奇, 王汉芳, 等. 2015. 豫南雨养区小麦-玉米周年不同耕作模式生态价值评估. 生态学杂志, 34(5): 1270-1276.
李洋阳, 刘思宇, 单春艳, 等. 2015. 保护性耕作综合效益评价体系构建及实例分析. 农业工程学报, 31(15): 48-54.
厉以宁, 章铮. 1995. 环境经济学. 北京: 中国计划出版社: 68-85.
刘黎明. 2010. 土地资源学. 5版. 北京: 中国农业大学出版社: 87-93.
刘利. 2019. 中外自然资源资产核算的比较与启示. 统计与决策, (3): 9-12.
刘秀珍. 2009. 农业自然资源概论. 北京: 中国林业出版社: 70-75.
罗小娟, 冯淑怡, 石晓平, 等. 2013. 太湖流域农户环境友好型技术采纳行为及其环境和经济效应评价: 以测土配方施肥技术为例. 自然资源学报, 28(11): 1891-1902.
吕悦风, 谢丽, 孙华, 等. 2019. 基于化肥施用控制的稻田生态补偿标准研究: 以南京市溧水区为例. 生态学报, 39(1): 63-72.
牛海鹏, 王文龙, 张安录. 2014. 基于CVM的耕地保护外部性估算与检验. 中国生态农业学报, 22(12): 1498-1508.
欧阳志云, 王效科, 苗鸿. 1999. 中国陆地生态系统服务功能及其生态经济学价值的初步研究. 生态学报, 19(5): 607-613.
平英华, 彭卓敏, 夏春华. 2013. 江苏秸秆机械化还田经济效益分析与财政补贴政策研究. 中国农机化学报, 34(6): 50-55.
任志远. 2003. 区域生态环境服务功能经济价值评价的理论与方法. 经济地理, 23(1): 1-4.
沈大军, 梁瑞驹, 王浩, 等. 1998. 水资源价值. 水利学报, (5): 54-59.
沈根祥, 黄丽华, 钱晓雍, 等. 2009. 环境友好农业生产方式生态补偿标准探讨: 以崇明岛东滩绿色农业示范项目为例. 农业环境科学学报, 28(5): 1079-1084.
沈满洪, 谢慧明. 2020. 跨界流域生态补偿的"新安江模式"及可持续制度安排. 中国人口·资源与环境, 30(9): 156-163.
沈晓艳, 黄贤金, 钟太洋. 2017. 中国测土配方施肥技术应用的环境与经济效应评估. 农林经济管理学报, 16(2): 177-183.
宋敏, 张安录. 2009. 湖北省农地资源正外部性价值量估算: 基于对农地社会与生态之功能和价值分类的分析. 长江流域资源与环境, 18(4): 314-319.
孙新章, 周海林, 谢高地. 2007. 中国农田生态系统的服务功能及其经济价值. 中国人口·资源与环境, 17(4): 55-60.
覃一枝, 宾幕容. 2016. 我国农业环境成本研究综述. 资源与环境科学, (21): 158-161.
唐衡, 郑渝, 陈阜, 等. 2008. 北京地区不同农田类型及种植模式的生态系统服务价值评估. 生态经济, (7): 56-59.
唐华仓. 2006. 农业生产环境成本的核算与控制. 环境与可持续发展, (3): 35-37.
王兵, 牛香, 宋庆丰. 2020. 中国森林生态系统服务评估及其价值化实现路径设计. 环境保护, 48(14): 30-38.
王兵, 任晓旭, 胡文. 2011. 中国森林生态系统服务功能及其价值评估. 林业科学, 47(2): 145-153.
王德建, 常志州, 王灿, 等. 2015. 稻麦秸秆全量还田的产量与环境效应及其调控. 中国生态农业学报, 23(9): 1073-1082.
王金霞, 张丽娟, 黄季焜, 等. 2009. 黄河流域保护性耕作技术的采用: 影响因素的实证研究. 资源科学, 31(4): 641-647.

王军锋，侯超波. 2013. 中国流域生态补偿机制实施框架与补偿模式研究：基于补偿资金来源的视角. 中国人口·资源与环境, 23(2): 23-29.

王万茂，但录龙. 2001. 农用土地分等、高级和估价的理论与方法探讨. 中国农业资源与区划, 22(2): 22-26.

王万茂，黄贤金. 1997. 中国大陆农地价格区划和农地估价. 自然资源, (4): 1-8.

王燕，高吉喜，王金生，等. 2013. 生态系统服务价值评估方法述评. 中国人口·资源与环境, 23(S2): 337-339.

王奕淇，李国平. 2019. 流域生态服务价值供给的补偿标准评估：以渭河流域上游为例. 生态学报, 39(1): 108-116.

韦佳培，李树明，邓正华，等. 2014. 农户对资源性农业废弃物经济价值的认知及支付意愿研究. 生态经济, 30(6): 126-130.

魏楚. 2011. 基于污染权角度的流域生态补偿模型及应用. 中国人口·资源与环境, 21(6): 135-141.

吴欣欣，陈伟琪. 2012. 成果参照法在自然生态环境价值评估中的应用现状及展望. 环境科学与管理, 37(11): 96-100.

席涛. 2004. 美国的成本-收益分析管制体制及对中国的启示. 经济理论与经济管理, (6): 60-63.

向平安，周燕，江巨鳌，等. 2006. 洞庭湖区氮肥外部成本及稻田氮素经济生态最佳投入研究. 中国农业科学, 39(12): 2531-2537.

肖斌. 2019. 农用地价值评估初探. 现代经济信息, (18): 32-33.

肖强，肖洋，欧阳志云，等. 2014. 重庆市森林生态系统服务功能价值评估. 生态学报, 34(1): 216- 223.

谢高地，鲁春霞，冷允法，等. 2003. 青藏高原生态资产的价值评估. 自然资源学报, 18(2): 189-196.

熊萍，陈伟琪. 2004. 机会成本法在自然环境与资源管理决策中的应用. 厦门大学学报(自然科学版), 44(增刊): 201-204.

徐莹，李沁璜. 2013. 成本收益分析法在环境法规评估中的应用. 岳麓法学评论, 8: 157-164.

许光建，魏义方. 2014. 成本收益分析方法的国际应用及对我国的启示. 价格理论与实践, (4): 19-21.

薛彩霞，姚顺波，李卫. 2012. 我国环境友好型农业施肥技术补贴探讨. 农机化研究, 34(12): 244-248.

杨建州，周慧蓉，张春霞，等. 2006. 外部性理论在森林环境资源定价中的应用. 生态经济, (2): 32-34.

杨志新，郑大玮，文化. 2005. 北京郊区农田生态系统服务功能价值的评估研究. 自然资源学报, 20(4): 564-571.

应晓妮，吴有红，徐文舸，等. 2021. 政策评估方法选择和指标体系构建. 宏观经济管理, (4): 40-47.

游进军，贾玲，汪林，等. 2012. 基于水资源多维属性的总量控制浅析. 南水北调与水利科技, 10(3): 48-52.

于连生. 2004. 自然资源价值论及其应用. 北京：化学工业出版社: 98-110.

余智涵，苏世伟. 2019. 基于条件价值评估法的江苏省农户秸秆还田受偿意愿研究. 资源开发与市场, 35(7): 896-992.

喻景深，许彦红，刘思慧，等. 2007. 论森林外部性评价方法. 西南林学院学报, 27(6): 16-20.

袁伟彦, 周小柯. 2014. 生态补偿问题国外研究进展综述. 中国人口·资源与环境, 24(11): 76-82.
苑莉. 2011. 代际公平原则下的农用地社会价值评估. 中国人口·资源与环境, 21(1): 135-140.
张成玉, 肖海峰. 2009. 我国测土配方施肥技术增收节支效果研究: 基于江苏、吉林两省的实证分析. 农业技术经济, (2): 44-51.
张飞, 孔伟. 2013. 基于耕地资源价值的征地补偿机制创新研究. 江苏农业科学, 41(11): 464-467.
张微微, 李晶, 刘焱序. 2012. 关中-天水经济区农田生态系统服务价值评价. 干旱地区农业研究, 30(2): 201-205.
张翼飞, 赵敏. 2007. 意愿价值法评估生态服务价值的有效性与可靠性及实例设计研究. 地球科学进展, 22(11): 1141-1149.
张志强, 徐中民, 程国栋. 2001. 生态系统服务与自然资本价值评估. 生态学报, 21(11): 1918-1926.
张志强, 徐中民, 程国栋. 2003. 条件价值评估法的发展与应用. 地球科学进展, 18(3): 454-463.
章铮. 1996. 边际机会成本定价: 自然资源定价的理论框架. 自然资源学报, 11(2): 107-112.
赵邦宏, 宗义湘, 石会娟. 2006. 政府干预农业技术推广的行为选择. 科技管理研究, (11): 21-23.
赵金龙, 王泺鑫, 韩海荣, 等. 2013. 森林生态系统服务功能价值评估研究进展与趋势. 生态学杂志, 32(8): 2229-2237.
赵军, 杨凯. 2007. 生态系统服务价值评估研究进展. 生态学报, 27(1): 346-356.
赵同谦, 欧阳志云, 郑华, 等. 2004. 中国森林生态系统服务功能及其价值评价. 自然资源学报, 19(4): 480-491.
赵旭强, 穆月英, 陈阜. 2012 .保护性耕作技术经济效益及其补贴政策的总体评价: 来自陕西省农户问卷调查的分析. 经济问题, (2): 74-77.
赵志坚, 胡小娟, 彭翠婷, 等. 2012. 湖南省化肥投入与粮食产出变化对环境成本的影响分析. 生态环境学报, 21(12): 2007-2012.
中国地质大学(武汉)资产评估教育中心. 2020. 中国自然资源资产价值评估: 理论、方法与应用. 北京: 中国财政经济出版社: 32-66.
中华人民共和国国家质量监督检验检疫总局, 中国国家标准化管理委员会. 2012. 中华人民共和国国家标准(GB/T 28406—2012)农用地估价规程.
中华人民共和国国家质量监督检验检疫总局, 中国国家标准化管理委员会. 2014. 中华人民共和国国家标准(GB/T 18508—2014)城镇土地估价规程.
周颖, 周清波, 王立刚, 等. 2019. 秸秆还田技术的外溢效益价值评估研究综述. 生态经济, 35(8): 128-135.
周颖, 周清波, 周旭英, 等. 2015. 国外农业清洁生产补偿政策模式及对我国的启示. 农业现代化研究, 36(1): 7-12.
周志明, 张立平, 曹卫东, 等. 2016. 冬绿肥-春玉米农田生态系统服务功能价值评估. 生态环境学报, 25(4): 597-604.
朱中彬. 2003. 外部性理论及其在运输经济中的应用分析. 北京: 中国铁道出版社: 35-40.
朱自学, 刘天学. 2007. 秸秆还田的生态效应研究进展. 安徽农业科学, 35(23): 7221-7223.
Costanza R, Farber S, Maxwell J. 1989. The valuation and management of wetland ecosystems. Ecological Economics, 1(4): 335-362.
Davis R K. 1963. Recreation planning as an economic problem. Natural Resources Journal, 3(3): 239-249.
Feiziene D, Feiza V, Karklins A, et al. 2018. After-effects of long-term tillage and residue manage-

ment on topsoil state in Boreal conditions. European Journal of Agronomy, 94: 12-24.
Gaglias A, Mirasgedis S, Tourkolias C, et al. 2016. Implementing the contingent valuation method for supporting decision making in the waste management sector. Waste Management, 53: 237-244.
Hanemann W M. 1994. Valuing the environment through contingent valuation. Journal of Economic Perspectives, 8(4): 19-43.
Hanley N D, Ruffell R J. 1993. The contingent valuation of forest characteristics: two experiments. Journal of Agriculture Economy, 44(2): 218-229.
King R T. 1966. Wildlife and man. NY Conservationist, 20(6): 8-11.
Mitchell R C, Carson R T. 1989. Using Surveys to Value Public Goods: The Contingent Valuation Method. New York: RFF Press: 80-90.
Peters C A, Gentry A, Mendelsohn R O. 1989. Valuation of an Amazonian rainforest. Nature, 339(6227): 655-656.
Pimentel D, Harvey C, Resosudarmo P, et al. 1995. Environmental and economic costs of soil erosion and conservation benefits. Science, 267(5201): 1117-1123.
Schomers S, Matzdorf B. 2013. Payment for ecosystem services: a review and comparison of developing and industrialized countries. Ecosystem Services, 6(1): 16-30.
Thorenz A, Wietschel L, Stindt D, et al. 2018. Assessment of agroforestry residue potential for the bioeconomy in the European Union. Journal of Cleaner Production, 176: 348-359.
Woodward R T, Wui Y S. 2001. The economic value of wetland services: a meta-analysis. Ecological Economics, 37(2): 257-270.
Wunscher T, Engel S. 2012. International payments for biodiversity services: review and evaluation of conservation targeting approaches. Biological Conservation, 152: 222-230.

第四章　农业生态补偿标准定价机制研究

生态补偿标准是补偿政策顺利实施和持续运行的关键。合理的补偿标准是激励人民绿色生产行为，使其共享生态福利的重要手段。因此，在绿色发展背景下，重新界定农业生态补偿的内涵，厘清补偿定价的思路和依据，是准确测度补偿标准的基本前提，更是提高补偿政策效能的有效途径。从现有文献来看，基于农业绿色生产技术外部性视角的生态补偿定价研究并不多见，单一学科视角难以做到生态服务功能单位价值量的准确核定，以及评估结果的相对公平。因此，重新审视补偿政策边界，探索多学科、多方法相结合的补偿定价机制将是农业生态补偿领域的重要研究方向，对于调动广大农民参与绿色生产积极性具有重要的现实意义和应用价值。农业自然资源种类繁多，各种资源对人类的用途和功能各异，从为人类提供食物和生命起源角度看，耕地资源无疑是最重要和基础的自然资源。《农业绿色发展技术导则（2018—2030 年）》包括的技术类型多样，但农业绿色发展五大行动中有三大行动都涉及种植业生产技术。为了聚焦主要领域、优先解决关键技术问题，本章关于农业生态补偿标准定价机制的研究将以耕地资源和种植业绿色生产技术为例，探讨农业生态补偿标准定价的思路与核算依据。

第一节　生态补偿标准确定的原理

一、生态补偿标准确定的原理概述

生态补偿关键要解决“应该补偿多少”和“能够补偿多少”两个核心问题。20 世纪 80 年代初，各国在环境服务领域开展广泛的生态补偿项目和政策实践。与此同时，计量经济模型的应用为补偿标准的评估提供更为科学的分析手段，为有效发挥政策手段的指导作用提供技术支撑。

美国学者 Robert 和 Robert（1991）通过大量的事实分析提出：以激励为主的环境治理手段（方法）相比行政指令手段更能够刺激生产经营者减少污染排放的积极性，从而将污染控制成本转移到产生不同污染排放水平的厂商中，最佳的政策安排是将市场手段和传统管制措施结合在一起。Pagiola（2002）对哥斯达黎加、哥伦比亚、墨西哥等拉丁美洲国家开展的生态环境服务付费（payment for ecosystem service，PES）项目进行研究，此类项目以改善流域水环境服务功能为生态补偿方向，向用水者征收补偿费，生态服务的其他受益者则不考虑。Wunder（2005）系统阐述 PES 原理的基本内容，认为生态补偿是指由生态服务使用者（购买者）向生态环境保护者（提供者）自愿支付的费用；支付费用标准应基于对生态环境服务价值的预期评估，并根据不同的补偿领域选择“静态、退化、增长”3 种不同类型补偿基线。

Wunder 和 Alban（2008）认为在明确界定公共产权的前提下，尽管利益双方通过自由协商或谈判可以解决外部性问题，然而对于生态系统预期服务价值的估算和经济评价无疑会增强各方在谈判中的发言权，并且事先判断 PES 项目是否可行。Tietenberg（2006）研究提出市场不确定因素造成的自然资本损耗往往比社会最优化损耗大得多，其中外部性影响、环境服务公共物品属性、不完善的所有权及不充分的信息获取是市场失灵的根本原因。Engel 等（2008）全面梳理生态补偿的原理和实践，提出 PES 机制的建立应遵循的步骤：明确环境服务提供者的行为活动类型，监测输入端并准确评估环境服务的价值，建立补偿标准计量经济模型，其中：补偿标准必须超过生态系统管理者从原来土地用途中所获得的额外收益（否则管理者将不会改变生产行为），而又必须低于环境服务受益者获得的服务价值（否则受益者将不愿意提供补偿费用）。

国内学术界在生态补偿标准研究方面仍处于探索阶段，对于补偿标准的确定仍有不同观点，结合发达国家的研究成果，学术界系统提出生态补偿标准确定的研究方法及适用范围，为深入开展生态补偿标准的计量经济分析和实证研究奠定方法论基础。现阶段，国内生态补偿标准研究的主要学术观点认为：生态补偿标准的两个关键指标分别是对生态服务提供者的补偿标准和对受益者的支付标准（征收标准）。生态补偿标准应介于受偿者的机会成本与其所提供的生态服务价值之间，生态系统服务价值可以作为生态补偿标准的理论上限（秦艳红和康慕谊，2007；杨光梅等，2006；李晓光等，2009；赖力等，2008），农户的机会成本与交易成本之和可以作为生态补偿总的资金需求。生态补偿标准确定的理论基础有价值理论、市场理论和半市场理论（李晓光等，2009）。生态补偿标准的定量研究方法包括生态系统服务功能价值法、生态效益等价分析法、市场法、意愿价值评估法、机会成本法及微观经济学模型法。

二、生态补偿标准确定的思路

生态补偿是要采取相应的政策和市场手段界定环境利益双方的责权边界，纠正市场机制扭曲产生的“外溢效应”，推动全社会各行业生产方式的生态化转型。为了实现这一目标，必须解决两个核心问题：一是界定受偿方和受益方，要清楚界定生态补偿的利益相关方，以及相关方内受偿方和受益方的边界（主体），回答“补给谁”；二是确定利益相关方受益和受损的程度大小，即确定补偿标准的定价，回答“补多少”。因此，完善生态补偿机制的两个关键环节包括界定利益相关方和确定补偿标准。

（一）生态补偿的利益相关方分析

国际社会普遍遵循的生态补偿指导原则是 1972 年经济合作与发展组织（Organization for Economic Cooperation and Development，OECD）提出的污染者付费原则（polluter pays principle，PPP），Brown（1994）提出的“谁受益，谁付费”原则（beneficiaries pay principle，BPP），以及国际社会公认的“谁保护，谁受益”原则（provider gets principle，PGP）。

我国环境保护工作遵循“谁开发，谁保护；谁污染，谁治理；谁破坏，谁恢复”的原则（中华人民共和国第五届全国人民代表大会常务委员会，1979）。农业生态补偿是生态补偿涉及的重要领域，在指导农业生产中应遵循“谁投资，谁受偿；谁保护，谁受益”的原则。尽管生态补偿利益相关方的确立应遵循这些原则，但由于没有权威性的、具体的可操作性法规，实施起来还有很大的难度。国内学术界关于生态服务在空间上的流转机制已进行了广泛研究，明确了生态系统提供的生态服务功能类型、作用区域及作用强度，据此判别生态服务的受益者；但是更多的生态补偿主体仍不明确，补偿客体划定不清，生态补偿机制研究还处于探索阶段。

1. 界定利益相关主体

生态补偿的利益相关主体界定要以产权，尤其是初始产权的分配为前提。大多数生态系统服务属于公共产品或准公共产品，产权难以界定或界定成本极高。然而几乎所有的生态系统服务都来自地球生物圈，集合了来自地球表面所有生物以及它们之间关系的全球性生态系统。因此，可以确定各种资源资产的初始产权（初始所有权和初始排他使用权）及其开发主体，从而可以间接确定生态补偿的利益相关方，或者生态系统服务的受益者和提供者。

学术界认为，生态补偿的主体是生态服务的受益者，或者生态服务的购买者是真实的服务使用者。在不同的情况下，生态补偿的主体可能是受益的个人、企业或者特定的区域受益的全体公民，以及作为区域公民利益代表的各级政府，通常包括中央政府和各级地方政府。生态补偿的客体就是生态服务的提供者，主要包括为保护生态系统或者在特定区域因保护生态系统而利益受损的个人、群众或集体组织（杨丽韫等，2010）。

2. 重点研究领域分析

为了更深入地理解生态补偿主客体内涵，选取我国目前生态补偿研究重点领域具有代表性的实践案例，主要包括流域生态系统、森林生态系统、矿产资源开发、湿地生态系统、自然保护区和农业生态系统等 6 个重要领域，具体分析生态补偿主客体及补偿政策建议（表 4-1）。

表 4-1　不同生态系统生态补偿主客体界定与补偿政策建议

生态系统	具体案例与主客体的确定		实践操作与建议
流域生态系统	跨界流域生态补偿的新安江模式（沈满洪和谢慧明，2020；王金南等，2016）	主体：下游杭州市用水居民、各企事业单位、千岛湖相邻的各区市等 客体：上游黄山市水源保护区农民，保护生态限制开发区的企业等	形成全国首个跨界流域生态补偿试点，补偿主体为中央政府和生态保护的受益方，即下游浙江省杭州市
	黑河流域综合治理生态补偿（蒙吉军等，2019）	主体：主要是国家，上游地区的受益居民、企业及社会力量等 客体：中游地区利益受损居民和相关企业等，以及下游地区的利益受损居民和企业等	目前已实施退耕还林还草生态补偿政策，以中央政府财政专项资金为主，补偿对象为自愿退耕的农户
森林生态系统	帽儿山国家森林公园生态补偿（刘丹萍和梁雪石，2018）	主体：国家、黑龙江省尚志市、旅游开发企业、国际组织、基金会等 客体：森林公园所处社区居民、环保志愿者及自然生态环境恢复、治理的参与者	建议对旅游生态系统服务功能价值、生态保护和建设投入、生态环境恢复治理成本等进行核算，制定综合补偿标准
	香格里拉普达措国家公园生态补偿（章忠云，2018）	主体：国家、州政府、从事旅游开发经营的企业或相关组织经营机构 客体：园区内原住民、地方管理机构、村民组织与管理部门等	建议对公园生态服务价值进行估算，制定公平的生态服务补偿条例，扩大对原住民补偿范围，提高补偿标准
矿产资源开发	甘肃省矿产资源开发生态补偿机制（高新才和斯丽娟，2011）	主体：国家及采矿权人（法人和自然人） 客体：资源所在地的政府以及当地居民	建议完善矿山生态补偿的法制保障，健全矿山地质环境恢复治理保证金制度及补偿标准核算制度
湿地生态系统	洞庭湖湿地生态系统（熊鹰等，2004）	主体：湖区旅游部门、向鄱阳湖排放污水的企业、流域地区 客体：退田还湖的移民农户	建议征收生态补偿费和生态补偿税，政府提供补偿补贴，推广优惠信贷，开展流域范围内的补偿等
自然保护区	青海省三江源自然保护区生态移民补偿（李屹峰等，2013）	主体：国家、生态保护受益地区 客体：保护区内生态移民的农牧民	建议采取科学方法评估农牧民经济损失，通过圈养技术等技能培训有效提高生态移民的工作能力
	广西猫儿山国家级自然保护区生态补偿机制（戴其文，2014）	主体：国家、生态保护受益地区 客体：保护区内的当地村民	建议加强退耕还林的政策宣传，落实生态公益林和退耕还林补偿政策，建立持续有效的维持生计扶持政策
农业生态系统	南京市溧水区化肥减施技术生态补偿（吕悦风等，2019）	主体：国家、南京市政府 客体：实施化肥减施技术的农民	建立与作物种植类型和化肥减施成效两者相挂钩的多级补偿机制，根据减施成效设定相应的补偿标准
	耕地资源保护的生态补偿机制（宋敏，2012）	主体：国家、各级地方政府 客体：农民、规划管制区集体经济组织	建议以激励性管制方式提高公众参与耕地保护的响应度，通过有效的政策途径将耕地外部效益内部化

（二）生态补偿标准确定的依据

生态补偿标准既要充分考虑受偿方的需求，又要兼顾受益方（支付方）的意愿，两者关系的相互协调才能达到供需平衡，并且保证生态保护和建设的资金需求。因此，确定生态补偿标准的两个关键指标是生态服务提供者的补偿标准和受益者的征收标准。关于生态补偿标准的定价问题一直是学术界研究与争论的热点问题，国内现已形成的比较有代表性的观点如下（秦艳红和康慕谊，2007；熊鹰等，2004）。

一是理论上补偿标准应介于受偿者的机会成本与其所提供的生态服务价值之间，但在实践中，补偿标准的确定更多趋近于机会成本或者产权权益，往往导致补偿额度不足（黄德林和秦静，2009；任世丹和杜群，2009）（表 4-2）。补偿不足的真正原因是机会成本的评估不准确、不完全，生态服务的提供者农民的损失被低估了；特别是参与农业生态资源保护和农业绿色生产行为产生的外溢效益没有被列入补偿标准的核算范畴，导致针对农民的补偿标准过低，没有体现公平性原则。生态补偿要与区域经济发展相结合、与良好民生福祉相结合，因此，要将农民参与生态环境保护、生态修复及农业生产方式转变过程中的各种额外投入进行准确计量。二是实践中对受益者的征收标准（受益方）应考虑 3 个方面因素：①受益者应支付金额（受益程度），包括农民的机会成本和交易成本，两者之和为生态补偿资金的总需求；②受益者支付意愿（willingness to pay，WTP），是影响支付标准的重要因素；③支付能力，是指企业偿还债务、支付应交款项的能力，支付能力也是必须考虑的指标。总之，要综合考虑上述 3 个影响因素，在受益地区进行生态经济划分，通过 3 个因素的定量化测度，确定不同区划单元的生态补偿费用比例，最终计算得到区域应支付的补偿数额。

表 4-2 国外重大生态补偿项目补偿标准确立的依据

项目名称	补偿标准
哥伦比亚、哥斯达黎加、尼加拉瓜等国的区域综合林草复合生态系统管理计划（RISEMP）	畜牧业生产损失的最低水平
墨西哥的水环境服务支付项目	土地的平均机会成本
哥斯达黎加的流域水环境服务支付项目	造林地区的机会成本
中国的退耕还林（草）工程	黄河流域每公顷每年补偿 1500kg 粮食[合 2100 元/(hm^2·a)]，长江流域每公顷每年补偿 1875kg[合 2625 元/(hm^2·a)]，接近于机会成本
美国环境质量激励项目（Environmental Quality Incentives Program，EQIP）	高于生产者成本，但低于生产者的潜在收益
美国土地保护性储备计划（Conservation Reserve Program，CRP）	土地年租金加上 50%的实施成本
日本水源区综合利益补偿项目	移民安置费用、规划建设成本及交流费用
英国的北约克摩尔斯农业生态环境补偿计划	明确国家在补偿中的主体责任，以地役权为标准

第二节　农业生态补偿标准定价研究

纵观现有研究发现，关于农业生态补偿标准的研究还处于探索阶段。目前，生态补偿标准的确定以生态系统服务功能价值理论、市场理论为基础，以农业生态系统服务价值为依据，同时考虑生产者的意愿因素。国内农业生态补偿标准定价研究形成三大主流观点（何可等，2020）：一是借鉴国外研究思路，以资源或技术的生态服务功能价值为对象，基于多方法技术途径，测算生态服务功能价值量，以此作为农业生态补偿标准定价依据（Wunder and Alban，2008；Engel et al.，2008）；二是采用国际社会通用的意愿价值评估方法或选择实验方法，以受访者受偿意愿或支付意愿价值评估作为生态补偿的主要依据（Atinkut et al.，2020；严立冬等，2013）；三是以农业技术应用的实际成本和损失的机会成本作为技术推广生态补偿标准的参考（Pogue et al.，2020；Xiong and Kong，2017）。近年来，随着国家加快推进以绿色为导向的农业生态补偿制度建设，农业生态补偿标准定价机制的研究也由传统思路向多元化和差别化方向发展。

一、耕地资源保护生态补偿标准研究

耕地资源承载着粮食安全、工业化及城镇化建设用地及生态环境建设等重大功能。耕地资源保护的生态补偿标准研究一直是农业生态补偿领域的研究热点。当前，大部分学者认为耕地资源的生态服务功能价值评估是确定生态补偿标准的重要依据；部分学者提出耕地资源的社会保障价值和生态服务价值同等重要，因此耕地保护生态补偿应以外部性价值测算为依据；另外有部分人因保护耕地而遭受经济利益损失，即机会成本应该作为耕地保护补偿的依据。基于上述 3 种观点的代表性研究如下。

一是以耕地资源生态价值评估为定价依据。张效军等（2008）认为中国耕地保护区耕地价值应包括商品经济价值、生态环境价值、拆补价值和社会价值，以耕地资源全价值量成本收益核算作为补偿定价依据。唐建等（2013）运用双边界二分式条件价值评估方法估计重庆北碚区耕地生态功能价值，以城市居民对耕地生态价值的支付意愿和农户耕地保护的受偿意愿来定价。高攀等（2019）基于虚拟耕地视角，通过改进当量因子法和生态服务价值模型核算河南省县区耕地生态补偿标准。郜慧等（2020）则开展了淮河源生态功能区生态系统价值评估，研究提出应以生态服务功能价值为补偿标准上限，以土地碳排放价值为补偿标准下限。

二是以耕地资源外部性测度为补偿依据。宋敏和张安录（2009）以湖北省为例将社会保障功能价值、粮食安全功能价值和生态服务价值之和确定为外部性价

值，并采用收益还原法和生态服务价值修正系数法等测算农地外部性价值。牛海鹏等（2014）基于条件价值评估法测度耕地保护外部性价值，并以受访者参与耕地保护的支付意愿作为最低补偿标准。张俊峰等（2020）综合运用环境成本法、当量因子法等核算长江经济带耕地生态外溢效益价值，提出应以外溢效益为基础综合考虑环境保护事权和发展财权等因素从而确定补偿标准。

三是以耕地资源机会成本核算为补偿依据。雍新琴和张安录（2011）测算江苏铜山区耕地保护的机会成本，研究提出应以农户耕地保护补偿意愿为补偿标准的下限，以机会成本损失为补偿标准的上限。柴铎和林梦柔（2018）研究提出耕地保护的机会成本损失和外部性价值分别是上下级“纵向”和地区间“横向”补偿的依据，耕地保护补偿的有效区间介于耕地保护的机会成本损失和外部性贡献之间。

二、农业绿色生产技术补偿标准研究

农业绿色生产技术生态补偿标准的研究已成为农业生态补偿的热点问题。国内大多数研究以条件价值评估方法为主，运用经济学模型估计技术使用者的受偿意愿（支付意愿）价值，以意愿价值作为补偿标准的定价依据。近年来，学术界尝试将实验观测法、剂量反应法等自然科学研究方法与生态经济学方法结合，综合评估技术产生的生态环境效应价值，为生态补偿标准寻求更准确的定价依据。目前，种植业领域农业绿色生产技术补偿标准的代表性研究如下。

一是以技术应用受偿意愿或支付意愿价值评估为依据。崔新蕾等（2011）采用条件价值法评估武汉市城市和农村居民参与农田面源污染防治的意愿价值，以农田生态环境保护方受偿意愿和受益方支付意愿为补偿标准依据。汪霞等（2012）估算了甘肃省农户参与干旱区农田土壤污染修复工程的受偿意愿价值，基于此阈值确定土壤重金属污染防治生态补偿标准。余智涵和苏世伟（2019）基于江苏省南京、扬州、连云港三市 462 份农户的调查样本，获取农户秸秆还田的受偿意愿。韦佳培等（2014）调查山东、湖北、山西等三省农户对资源性农业废弃物的支付意愿，测算总样本秸秆和畜禽粪便的平均支付意愿价值，为政策制定提供参考。翁鸿涛和艾迪歌（2017）采用单边界二分式和双边界二分式意愿价值评估方法，定量分析甘肃静宁县农户对农业生态环境补偿的受偿意愿，建议以双边界二分式评价结果作为补偿标准依据。

二是以技术应用生态服务功能价值评估为依据。学术界基于传统生态经济学方法，定量化评估农林废弃物资源化利用模式的生态效益、经济效益及可持续发展能力。Papendiek 等（2016）采用成本收益分析方法评估德国勃兰登堡 3 个绿色生物精炼厂饲料豆类生产的经济盈利能力。Thorenz 等（2018）运用生态经济三步法评估欧盟国家将农林残留物作为生物基化学工业生产原料的生物经济潜力，研究结果将麦秸作为农业领域最有前途的来源。Dassanayake 和 Kumar（2012）估计加拿大小黑麦秸秆电力生产的最佳规模和成本，开发了基于原料供应和物流数据的计量经济模型，提出 300MW 机组最佳规模的平均电力成本为 76.33 美元/(MW·h)。另外，尝试运用多种方法对秸秆还田等保护性耕作技术的生态服务价值进行量化评估。Liu 等（2017）应用能值生态足迹方法对秸秆循环利用模式的可持续性进行评估，认为"straw-dairy-biogas- straw"（S-D-B-S）循环模式具有最高的可持续性，加长的循环产业链对应着较强的可持续性。Erenstein（2002）基于文献分析方法对作物残差覆盖（crop residue mulching，CRM）技术实际潜力进行评估，由于 CRM 引起正向或负向外部性，它并不是一项简单的附加技术，其实际潜力取决于对隐含变化的社会经济影响的全面评估。

三、农业生态补偿标准定价研究进展

生态补偿标准是补偿政策顺利实施和持续运行的关键。合理的补偿标准是激励人民绿色生产行为，使其共享生态福利的重要手段。因此，在绿色发展背景下，重新界定农业生态补偿的内涵，厘清补偿定价的思路和依据，是准确测度补偿标准的基本前提，更是提高补偿政策效能的有效途径。农业生态补偿是生态补偿的重要领域，至今国内外未给出统一的概念，但其类似于 WTO 的"绿箱"政策（张铁亮等，2012），是依靠政府机构推动的，运用经济手段和市场措施，对保护农业自然资源和生态环境而损失个人利益进行补偿的一种政策手段。国外基于生态环境付费（PES）原则（Polasky et al.，2011），开展生态补偿原理与依据的研究。Wunder 和 Alban（2008）认为生态补偿是生态服务使用者向生态环境保护者自愿支付的费用，支付标准应基于对生态环境服务价值的预期评估。Engela 等（2008）认为补偿标准应超过生态管理者从原来土地用途中获得的额外收益，而又必须低于环境服务受益者获得的服务价值。国内学者借鉴国外研究成果，提出生态补偿标准应介于受偿者机会成本与其提供的生态服务价值之间，生态服务价值可作为生态补偿标准的理论上限。现有的研究大多认为，农业生态补偿标准的确定应以农业生态系统服务价值为依据，同时考虑生产者的意愿因素；而以支付者意愿价值作为补偿依据的研究逐渐增多（李晓光等，2009；赖力等，2008；杨光梅等，2007）。基于这两种传统定价思路的研究为生态补偿标准提供了借鉴，但是评价标准不统一，缺乏一般性，存在评估结果不准确、主观性太强等问题。从现有文献来看，基于农业绿色生产技术外部性视角的生态补偿标准定价研究并不多见，单一学科视角难以做到生态服务功能单位价值量的准确核定，以及评估结果的相对公平。因此，重新审视补偿政策边界，探索多学科、多方法相结合的补偿定价机制将是农业生态补偿领域的重要研究方向，对于调动广大农民参与绿色生产积极性具有重要的现实意义和应用价值。

总之，现阶段关于农业生态补偿标准定价依据及方法研究有三大主流观点：一是借鉴国外研究思路，以农业资源或技术产生的生态服务功能价值为对象，基于多方法技术途径，测算生态系统服务功能价值量，以此作为农业生态补偿标准定价依据。二是采用国际社会通用的意愿价值评估方法或选择实验方法，以受访者受偿意愿或支付意愿价值评估作为生态补偿的主要依据。三是以农业环保技术应用的实际成本和保护环境损失的机会成本测算，作为技术推广生态补偿标准的参考。

现有补偿标准定价研究为生态补偿标准的制定提供了借鉴，但是深入剖析不难发现研究的不足与问题。从国内农业环保技术市场发展来看，农业环保技术尚缺乏完善的市场环境，普遍采用国外的价格体系，难以反映真实的消费者剩余，从而导致最终评估结果不准确。从方法特征及评估效果来看，以生态环境服务价值评估为主的核算方法，强调技术的生态功能而忽略了其降低环境成本的贡献；以技术采纳意愿价值评估的补偿标准，揭示生产者偏好，却缺乏公众信任；以技术的生产成本投入作为补偿定价依据，不能科学反映生产者环保行为的外部性绿色贡献，补偿标准过低，不能弥补个人利益损失，也有失公平。显然，从单一视角出发的定价思路，不能统筹兼顾技术产生的外部性环境贡献，以及生产者环境保护行为的效用最大化。针对我国农业生态补偿标准定价研究理论依据不充分、评估体系不完善的问题，研究基于对农业生态补偿内涵与内容的深度理解和认识，创新性提出从外部性视角科学界定补偿标准理论价值上限和下限边界是补偿标准定价的重要依据，进一步探索构建多方法相结合、相补充的评价体系是农业生态补偿研究的重要方向，也是补偿政策优化的首要前提。

第三节　农业生态补偿标准定价机制

一、农业生态补偿标准定价原理

（一）补偿对象与内容

本研究在前述厘清农业生态补偿科学内涵及农业生态系统“外溢效益”和“外溢成本”构成的基础上，进一步细化针对耕地资源及种植业绿色生产技术的生态补偿标准核算依据（表 4-3），科学回答应该“补什么”的关键问题。

表 4-3　农业生态补偿的对象与内容

类型	补偿客体	补偿类型	补偿内容
耕地资源保护行为补偿	影响个人或组织	资源开发建设	环境正外部性减少和私人利益损失
	保护者或组织	资源保护利用	生态资本保值增值行为的合理回报
绿色生产技术应用补偿	生产者或参与者	环境污染治理	降低环境负外部性成本投入及收益损失
	生产者或参与者	环境质量提升	提高环境正外部性投入及收益损失

第一，耕地资源保护行为的补偿。①农用地被征用和开发建设时，由于土地所有权、用途的变更，土地丧失原有的生态系统服务功能，资源的稀缺性和利用的不可逆性决定了资源开发实际利益者（所有权益者），应当就资源资产价值的减少支付补偿费用，即对环境正外部性减少和私人利益损失进行补偿。②农用地被节约和保护利用时，农业生态技术的应用在保护土地资源和环境的同时，实现了生态资本的保值和增值，其增值所获得的各种收益应该得到相应的分享，生态补偿就是对生产者投资生态环境保护行为的合理回报。

第二，绿色生产技术应用的补偿。①农田生态环境污染治理补偿，生产经营者在采纳绿色生产技术过程中，降低了传统生产方式对环境的负外部性影响，有效减少了生产的环境成本，而产地环境洁净又提升了粮食产品质量，更符合消费者需求，因此应对生产者降低环境污染负外部性而付出的成本代价进行补偿。②农田生态环境质量提升的补偿，生产者应用耕地环境质量提升技术使得农田生态潜力和生态环境质量得到改善与提高，产生了显著的正外部性，农业生态产品的供给者应该平等地分享生态资本增值收益，因此应该对生产者提升环境质量正外部性而损失的私人收益进行补偿。

（二）补偿标准定价思路

农业绿色生产技术具有显著的外部效应和公共产品属性特征。根据福利经济学“庇古税”和科斯定理，政府应对生态环境保护者——农户（新型经营主体）给予合理的报酬和奖励，才能内部化解决外部性问题，实现绿色生产过程帕累托最优。通过文献分析和归纳演绎法，明确绿色发展背景下农业生态补偿的内涵和内容，即对生产者降低环境负外部性付出的成本及提升环境正外部性损失的收益给予报酬或奖励。规范分析“外部效应-行为意愿”两大因素的内在关联与相互作用机制：外部效应强调农业绿色生产技术对环境质量提升的贡献作用，以外部效应为依据，遵循技术改善环境质量的客观规律；行为意愿强调生产者对于技术采用的心理偏好和主观愿望，以行为意愿为依据有利于调动生产主体的主观能动性。所以，农业生态补偿标准定价必须遵循主观能动性与客观规律性辩证统一关系理论。

农业生态补偿标准定价思路还应综合考虑 3 个方面的影响：①绿色生产行为对降低环境负外部性和增加正外部性两方面的影响，正外部性和负外部性价值之和为外溢效益价值；②技术应用主体在生产中付出了额外的成本和代价，从公平性考虑补偿应该满足生产者的意愿和诉求；③绿色生产技术本身不具有市场竞争力，技术推广需要政府进行内部化调控，在有限的资金和服务范围内应优化调控机制、提高政策效能。因此，本研究创设基于外部效应量化的农业绿色生产技术“双边界”补偿标准定价思路，即从理论研究纵向边界界定补偿标准的理论上、下限值，从实践应用横向边界界定补偿标准参考阈值。该思路符合方法论研究把尊重客观规律和主观能动性有机结合的辩证关系原理，为建立系统的生态补偿核算方法奠定了理论基础。总体思路框架如图 4-1 所示，具体内容如下。

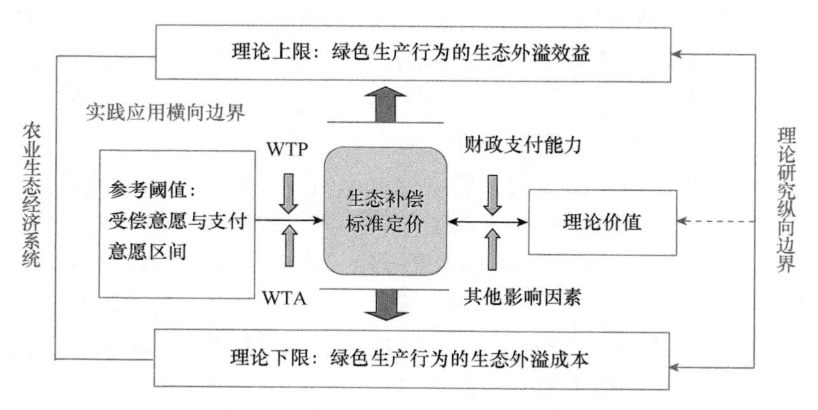

图 4-1　农业生态补偿定价思路框架

第一步，从理论研究的纵向边界界定补偿标准的理论上、下限值。以农业资源保护及绿色生产行为产生的生态外溢效益作为补偿标准的理论上限值，以绿色生产行为产生的外溢成本作为补偿标准的理论下限值，其差值为农业生态补偿标准的理论价值。

第二步，从实践应用的横向边界界定补偿标准参考阈值和定价依据。一是从补偿客体（生产者）应用实践层面确定补偿参考阈值，以农业绿色生产技术采纳的受偿意愿和支付意愿价值区间作为参考阈值，根据补偿对象属性确定适宜的评估尺度，以支付意愿（willingness to pay，WTP）和受偿意愿（willingness to accept，WTA）的比值作为修正参数。二是从补偿主体（中央及地方政府）政策实践层面确定最终的补偿标准，以中央及地方政府实际财政支付能力为基本遵循和制定补偿标准的重要依据。

总之，补偿标准的定价机制要系统分析，综合考虑理论上限、理论下限、参考阈值、启动机制和财政分配等多要素影响，建立符合中国国情、农情，推进资源节约化、过程绿色化的农业绿色发展生态补偿定价机制。

二、农业生态补偿标准核算依据

根据生态补偿标准定价思路和农业生态补偿的类型与内容，分析并探讨不同补偿类型的外部性量化途径及内部化解决的问题。本研究进一步细化农业生态补偿标准的核算依据，针对以下 4 种不同的生态补偿类型（表 4-4），厘清补偿标准核算的依据，为完善补偿标准评价体系提供理论支撑。

表 4-4　农业生态补偿标准的核算依据

序号	补偿类型	核算依据
1	资源开发建设	资源生成或维护的重置成本、资源资产预期收益、发展机会成本
2	资源保护利用	资源保护者直接投入、发展机会成本、资源保护的生态服务价值
3	环境污染治理	额外生产成本、环境成本、发展机会成本、技术外溢效益价值
4	环境质量提升	额外生产成本、环境成本、发展机会成本、技术外溢效益价值

1. 资源开发建设补偿依据

耕地资源一旦被投入资本进行开发建设，原有的土地利用类型就会减少，原来的农业生态系统将被破坏，导致土地丧失了原有的生态服务功能。土地资源生态服务价值的下降引起环境质量的下降，造成环境负外部性和环境成本上升，人类的生存安全和可持续发展面临挑战。因此，耕地资源绝不是公共产品，要使耕地资源真正成为一种生态资产，就要遵循“谁受益、谁补偿”的原则，实现环境负外部性问题的内部化解决。因此，从农业资源的开发、利用过程中获得实际利益者（使用者），应当就资源资产价值的减少付出应有的补偿费用（如征税或规制政策），以重置成本为依据；在开发建设中遭受损失的组织或个体，应当按照使用资源的预期收益和机会成本获得补偿。在政策实施中要解决好两个关键问题：一是建立清晰的土地产权制度，使生态资本的所有权权益在资源开发利用中得到充分体现（王兴杰等，2010；李振红等，2020）；二是探索采取补偿与惩罚双向激励和抑制手段，一方面维护资源保护者的个人利益，另一方面约束破坏土地生态的行为。

2. 资源保护利用补偿依据

耕地资源保护利用以农业绿色生产技术为依托。首先，农业生产者通过生态技术运营和有效管理，保证农业生态系统为人类提供安全农产品和环境生态服务，使得农业生态资本，如直接进行生产与再生产的自然资源、生态潜力和生态环境质量等得到保护和提升；为了积累生态资本所耗费的各种成本（生态资源的维持成本、修复成本、重置成本、景观建设成本、机会成本等），以及因生态资本增值所提供的生态系统服务必须得到相应的补偿（严立冬等，2015；胡仪元等，2016）。其次，农业环保技术的推广和应用在保护自然资源与环境的同时，实现了生态资本的保值和增值，生态资本具有不断增值的资本属性，其增值所获得的各种收益应该得到相应的分享。只有平等分享到生态资本增值所带来的收益，才能促进生产者对生态资本的投资，提高人们对生态资源供给的积极性。因此，生态补偿实际上就是对生态资本增值收益的分享，是生产者投资生态环境保护的合理回报，应以资源保护者直接投入、发展机会成本、资源保护的生态服务价值作为补偿依据。在实施过程中，应该遵循“谁保护、谁受偿”的原则，要明确耕地资源保护的社会责任，增加自然资源生态价值产权的可交易性，调动人们参与生态资源保护的积极性。

3. 环境污染治理补偿依据

农业绿色发展的核心任务是转变传统高污染和高消耗型的生产方式，建立与资源承载力相适应、与环境容量相匹配的生产力布局，构建农业绿色生产技术清单，在土壤重金属治理、面源污染防控、秸秆综合利用、外来入侵生物防控及生态农业模式等方面实现技术创新（梅旭荣，2014）。国家大力推进的环境污染治理技术主要有化肥减施增效技术、农业面源污染治理技术和重金属污染控制与治理技术等，生产经营者在技术应用过程中，不仅产生了重要的外溢成本（包括额外投入生产成本、农业生产环境成本、损失发展机会成本），同时在环境污染的治理和防控过程中改善生态系统服务功能而形成显著的外溢效益。因此，要全面激活农业绿色发展的内生动力，就要从兼顾公平性及外部性贡献考虑，以技术应用者创造的生态服务价值和成本投入为补偿依据，建立并完善与技术体系相适应的补偿制度。

4. 环境质量提升补偿依据

农业绿色发展的主攻方向之一是加强农业资源的保育和养护，着力提升农业产地环境质量，实现农业科技创新从注重数量为主向数量质量效益并重转变，从注重生产功能为主向生产生态功能并重转变。国家大力推广耕地质量保护与提升技术、耕地轮作休耕制度、农业控水与雨养旱作技术、种质资源收集与保护等环境质量提升技术模式。技术的推广应用能有效地保育土壤、涵养水源、调节大气、净化环境、增加物种多样性及保证粮食安全，对于农业生态环境带来的非负效益或福利表现出显著的正外部性。公众作为这些效用或功能的受益者无须支付任何费用便得到了福利水平的提升。因此，政府内部化调控外部性问题，以合理的补偿制度让农业环境保护的“牺牲者”得到相应的报酬，解决农业环境物品消费中“搭便车”的现象，补偿的依据为额外生产成本、环境成本、发展机会成本、技术外溢效益价值。

三、农业生态补偿标准定价准则

综上所述，政府治理生态环境突出问题以农业绿色生产技术为主要途径，在推广农业绿色生产技术过程中产生的外溢成本（效益）主要包括以下几个部分。

一是政策性成本，需要前期投入的政策成本。包括使用土地等自然资源之前对其进行前期勘测和调查而投入的劳动，国家土地政策及利用规划的制定和实施而投入的成本，是合理开发利用的前提；在技术推广和实施过程中的人员、设备、教育、培训、管理等成本。政策性成本是政府支出的前期成本。

二是生产性成本，需要额外投入的生产成本。包括使土地等自然资源获得最佳使用效益而对其进行开发改造所投入的成本。耕地的改良、耕地与非耕地的内部转换、耕地与建设用地的类型转换、建设用地的基础设施配套等活动都会引起土地成本的增加。生产性成本是不同的生产经营主体，为了保障绿色技术措施的正常应用，与传统生产技术相比需要额外增加的成本投入部分。

三是外部性成本，降低农业环境成本的价值。包括采用农业绿色生产技术、生态修复技术、农业清洁生产技术及生态循环型农业模式等，有效改善农业生态环境、减少污染排放和资源损失的外部成本价值，即生态技术与传统技术相比改善环境效应而降低环境成本的价值。

四是外部性价值，产生生态外溢效益的价值。包括农业绿色生产技术、生态建设工程、生态农业模式等技术措施应用中产生的，增强农业生态系统服务功能、增加农业生态产品供给而产生的生态福利，即技术的正外部性价值。

借鉴前述自然资源要素生态补偿标准定价的 4 条基本原则，提出关于农业绿色生产技术生态补偿标准定价的基本原则。

第一，坚持技术价值精准评估为导向的原则。科学合理的补偿标准不仅是补偿政策制定的核心内容，直接影响着政策效能，而且是检验农业技术的重要内容，以及技术推广应用的重要决策参考。补偿标准的确定又归结于对技术应用价值的准确判断，因此开展技术价值评估是研究的核心问题。

第二，坚持显性成本和隐性成本兼顾的原则。农业生产的显性成本是生产过程中实际支出的有形成本，是由生产者负担的生产成本核算的主要部分；隐性成本是农业生产行为给环境造成的实际损失或为控制环境污染而产生的支出，是全社会一起承担的环境代价。农业技术应用价值评估要同时兼顾显性成本和隐性成本的核算，提高补偿标准定价的准确性。

第三，坚持经济价值与生态价值并重的原则。经济价值是指在实施农业绿色生产技术过程中获得的产品增收部分的价值；生态价值则是由于应用技术改善了农业生态环境、提高了农业生态系统的服务功能而创造的服务价值。生态价值与经济价值共同构成了普惠的民生福祉。农业技术应用价值评估要重视生态价值的评估，为确定补偿标准提供定价依据。

基于此，本研究提出农业绿色技术应用价值的计算公式：

总价值=产出增加价值+外溢效益价值+显性成本+环境成本+政策成本（4-1）

农业绿色生产技术补偿标准的定价原则：以技术应用的总价值为理论上限，以显性成本和环境成本之和为理论下限，以生产者补偿意愿价值为参考阈值，以中央政府财政支付能力为重要依据，确定满足不同生产经营主体的合理补偿标准。

主要参考文献

柴铎, 林梦柔. 2018. 基于耕地“全价值”核算的省际横向耕地保护补偿理论与实证. 当代经济科学, 40(2): 69-77.

崔新蕾, 蔡银莺, 张安录. 2011. 基于农业面源污染防治的农田生态补偿标准测算. 广东土地科学, 10(6): 34-39.

戴其文. 2014. 广西猫儿山自然保护区生态补偿标准与补偿方式. 生态学报, 34(17): 5114-5123.

高攀, 梁流涛, 刘琳轲, 等. 2019. 基于虚拟耕地视角的河南省县际耕地生态补偿研究. 农业现代化研究, 40(6): 974-983.

高新才, 斯丽娟. 2011. 甘肃矿产资源开发生态补偿研究. 城市发展研究, 18(5): 6-8, 12.

郜彗, 张祥耀, 刘明华, 等. 2020. 淮河源重点生态功能区生态补偿标准和等级研究. 信阳师范学院学报(自然科学版), 33(2): 244-249.

何可, 闫阿倩, 王璇, 等. 2020. 1996～2018 年中国农业生态补偿研究进展. 干旱区资源与环境, 34(4): 65-71.

胡仪元, 唐萍萍, 陈珊珊. 2016. 生态补偿理论依据研究的文献述评. 陕西理工学院学报(社会科学版), 34(3): 79-83.

黄德林, 秦静. 2009. 日本水资源补偿机制对我国的启示//中国法学会环境资源法学研究会. 生态文明与环境资源法——2009 年全国环境资源法学研讨会论文集: 365-369.

黄锡生, 陈宝山. 2020. 生态保护补偿标准的结构优化与制度完善: 以“结构-功能分析”为进路. 社会科学, (3): 43-52.

赖力, 黄贤金, 刘伟良. 2008. 生态补偿理论、方法研究进展. 生态学报, 28(6): 2870-2877.

李晓光, 苗鸿, 郑华, 等. 2009. 机会成本法在确定生态补偿标准中的应用: 以海南中部山区为例. 生态学报, 29(9): 4875-4883.

李晓光, 苗鸿, 郑华, 等. 2009. 生态补偿标准确定的主要方法及其应用. 生态学报, 29(8): 4431-4440.

李屹峰, 罗玉珠, 郑华, 等. 2013. 青海省三江源自然保护区生态移民补偿标准. 生态学报, 33(3): 764-770.

李振红, 邓新忠, 范小虎, 等. 2020. 全民所有自然资源资产生态价值实现机制研究: 以所有者权益管理为研究视角. 国土资源情报, (9): 11-15.

刘丹萍, 梁雪石. 2018. 基于森林资源资产价值评估的旅游生态补偿机制研究: 以帽儿山国家森林公园为例. 国土与自然资源研究, (6): 71-72.

龙开胜, 刘澄宇. 2015. 基于生态地租的生态环境补偿方案选择及效应. 生态学报, 35(10): 3464-3471.

梅旭荣. 2014-12-22. 做好农业资源利用与环境保护工作. 农民日报, 006 版.

蒙吉军, 王雅, 江颂, 等. 2019. 基于生态系统服务的黑河中游退耕还林生态补偿研究. 生态学报, 39(15): 5404-5413.
牛海鹏, 王文龙, 张安录. 2014. 基于 CVM 的耕地保护外部性估算与检验. 中国生态农业学报, 22(12): 1498-1508.
牛志伟, 邹昭晞. 2019. 农业生态补偿的理论与方法: 基于生态系统与生态价值一致性补偿标准模型. 管理世界, 35(11): 133-143.
秦艳红, 康慕谊. 2007. 国内外生态补偿现状及其完善措施. 自然资源学报, 22(4): 557-567.
任世丹, 杜群. 2009. 国外生态补偿制度的实践. 环境经济, (11): 34-39.
沈满洪, 谢慧明. 2020. 跨界流域生态补偿的"新安江模式"及可持续制度安排. 中国人口·资源与环境, 30(9): 156-163.
宋敏. 2012. 基于 CVM 与 AHP 方法的耕地资源外部效益研究: 以武汉市洪山区为例. 农业经济问题, (4): 62-70.
宋敏, 张安录. 2009. 湖北省农地资源正外部性价值量估算: 基于对农地社会与生态之功能和价值分类的分析. 长江流域资源与环境, 18(4): 314-319.
唐建, 沈田华, 彭珏. 2013. 基于双边界二分式 CVM 法的耕地生态价值评价: 以重庆市为例. 资源科学, 35(1): 207-215.
汪霞, 南忠仁, 郭奇, 等. 2012. 干旱区绿洲农田土壤污染生态补偿标准测算: 以白银、金昌市郊农业区为例. 干旱区资源与环境, 26(12): 46-52.
王金南, 王玉秋, 刘桂环, 等. 2016. 国内首个跨省界水环境生态补偿: 新安江模式. 环境保护, (14): 38-40.
王兴杰, 张骞之, 刘晓雯, 等. 2010. 生态补偿的概念、标准及政府的作用: 基于人类活动对生态系统作用类型分析. 中国人口·资源与环境, 20(5): 41-50.
韦佳培, 李树明, 邓正华, 等. 2014. 农户对资源性农业废弃物经济价值的认知及支付意愿研究. 生态经济, 30(6): 125-130.
翁鸿涛, 艾迪歌. 2017. 基于 CVM 意愿调查的农业生态环境补偿研究: 以甘肃静宁县为例. 兰州大学学报(社会科学版), 45(6): 139-146.
谢维光, 陈雄. 2008. 国内外生态补偿研究进展述评. 2008 中国可持续发展论坛论文集(2): 158-162.
熊鹰, 王克林, 蓝万炼, 等. 2004. 洞庭湖区湿地恢复的生态补偿效应评估. 地理学报, 59(5): 772-780.
严立冬, 陈胜, 邓力. 2015. 绿色农业生态资本运营收益的持续量: 规律约束与动态控制. 中国地质大学学报(社会科学版), 15(5): 55-61.
严立冬, 田苗, 何栋材, 等. 2013. 农业生态补偿研究进展与展望. 中国农业科学, 46(17): 3615-3625.
杨光梅, 李文华, 闵庆文. 2006. 生态系统服务价值评估研究进展. 生态学报, 26(1): 205-212.
杨光梅, 闵庆华, 李文华, 等. 2007. 我国生态补偿研究中的科学问题. 生态学报, 27(10): 4289-4300.
杨丽韫, 甄霖, 吴松涛. 2010. 我国生态补偿主客体界定与标准核算方法分析. 生态环境, (1): 298-302.
雍新琴, 张安录. 2011. 基于机会成本的耕地保护农户经济补偿标准探讨: 以江苏铜山县小张家村为例. 农业现代化研究, 32(5): 606-610.
余智涵, 苏世伟. 2019. 基于条件价值评估法的江苏省农户秸秆还田受偿意愿研究. 资源开发与市场, 35(7): 896-992.

张俊峰, 贺三维, 张光宏, 等. 2020. 流域耕地生态盈亏、空间外溢与财政转移: 基于长江经济带的实证分析. 农业经济问题, (12): 120-132.

张铁亮, 周其文, 郑顺安. 2012. 农业补贴与农业生态补偿浅析: 基于农业可持续发展视角. 生态经济, (12): 27-29.

张效军, 欧名豪, 高艳梅. 2008. 耕地保护区域补偿机制之价值标准探讨. 中国人口・资源与环境, 18(5): 154-160.

章忠云. 2018. 香格里拉普达措国家公园的发展状况及生态补偿机制. 西南林业大学学报(社会科学), 2(3): 12-16.

中华人民共和国第五届全国人民代表大会常务委员会. 1979. 中华人民共和国环境保护法(试行). 环境污染与防治, (4): 4-7.

邹昭晞, 张强. 2014. 现代农业生态功能补偿标准的依据及其模型. 中国农学通报, 30(增刊): 93-97.

Atinkut H B, Yan T W, Arega Y, et al. 2020. Farmers' willingness-to-pay for eco-friendly agricultural waste management in Ethiopia: a contingent valuation. Journal of Cleaner Production, 261: 1-18.

Brown G. 1994. Rural amenities and the beneficiaries pay principle//The Contribution of Amenities to Rural Development. Paris: OECD: 1-10.

Dassanayake G D M, Kumar A. 2012. Techno-economic assessment of triticale straw for power generation. Applied Energy, 98: 236-245.

Engel S, Pagiola S, Wunder S. 2008. Designing payment for environment services in theory and practice: an overview of the issues. Ecological Economics, 65(4): 663-674.

Erenstein O. 2002. Crop residue mulching in tropical and semi-tropical countries: an evaluation of residue availability and other technological implications. Soil and Tillage Research, 67(2): 115-133.

Liu Z, Wang D Y, Ning T Y, et al. 2017. Sustainability assessment of straw utilization circulation modes based on the emergetic ecological footprint. Ecological Indicators, 75: 1-7.

Pagiola S. 2002. Payment for water services in central america: leaning from Costa Rice//Pagiola S, Bishop J, Landell-Mill N. Selling Forest Environmental Services: Market-based Mechanisms for Conservation and Development. London: Earthscan.

Papendiek F, Tartiu V E, Morone P, et al. 2016. Assessing the economic profitability of fodder legume production for green biorefineries: A cost-benefit analysis to evaluate farmers. Journal of Cleaner Production, 112: 3643-3656.

Pogue S J, Kröbel R, Janzen H H, et al. 2020. A social-ecological systems approach for the assessment of ecosystem services from beef production in the Canadian prairie. Ecosystem Services, 45: 1-14.

Polasky S, Nelson E, Pennington D, et al. 2011. The impact of land-use change on ecosystem services, biodiversity and returns to landowners: a case study in the state of Minnesota. Environmental and Resource Economics, 48(2): 219-242.

Robert W H, Robert N S. 1991. Incentive-based environmental regulation: a new era from an old idea?. Ecology Law Quarterly, 18(1): 1-42.

Thorenz A, Wietschel L, Stindt D, et al. 2018. Assessment of agroforestry residue potential for the bioeconomy in the European Union. Journal of Cleaner Production, 176: 348-359.

Tietenberg T. 2006. Environment and Natural Resource Economics. 6th edition. Boston: Addison-

Wesley: 25-30.
Wunder S. 2005. Payment for environmental service: some nuts and bolts. CIFOR Occasional Paper No. 42. Jakarta: Center for International Forestry Research: 3-11.
Wunder S, Alban M. 2008. Decentralized payments for environmental services: the cases of Pimampiro and PROFAFOR in Ecuador. Ecological Economics, 65(4): 685-698.
Xiong K, Kong F B. 2017. The analysis of farmers' willingness to accept and its influencing factors for ecological compensation of Poyang Lake Wetland. Procedia Engineering, 174: 835-842.

第五章　国内外农业生态补偿政策实践

第一节　国外农业生态补偿的成功经验

农业生态补偿作为生态补偿在农业领域的具体形式，运用市场、财政、税费等经济手段激励农民维持农业生态系统服务功能，调节农业生态保护者、受益者和破坏者之间的利益关系，使农业生产活动产生的外部成本内部化，是保障农业可持续发展的制度安排（金京淑，2011）。由于农业与农村经济发展水平较低，人们对农业生态功能及外部性认识未达成广泛共识，科学测度外溢效益价值的方法有待完善，我国农业生态补偿机制仍处于起步阶段。西方发达国家在农业生态补偿的理论研究和实践探索方面都走在前列，有许多值得借鉴的成功经验，对于探索构建中国特色、均衡、长效的农业生态补偿机制具有重要的理论和现实意义（段禄峰，2015）。

一、国外农业生态补偿政策模式

（一）生态补偿案例与运行机制

20 世纪 80 年代以来，国内外很多国家和地区进行了大量的生态补偿实践，主要涉及流域水环境管理、农业环境保护、植树造林、自然生境的保护与恢复、碳循环、景观保护等（表 5-1）。秦艳红等于 2007 年根据不同项目所提供的生态服务的种类及其作用的范围，划分为流域、区域、国家、全球等尺度。生态补偿的代表性项目是在哥斯达黎加、哥伦比亚、厄瓜多尔、墨西哥等拉丁美洲国家开展的生态环境服务付费（payment for environmental service，PES）项目。PES 项目的生态补偿方向是改善流域水环境服务功能，保护上游地区的森林资源，使水电站获得稳定水流；采取的补偿方式为在规定期限内由下游水电站森林基金支付费用；上游林地所有者在履行造林、森林保护、森林管理义务时从森林基金中得到补偿。项目的实施使上游地区森林覆盖率上升、受益农户生活得到改善，防止沉淀物在下游水库的沉淀和获得了稳定的水流，提高了人们对森林价值的认同度（秦艳红和康慕谊，2007）。

生态补偿政策被广泛应用于农业环境保护领域。①美国的土地保护性储备计划（CRP）和环境质量激励项目（EQIP）具有代表性。土地保护性储备计划通过

表 5-1　生态补偿的类别与案例（秦艳红和康慕谊，2007）

项目类别	案例	主要提供的生态服务	补偿尺度
流域水环境管理	生态环境服务付费（PES）；日本和哥斯达黎加流域下游对上游的生态补偿	主要是改善与净化水质、保持土壤、减少侵蚀与沉积、涵养水源、防洪，兼顾调节气候、防风固沙、维护景观、保护野生生物等	流域
农业环境保护	欧洲的农业环境项目；中国的退耕还林还草工程；美国的土地保护性储备计划（CRP）、环境质量激励项目（EQIP）；加拿大的永久性草原覆盖恢复计划（PPCRP）	主要是保持土壤、减少侵蚀与沉积、防风固沙、减少农药和化肥的污染，兼顾调节气候、维护景观、保护野生生物等	国家
植树造林	爱尔兰的私人造林补贴和林业奖励；中国的森林生态效益补偿基金	基本涵盖上述提到的所有生态服务功能，另外还包括固碳功能	流域、国家
自然生境的保护与恢复	欧盟栖息地保护公约；美国渔业与野生动物保护项目；新西兰的生物多样性保护激励措施	主要针对生物多样性保护，同时提供其他生态服务	全球、国家、区域
碳循环	《京都议定书》；欧盟碳排放交易体系（EU-ETS）	主要是防止全球变暖，同时提供其他生态服务	全球
景观保护	瑞士自然保护区景观保护；尼泊尔自然保护区景观保护等	主要是保护特殊景观，提供休闲、文化等服务	区域

农业土地退耕，保护水、土壤和野生动植物资源，同时减少农产品供给，提高农产品价格，增加农民收益。环境质量激励项目针对农业生态环境问题，为农牧民提供资金补贴和技术支撑，鼓励其采用生态技术措施（中国21世纪议程管理中心，2012）。②瑞士的农业环境政策及生态补偿区域（ECA）计划也有代表性。1992 年瑞士修订了《联邦农业法》，分别为 3 个方面的农业生产活动提供财政补偿：一是支持保护特定的物种；二是支持更高生态标准的保护性农业活动；三是支持有机农业（高彤和杨姝影，2006）。③中国的退耕还林还草是治理我国水土流失和土地沙化的重大生态修复工程，政府为退耕农户提供一定数额的实物和现金补偿，通过以粮代赈的方式，保证农民退耕之后吃饭有保障，收入不减少，以调动农民退耕还林还草的积极性。这是中国首次对大规模的生态建设工程采取补偿措施，也是成效显著且长效有力的一项生态补偿政策（农业部办公厅和财政部办公厅，2012）。④欧盟建立了世界先进的环境政策体系，包括《生物多样性公约》、《联合国气候变化框架公约》及《保护欧洲野生动物与自然栖息地公约》等一系列环境保护政策，利用环境壁垒保护环境，维持生物多样性、良好的田园风光等农业多功能性（乐波，2007）。

（二）发达国家和地区农业生态补偿政策模式

1. 美国“政府主导型”补偿模式

美国政府自 20 世纪 30 年代以来，为遏制大规模土地开发导致的土壤侵蚀等生态退化，逐步实施一系列保护土地和环境资源的生态补偿政策，采用自愿支付的方式鼓励农户开展土壤保护和其他农业环境改善活动，使得农业生态环境质量大幅提高。这些政策措施中影响比较大的包括土地保护性储备计划（CRP）、环境质量激励项目（EQIP）等（Wallander and Hand，2011）。美国农业部支持力度最大的环境保护项目 EQIP，通过提供技术援助、费用分摊和激励支付，帮助种植业和畜牧业生产者改善与保护农场环境。其采取的运作模式是由农民自己提出项目申请，自己制订实施计划，提出参与项目期望得到的支付水平，即农民的受偿意愿（willingness to accept，WTA）；农业部严格遵循效益最大化原则，基于改善生态环境的优先目标拨付资金，州政府以灵活的分配方式将资金用于最需要保护的资源项目上，并且对于每位农户实行不同的补偿标准。自 1997 年实施 EQIP 以来，改良土地面积超过 5100 万 hm^2，地下水水质明显改善，牧场地区面源污染问题得到解决（邢祥娟等，2008；朱芬萌等，2004）。

EQIP 的成功经验体现在两个方面：一是充分调动农户积极性，发挥市场机制的调节作用。美国实施的环境保护补贴政策，充分考虑农民的意愿和利益，政策制定中给予农民极大的自主权和选择权。农民在充分考虑土地的机会成本、生产成本及项目实施的成本收益基础上，确定合理的受偿意愿（WTA），以此作为参与项目竞争的竞标价。政府以农户申报 WTA 的科学合理性作为项目审批及确定补偿标准的重要依据，实施科学的补偿标准能够更有效地激励农户参与环境保护项目（Roger et al.，2008）。二是制订科学系统的评价体系，发挥政策手段的调控作用。美国推行一系列环境保护计划，最终要实现环境效益与经济效益最大化的双赢目标。为此，农业部建立一整套科学效益评价体系，运用类似于环境效益指数（environment benefit index，EBI）指标来衡量环境绩效，并参考各地土地市场信息，对于申请项目的可行性和竞价进行分析与评估，从而筛选出符合效益最大化的支持项目（Wunder et al.，2008；刘嘉尧和吕志祥，2009）。

2. 欧盟“制度完善型”补偿模式

20 世纪 70 年代末和 80 年代初，欧盟各国农业现代化发展使得生态环境受到严重的污染和破坏，并影响到农产品质量安全。现实的需要迫使欧盟在共同农业政策中不断引入环境保护制度，使农业发展与环境相协调。欧盟共同农业政策实施 50 多年来，始终以农产品价格支持政策为核心，长期以来对农产品实行价格支持和高额补贴，使欧盟的农业财政负担沉重（Ulrich and Malcolm，1990；徐璐，2008）。农村的贫困化与低就业率，很难吸引 40 岁以下的年轻人从事农业生产。为了满足现代农业发展的新形势、新要求，综合考虑环境保护和食品安全等方面的因素，欧盟对共同农业政策进行调整。自 2003 年起欧盟改变了以保证农产品自给自足为核心的共同农业政策的初衷，将农业补贴与环境保护完全挂钩，形成了以环境保护为核心的农业补贴政策体系，提升农业补贴政策对环境保护的激励效应（尹显萍和王志华，2004）。

欧盟农业生态补偿政策的实施，培育了农民的环保意识和质量安全意识，激励农民环保生产和清洁经营，优化农业发展的外部环境。欧盟成员国充分利用农业生态补贴资金，扶持现代化农庄经营模式，实现农业与环境和谐发展。代表性模式有：德国的现代家庭农场自主经营模式，共同农业政策中提供的农业补贴不再与产量挂钩，而是与农场经营状况、动物保护、自然保护、环境保护和消费者保护标准的遵守情况挂钩。这种做法既有助于防止农民为追求更多的补贴而盲目提高产量，又可以让农民更好地考虑按市场需求组织生产（Koenig and Simianer，2006）。法国的大型农业合作社经营模式中合作社优先享受政府给予的优惠性政策，包括低息的国家贷款、补贴和税收减免。农业合作社不仅解决了农业生产过程中面临的风险问题，而且以集团的力量面对市场竞争，引导农民的生产决策，避免农产品过剩或者短缺的情况（Daniel and Perraud，2009）。

3. 日本“环境保全型”补偿模式

日本农业环境政策随着全社会环境保护意识的提高而逐步完善。从 20 世纪 60 年代起，日本政府开始重视公害问题，70 年代以后倡导发展循环型农业。1992 年日本农林水产省发布了《新食品、农业、农村政策方向》，正式提出了“环境友好型农业”的概念。1999 年日本出台了《食品、农业、农村基本法》（简称新农业基本法），新农业基本法围绕着“提高农产品自给率、提高农业经营的效率、发挥农业的多种功能及促进农村振兴和发展”4 个主要目标，对包括土地、经营、环境和资源在内的重大农业政策进行了调整。日本为了推进环境保全型农业的发展，制定和修改了“农业环境三法”（《家畜排泄物法》《肥料管理法（修订）》《可持续农业法》）；同时大力推广农业清洁生产技术，形成了“减化肥及减药型、废弃物再生利用型和有机农业型”3 种农业模式（焦必方和孙彬彬，2009；Mulgan，2005；喻锋，2012；柳玉玲和杨北强，2020）。为了全面推进落实环保农业扶持政策，日本政府完善农地、环境及地域资源保全等补偿政策机制，采取“高农业补贴”的做法，充分调动农民生产积极性。

日本环保农业扶持政策的运作机制与内容：一是拓展农业补贴政策领域及范围。日本的农地对策加大对专业农户和农业大户的重点支持，扩大家庭农业经营规模和优化农业生产结构。环境对策为从事有机农业生产的农户提供农业专用资金无息贷款；对采用无公害蔬菜生产模式并种植有机农产品的农户给予经济损失补贴及奖励性补贴（李应春和翁鸣，2006）。二是完善环境保全型农业认证体系。

日本除了通过立法建立完善的有机农产品认证体系以外，还建立生态农户认证制度，从补贴、贷款、税收等方面给予生态农户大力支持，提高其社会地位和收入。三是建立公众配合参与的环境管理机制。日本政府通过法律规定公众的环境权益，建立健全的公众参与机制，包括预案参与、过程参与、末端参与和行为参与 4 种（余晓泓，2002）。公众的反映不仅形成全社会保护环境的良好风尚，也成为纠正和规避政策失灵问题的晴雨表。

4. 韩国“直接支付型”补偿模式

韩国政府于 1998 年颁布了《21 世纪农业和农村通法》，直接支付方案成为重要的农业支持政策。直接支付包括 3 种类型：一是亲环境农业直接支付，补贴条件为不用农药、化肥，或者是获得绿色认证的农产品；二是提前退休农民的直接支付计划，支付对象是达到 60 岁的农民且支付期限为 5 年，2000 年的支付水平为 281 万韩元/hm^2；三是稻田直接支付计划，2002 年直接支付额度为 3920 亿韩元，直接补贴条件强化保护环境而不是增加产量，政府不鼓励种植水稻，只对转产给予直接支付（强百发和黄天柱，2008）。

韩国以立法先行推动亲环境农业全面发展。2001 年韩国政府制定完善的《亲环境农业培育法》，明确亲环境农业并不是单纯地指自然农业或有机农业等部分农业生产方式，而是协调农业和环境使农业生产可持续发展的形式；亲环境农业能够最大限度地减少化学品的投入，使用环境友好型生产技术。同时，实施亲环境农产品认证标识制度、亲环境农业直接支付制度及亲环境农业培育 5 年计划等政策措施，有效引导并鼓励农民参与亲环境农业生产并对其收入损失进行补偿。韩国实施的亲环境农业补偿政策不仅提高了本国环保型农业发展水平，而且强化与国际接轨，提高农业贸易竞争力（金钟范，2005）。

纵观国外生态补偿政策，各个国家和地区实施的生态补偿机制形式和内容各异，涉及森林、水资源、农业等与环境相关的领域，所采取的生态补偿方式不尽相同（表 5-2）。系统总结、梳理其成功经验，包括 4 个方面：一是制定完善的法律法规，将生态补偿渗透在各行业的单行法里，如美国、欧盟和日本出台的大部分农业法案都是就生态环保问题对农业的补偿规定；二是建立环境税收制度，发达国家的绿色税种可分为废气税、水污染税、噪声税、固体废物税、垃圾税等，这些税收专项用于生态环境保护，并在生态环境保护中发挥巨大的作用；三是实施生态补偿保证金制度，美国、英国和德国建立了完善的生态补偿保证金制度，欧盟以机会成本法确定生态补偿标准，德国实施合理的横向转移支付制度等；四是建立政府引导与市场机制互补的生态补偿制度，对于农业绿色生态产品以政府公共财政资金补偿为主，适当引入市场模式，充分发挥市场的调节作用。

表 5-2　发达国家和地区农业生态补偿政策机制及补偿方式

国家和地区	农业生态补偿的主要方式		
美国	①农业“绿色补贴”，将农民收入与改善环境质量目标挂钩，激励农民自觉采取环保生产行为	②以专项项目带动农业生态保护工作，通过现金补贴和技术援助等方式使农民自愿参与项目	③重视科研培训，投入大量资金加强农业生态文明理念教育，推广实用农业技术
欧盟	①设立农业补偿基金，对生态敏感区、农业环境保护区、山区和欠发达地区进行生态补偿	②生态环境保护税，为保护农业生态环境而收取名目繁多的生态环境保护税	③健全生态标识制度，建立产品标识、特定区域标志等标识制度，并提高生态标识产品市场价格
日本	①制定全面的生态补偿政策，对采用环境友好型生产方式的农户通过政策、贷款、税收予以扶持	②注重农业技术的研发、推广与转型升级，基于规模化小型农场技术补贴，促进技术扩散和传播	③鼓励农户采纳创新型农业发展模式，提供技术培训和支付产品认证成本，开拓销售渠道等
韩国	①实施环境友好型农业直接支付制度，补偿范围包括种植业、林业和牧业	②产品认证制度类似于欧盟的生态标签制度，通过认证审核农户可获得的补偿及商品标签使用权	③完善制度保障体系，推出《亲环境农业培育法》，以及亲环境农业培育 5 年计划，投入资金，实现环境目标

二、国外农业生态补偿典型案例

（一）美国农业生态补偿政策

环境质量激励项目（EQIP）是为了进一步改善土壤与环境质量，向农业生产者提供资金和技术支持的自愿性项目，由 1996 年的《农业法》授权实施。该项目主要针对土壤、空气、水分等方面的生态问题，为农牧民提供资金补贴和技术支撑，鼓励其采取适当的生态措施进行农业生产，提升农田生态环境质量。EQIP 是美国规模最大的土地资源保护生态补偿项目，截至 2012 年授权财政资金达 17.5 亿美元，主要激励项目包括 4 个方面（表 5-3）（王国成等，2014）。

表 5-3　EQIP 激励项目类型

项目类型	政策目标	主要措施
空气质量激励	减少温室气体排放、粉尘传播，节约能源	种植覆盖作物、建设防风林
农用能源激励	降低生产能源消耗，提高能源使用效率	制定农业能源管理计划，提出节约能源的建议
季节性管道设施建设激励	延长作物生长期，减少养分富集和农药使用，减少运输污染	帮助建造具有架空管道、钢架结构和塑料覆盖的农业生产设施
有机作物种植激励	减少有机作物生产对环境的威胁，提高生产过程的可持续性	帮助建设专门用于有机作物生产的设备

环境质量激励项目的补偿对象是对农田和草地有威胁的农场主与牧场主。一

是补偿内容，主要包括两部分：①分担农场主和牧场主环保工程措施的实施成本，分担比例为75%，对于小规模经营者和新从业农牧民，分担比例可达90%；②提供激励补贴，鼓励农场主实施各种土地管理措施，如养分管理、粪肥管理、灌溉水管理、栖息地管理、害虫综合防治等，生产者可以得到超过3年期补偿款，鼓励生产者转变生产方式。二是补偿金额，采取投标竞价方式让生产者充分表达其行动意愿。从2002年起，获取投标支持的计算公式为：基础设施建设成本的50%+管理活动成本的固定比例。三是资金分配，美国农业部自然资源保护局采用分配公式，将全国的环境质量激励项目资金分配到各州。该公式涉及与耕作、牧场和林业活动有关的29个因子，通过合理的因子权重赋值进行资金分配。此外，各州内部采用由一系列农业环境指标及其他指标共同构成的分配公式进行资金分配。四是补偿年限和资金数额，环境质量激励项目合同期限分为5～10年和1～10年两种，由农业部向各州拨付项目资金。1996～2012年，环境质量激励项目的财政年度支持金额逐年增长。五是补偿效益，EQIP为低收入生产者提供较高的补贴和成本分担，在改善水环境、保护地下水及地表水、减少农地污染、土地资源管理等方面取得显著效果。

土地保护性储备计划（CRP）是美国历史上土壤保护规模最大的计划之一，本着农民（包括农场主等土地所有者）自愿参与的原则，由政府补贴，农民实施10～15年的休耕还林、还草等长期性植被恢复保护行动。CRP主要针对那些土壤极易侵蚀的土地和其他环境敏感的作物用地进行补贴，扶持农作物生产者实施退耕还林、还草等长期性保护措施，最终达到改善水质、控制土壤侵蚀、改善野生动植物栖息地环境的目的（王茂林，2020；刘嘉尧和吕志祥，2009）。一是参与机制，采取自愿申请、竞争议价的方式。农场主自愿向政府提出休耕申请，说明要求纳入休耕计划的耕地类型、面积及期望的补贴水平，由农业部统筹考虑生态环境效益和土地生产力，进行筛选审批。农场主获准加入后，与农业部签订休耕合同，按批准面积和补贴标准享受补贴。二是补偿标准，实施精准化和多样化的定价机制。美国CRP的补偿主要包括土地租金补贴和植被保护的实施成本两部分。由于各地不同类型耕地的生产条件、土地特征、机会成本等各不相同，实际退耕地的租金补偿标准是多样性、差异化的。三是管理机制，实行动态化生态补偿管理运行机制。CRP的补偿机制一直在进行调整和完善，以符合不断变化的社会经济状况和不断增加的环保需求。美国实际休耕面积仅占全部耕地的3.69%，对粮食产量影响很小。美国根据农产品供需形势调整农业法案，对休耕规模作动态调整，农产品价格过高时降低休耕面积上限，价格过低时提高休耕面积上限。

（二）欧盟农业生态补偿政策

欧盟农业生态补偿政策的主体是共同农业政策（Common Agricultural Policy,

CAP）。共同农业政策以实现食物生产良性循环、自然资源的可持续利用、农村区域均衡发展为主题，内容涵盖直接补贴、市场支持、农村发展、农业与环境、气候变化、有机农业、食品安全和教育培训等。共同农业政策由两大部分构成（图 5-1）：CAP 第一栏补贴内容是与生产不挂钩补贴、农作物补贴和牲畜补贴，主要补贴农户收入；CAP 第二栏补贴是农村发展计划和其他补贴，用于推进农业现代化和提高农业竞争力（刘某承等，2014；芦千文和姜长云，2018）。

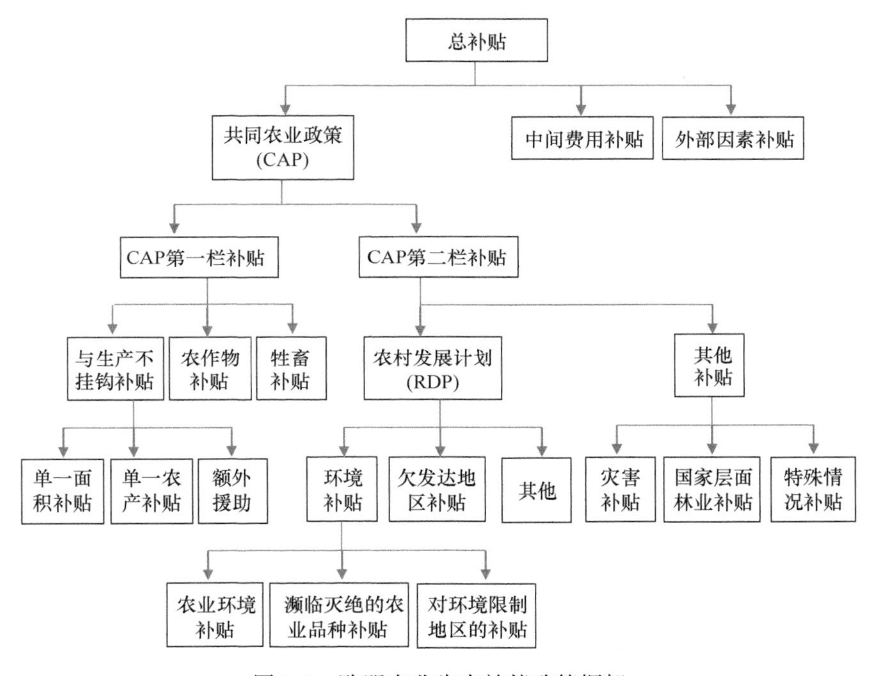

图 5-1　欧盟农业生态补偿政策框架

欧盟的共同农业政策已经经历了 3 个发展阶段：一是早期的农业支持保护政策阶段（1957～1990 年）。这一时期的共同农业政策刚刚启动和诞生，主要目标是保障粮食生产、扶持农业发展和提高农业竞争力；因此，农业政策遵循“共同优先原则、单一市场原则、保护农业生产者原则和稳定财政支持原则”。二是中期的农业环境保护政策阶段（1991～2013 年）。这一时期的共同农业政策主要倾向于农业环境保护，主要目标包括增加农业生产的环境正外部性，并减少负外部性；对农民为达到日益增加的环境法规的要求而改变原有的生产方式的补偿。三是目前的农业绿色发展生态补偿政策阶段（2014～2020 年）。这一时期的共同农业政策取消了“单一农场补贴”为主的补贴结构，取而代之的是以基本补贴为主体以及以绿色补贴、青年农民补贴、自然条件限制区域补贴等为补充的新补贴结构（表 5-4）。这一新的补贴结构取消了对农产品的价格支持，实现了支持方式由

“农产品价格支持”到“生产者直接支付”的演变，减少了补贴对农产品市场价格形成机制的影响，实现了农产品补贴的“绿箱化”改革（梅坚颖，2018）。

表 5-4　CAP 2014～2020 年的补贴结构

补贴大类	补贴细类	资金使用比例/%
自愿补贴	重新分配补贴	≤30
	挂钩补贴	≤15
	小农场主补贴	≤10
	自然条件限制区域补贴	≤5
强制补贴	基础补贴	≤70
	绿色补贴	≤30
	青年农民补贴	≤2

（三）日本现代农业扶持政策

日本著名经济学家速水佑次郎于 1988 年提出“农业发展三阶段论”，认为农业发展阶段的转变次序是：低收入时的“粮食问题优先阶段”；中等收入时的“贫困问题优先阶段”；高收入时的“农业调整优先阶段”。按照速水佑次郎的“农业发展三阶段论”，日本农业补贴制度可以划分为 3 个阶段：明治维新到第二次世界大战时期农业保护主义政策、第二次世界大战后恢复时期的农业补贴政策和近期农业补贴政策（李俊松和李俊高，2020）。

日本对农业一直实行高度保护，加之资源禀赋短板造成的劳动生产率差距致使日本农业的竞争力持续弱化。人多地少、地块零碎、农业经营以小农户为主是日本农业发展必须面对的最大现实，也是制约日本农业竞争力提高的最大阻碍。20 世纪 60 年代以来，日本通过对农业政策和措施的多次调整，推动小农户生产与现代农业发展，扶持小农户发展的政策措施涵盖微观、中观及宏观 3 个层面（表 5-5），其中：微观层面通过农户生产技能提升和机械化程度提高等增强小农户生产能力；中观层面关注农业生产的社会化、组织化和服务化水平，提高农业规模化经营；宏观层面重点通过农业“六次产业化”，引导小农户参与产业融合发展（廖媛红和宋默西，2020）。

在国际竞争和本国经济社会改革的驱动下，日本立足小农生产现实，积极推动农业支持政策转型，增强农业自身竞争力。2013 年，日本政府明确了参与“跨太平洋战略经济伙伴协定”（Trans-Pacific Partnership Agreement，TPP）谈判，为应对 TPP 谈判不得不实施农业政策改革，政府设置了“农林水产业・地方活力创造本部”；围绕增强农业竞争力的核心目标，政府机构修改和制定了多部政策法规，最终形成了以“农林水产业・地区活力创造计划”和《食品、农业、农村基本法》

表 5-5　日本扶持小农户发展的政策措施

政策目标	政策内容
提升农民素质，培养现代农民	①培养"认定农业者"，1993 年日本修订《农地法》和《农地利用增进法》，提出"认定农业者"制度；②培养农业接班人，实行"后继者支持政策"；③构建农民职业教育制度，创立"农民大学"，用于培养新型职业农民
开展中小型农用机械开发及服务	①完善中小型农用机械开发制度，提升劳动生产率；②健全农机社会化服务，提高农机利用率
推进农地适度规模化	①减小农地流转阻力，放松对农户使用耕地面积的限制、放宽对农地租赁行为的管制、放松对进入农业主体的管制；②增加农地流转动力，培养规模农户、建立农地流转服务机构、运用多元化政策激励农地流转
促进小农户生产经营的组织化	①通过日本农业协同组织，实现"弱者联合"，保护小农户权利和利益；②实行"农事组合法人"制度，降低农业生产经营成本；③通过集落营农组织实现土地规模化托管经营
推动和深化农业"六次产业"	①今村奈良臣提出"六次产业化"概念，将一二三产业相互融合，挖掘农业附加值，发挥农业多功能性；②核心内容是促进"地产地消"，鼓励建立农村核心产业并销售本地特色农产品；③注重培育多元化经营主体，帮扶小农户选择适合的经营模式，融入产业链的发展

为核心的政策体系。2014 年，日本政府提出要将过去优先保护小型农户的政策转变为以提高生产力和加强竞争力为根本，实现"提升农业魅力""让农业成为成长型产业"等目标的农业政策。2016 年，日本政府推出了"农业竞争力强化计划"，为实现日本农业的持续发展和农村振兴，提升农业国际竞争力，进行了一系列政策与制度的改革，实现农业政策从社会政策向产业政策转变（马红坤和毛世平，2019；平力群，2018）。

第二节　我国农业生态补偿政策体系研究

一、我国生态补偿政策实践与类型

我国生态补偿政策研究与实践紧密结合，从研究的空间尺度及对象特征划分，主要包括环境资源要素生态补偿、流域生态补偿、区域生态补偿及农业生态补偿等 4 个方面（王金南等，2016）。

（一）环境资源要素生态补偿

环境资源要素生态补偿包括森林与自然保护区的生态补偿、矿产资源开发的生态补偿及湿地生态补偿等三大类型。

第一，完善相关法律规章制度，对建立生态补偿机制提出明确的要求。中央及地方政府将生态补偿机制作为加强环境保护的重要内容，鼓励各地积极探索区域适宜的生态补偿实践模式。相关的法律与法规有《中华人民共和国森林法》《中华人民共和国水土保持法》《中华人民共和国防沙治沙法》《中华人民共和国水污染防治法》《退耕还林条例》等。

第二，通过实施重大生态工程项目推动生态补偿工作顺利开展，确保补偿资金用于生态环境资源的保护和利用。主要工程项目包括天然林资源保护工程、退耕还林（草）工程、森林生态效益补偿、京津风沙源治理工程、游牧民定居工程、育草基金项目等。

第三，建立森林、矿产及湿地资源生态补偿试点，为建立生态补偿长效机制积累经验。我国于 2001 年启动森林生态效益补偿工作，对国家重点生态公益林进行经济补偿；2004 年财政部和国家林业局出台了《中央财政森林生态效益补偿基金管理办法》，加强森林生态补偿的规范化管理（梁增然，2015）。我国最早的生态环境补偿费实践始于 1983 年，即云南省对磷矿开采征收覆土植被及其他生态环境破坏恢复费用。从 1993 年开始我国在矿产开发、土地开发、旅游开发、自然资源、药用植物和电力开发等六大领域征收生态补偿费。

（二）流域生态补偿

流域生态补偿是指国家对流域生态保护区内因致力于生态与环境保护而丧失发展机会的居民在资金、技术和实物上的补偿及政策上的优惠等。全国各地在实践中探索出多种生态补偿机制，对于减少水源地污染、保护水生态环境起到了重要作用。

第一，建立生态补偿专项资金，生态补偿专项资金来源主要是纵向和横向的财政转移支付，或者整合融资渠道补偿地方生态建设。例如，辽宁省生态补偿专项资金用于重点水污染防治项目，对造成河流初始断面水质超标的上游城市实行惩罚性补偿；省财政、水利、国土和林业等部门为保障上游水源涵养功能，每年向水源保护区及其上游城市支付一定的补偿费用。为了减少密云水库和官厅水库受到的淤积与污染，北京市公共财政和中央补助共同出资进行上游区域的环境建设、污染处理项目建设，以增加森林覆盖率、减少污染（徐永田，2011）。

第二，探索并推广水权交易模式，水权交易制度是政府依据一定规则把水权分配给使用者，并允许水权所有者之间自由交易。浙江省东阳市与义乌市最早于 2001 年签订城市间协议，出让横锦水库永久使用权，是典型的水权交易模式（徐永田，2011）。2015 年中共中央、国务院印发了《生态文明体制改革总体方案》，要求探索地区间、流域间、流域上下游、行业间、用水户间等水权交易方式，开展水权交易平台建设。全国 7 个水权试点初步形成了流域间、流域上下游、区域间、行业间和用水户间等多种水权交易模式，为全国水权改革提供了可复制、可推广的经验做法。

第三，建立排污权交易市场。排污权交易机制是一种基于市场的环境政策，是在满足环境要求的条件下，建立合法的污染物排放权即排污权（排污许可证），并允许这种权利像商品一样进行市场交易和买卖。排污权被交易的对象就是环境资源，交易使环境资源商品化，交易活动的结果就是将全社会的环境资源重新配置。我国排污权交易政策实践主要在大气污染和水污染等方面（中共中央和国务院，2015a）。1987 年在上海黄浦江上游水源保护区和准水源保护区开展排污权交易实践。我国首个排污权交易中心于 2007 年 11 月在嘉兴挂牌成立，2008 年在江苏省太湖流域率先启动太湖流域主要水污染物排污权有偿使用和交易试点，并逐步形成太湖流域主要水污染物排污权交易市场（唐郡玲等，2009；肖政和陈奕钢，2012）。排污权交易制度在我国逐步发展，交易平台建设也日益完善。

（三）区域生态补偿

区域生态补偿主要是指对国家级自然保护区、重点生态功能区实施的生态补偿机制。2010 年，青海省构建的三江源自然保护区生态补偿机制，其生态补偿资金来源主要包括国家重点生态功能区转移支付和支持藏区发展专项资金及其他中央专项资金，省级预算安排，州、县预算适当安排，中国三江源生态保护发展基金，社会捐赠资金以及国际、国内碳汇交易收入等其他资金。西部是我国重要的生态屏障区，也是我国生态脆弱区。实施西部大开发战略以来，国家通过中央政府的财政转移支付和发展援助政策在西部 12 个省（区、市）林业投资 2150.64 亿元，对于西部地区经济社会环境和生态环境改善起到了重要的作用（梁锷，2014）。

（四）农业生态补偿

农业生态补偿作为政府对农业支持与保护的最主要、最常用的政策工具，随着工业化发展、经济社会制度改革及农业现代化进程而不断进行改革与调整；其目的是维护与巩固农业基础地位、保护农业生态环境、保障农民合理收益。所以，农业生态补贴政策必须适应新阶段农业现代化发展战略的新要求。我国在农业生态环境保护方面已经取得显著进展，但受现行农业补贴制度安排和客观因素的影响，农业生态补偿制度进程仍落后于森林、矿区、流域等领域的生态补偿制度建设（李平星和孙威，2010；万军等，2005）。当前，农业绿色发展成为解决农业结构性矛盾的主攻方向及推动乡村全面振兴的重要任务。农业生态补偿政策必须适应新阶段农业绿色发展战略的新要求，在保护农业生态环境不破坏、农民合理收益不损失的前提下，以提升补偿制度的科学性、统一性、指向性和准确性为目标，构建农业绿色发展生态补偿政策框架。

二、我国农业生态补偿政策框架

农业补贴作为政府对农业支持与保护的最重要、最常用的政策工具，随着工业化发展、经济社会制度改革及农业现代化进程而不断进行改革与调整。农业生态补偿机制是制定和执行农业生态补偿政策的机制，多年来我国在农业生态环境保护方面取得显著进展，国家制定和完善了多部有关环境与资源保护的法律法规，出台了许多推动农业清洁生产及农业绿色发展的补偿政策措施，初步构建了服务于农业各领域的生态补偿政策体系。

（一）农业补贴政策历程

改革开放前期（1978 年以前），国家选择以牺牲农业发展工业的道路，农业补贴政策并未成形。改革时期（1978～2002 年），随着经济体制改革的深化，农业补贴政策也经历了由模糊到清晰、由淡漠到强化的演变，并逐步形成以价格支持和流通环节补贴为主的农业补贴政策体系。改革新时期（2003 年至今），随着国家逐步进入工业化中期，实行工业反哺农业和城乡统筹发展成为农业及农村战略重点，国家全面实施对农业的支持与保护政策，现已经形成以价格支持为基础、以直接补贴为主体的农业补贴政策体系，并在推进中国特色农业现代化发展进程中发挥了重要保障作用（熊艳和蒋和胜，2003）。

（二）农业补贴政策体系

从 2004 年起，中央一号文件始终聚焦“三农”问题，建立与完善农业支持和保护政策成为历年中央一号文件的关注焦点。我国现阶段的农业补贴政策体系包括七大类：一是农业支持保护补贴政策；二是地方政府财政奖补政策；三是生产投入与市场调节补贴政策；四是农业自然灾害保险补贴政策；五是生态环境治理保护补贴政策；六是农业生产技术服务补贴政策；七是农村公益事业建设补贴政策。我国现行农业补贴政策涉及粮食安全、农民增收、生产工具、生产资料、经营主体、产权制度、组织方式、生产技术、教育培训、人才计划、生态环境、自然灾害、农业保险、工程建设、公益事业、农民生活、金融投资等 17 个方面。系统梳理我国农业补贴政策体系框架，可以明确新时期农业补贴政策改革的趋势和方向（图 5-2）。

全面梳理我国现阶段农业补贴政策，国家制定了完善的农业生态环境与资源保护法律法规，构建了以生产投入、技术服务、社会化服务为核心，以资源保护、环境治理、农业保险和地方奖补为重点的农业补贴政策框架，适应新时期农业现代化发展的新要求，维护与巩固了农业的基础地位。我国在农业生态补贴政策实践方面也积累了经验：一是建立了面向不同区域不同补偿对象的生态补偿试点，开展了耕地轮作休耕制度试点、农业支持保护补贴试点、农机购置补贴试点、新一轮草原生态保护补助试点及中央财政造林补贴试点等重点工作。二是完善了针对环境要素的生态补偿制度建设，重点建立了森林生态效益补偿基金制度、草原生态补偿制度、水资源和水土保持生态补偿机制。三是扶持了大批农业绿色发展生态补偿建设项目，主要有设施蔬菜项目、基本农田生态补偿项目、现代生态农业建设项目、农田重金属污染防控项目、农村清洁工程建设项目、畜禽废弃物综合利用项目、农村产业融合发展示范园项目、农村一二三产业融合发展先导区项目等（中国网财经，2019；于法稳，2017）。

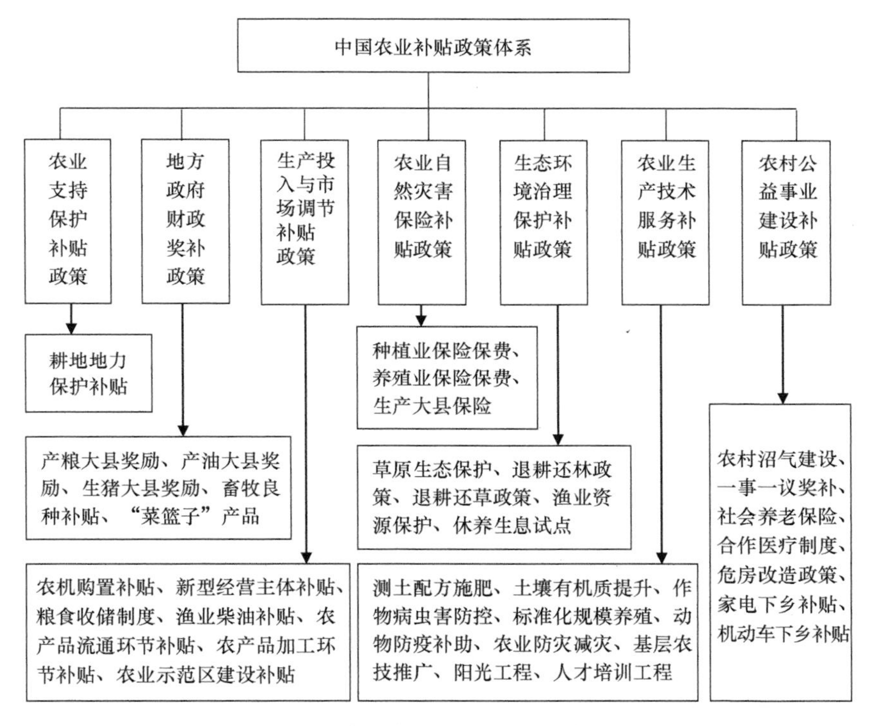

图 5-2　中国农业补贴政策体系框架

三、我国农业生态补偿政策制度存在的问题

综上所述，我国已制定和完善了多部有关环境与资源保护的法律法规，出台了关于测土配方施肥技术、土壤有机质提升技术、农业增产稳产重大技术、休养生息措施等多项推动农业清洁生产发展的补偿政策措施。然而，受我国现行农业补贴政策制度安排及客观因素的影响，农业生态补偿制度特别是农业清洁生产技术补偿制度的建立仍落后于森林、矿区、流域及生态工程等领域的生态补偿制度

建设。现阶段与发达国家相比，关于技术服务类补偿政策的实施效果、引导作用及公众响应等方面差距较大。

一是农业生态补偿的法律法规相对薄弱，各利益相关主体的权利、义务、责任界定不明确，补贴政策难以反映各生产经营主体的利益诉求。二是农业生态补偿的目标、领域及方式仍不明晰，农业生态补偿的目标是通过政策措施鼓励农民改变传统农业生产方式，采用环境友好的农业生产技术及措施，有效进行农业污染源头控制，保障农产品质量安全和保护农业生态环境；农业生态补偿的领域重点应在农业生产领域，包括产前（良种补贴、农业机械补贴等）和产中（技术推广补贴、环境保护补贴等）两个环节；补偿应采用“专项直补”的方式，由政府通过项目实施支付给农户或农场主。三是农业生态补偿标准的研究仍处于初级阶段，尚缺乏科学系统的效益评价体系，导致补偿标准的制定未能体现环境利益双方量价关系的均衡。

我国正处在新一轮科技革命和产业变革的孕育期，农业和农村急需增强内生发展动力以应对来自资源短缺与市场竞争的“双重挤压”；因而，保护农民的根本利益，激发农民的生产活力，让农民平等分享技术进步的生态效益成为新时期农业补贴政策改革的主导方向，也是农业生态补偿政策机制研究领域亟待破解的难题。

第三节　区域环境问题与补偿政策实践

我国地域广阔，生态功能区的类型多样，不同区域的资源禀赋异质性明显，区域经济发展不协调，特别是东西部发展差异、沿海内陆发展差异、城乡发展差异显著。充分认识和分析不同区域的生态服务功能、生态环境问题及不同空间格局的环境要素变化规律，是制定区域适宜的生态补偿政策的基础，对于推动我国农业和农村经济与生态保护协调、绿色及健康发展具有重要的现实意义及研究价值。本节针对我国现阶段存在的东北地区黑土地退化、华北地区地下水超采、西部地区水土流失及南方地区农业面源污染等主要生态环境问题，全面总结和梳理各地保护农业自然资源和生态环境所采取的绿色技术手段，以及生态补偿政策，为有效应对农业生态环境问题、建立国家统一的农业生态补偿制度体系提供参考和借鉴。

一、东北地区耕地资源保护政策

（一）东北黑土地退化问题严峻

东北平原是世界四大黑土区之一，北起大兴安岭，南至辽宁省南部，西到内蒙古东部的大兴安岭山地边缘，东达乌苏里江和图们江，行政区域涉及辽宁、吉林、黑龙江以及内蒙古东部的部分地区。根据第二次全国土地调查数据和县域耕地质量调查评价成果，东北典型黑土区耕地面积约为 2.78 亿亩[①]。其中，内蒙古自治区 0.25 亿亩，辽宁省 0.28 亿亩，吉林省 0.69 亿亩，黑龙江省 1.56 亿亩。东北黑土区是我国重要的商品粮生产基地，长期以来不合理的开发利用致使黑土土壤有机质含量最高下降 70%，黑土层厚度减少了近一半。黑土退化的主要原因是掠夺性经营、风蚀化及化肥的过量施用。多年来，为保障供给，东北黑土区耕地资源长期透支，化肥、农药投入过量，打破了黑土原有稳定的微生态系统，土壤生物多样性、养分维持、碳储存、缓冲性、水净化与水分调节等生态功能退化。

（二）东北黑土地保护行动计划

1. 黑土地保护纲要与计划

黑土地是东北粮食生产能力的基石，保护和提升黑土耕地质量，实施东北黑土区水土流失综合治理，是守住“谷物基本自给、口粮绝对安全”战略底线的重要保障。2017 年 6 月 15 日，农业部、国家发展改革委、财政部、国土资源部、环境保护部、水利部等六部委联合发布《东北黑土地保护规划纲要（2017—2030 年）》（以下简称《规划纲要》）（农业部等，2017）。《规划纲要》提出要坚持“用养结合、保护利用，突出重点、综合施策，试点先行、逐步推进，政府引导、社会参与”的基本原则，争取实现黑土地资源面积与耕地质量的双提高：到 2030 年，集中连片、整体推进、实施黑土地保护面积 2.5 亿亩（内蒙古自治区 0.21 亿亩、辽宁省 0.19 亿亩、吉林省 0.62 亿亩、黑龙江省 1.48 亿亩），基本覆盖主要黑土区耕地。通过修复治理和配套设施建设，加快建成一批集中连片、土壤肥沃、生态良好、设施配套、产能稳定的商品粮基地；黑土区耕地质量平均提高 1 个等级（别）以上；土壤有机质含量平均达 32g/kg 以上、提高 2g/kg 以上（其中辽河平原平均达 20g/kg 以上、提高 3g/kg 以上），有效遏制黑土地退化，改善黑土区生态环境。

2020 年 2 月 25 日，农业农村部和财政部深入贯彻习近平总书记关于对东北黑土地实行战略性保护的重要指示精神，认真落实党中央、国务院决策部署，加快保护性耕作推广应用，制定《东北黑土地保护性耕作行动计划（2020—2025 年）》（以下简称《行动计划》）（农业农村部和财政部，2020）。《行动计划》从“组织整县推进、强化技术支撑、提升装备能力、壮大实施主体”等 4 个方面组织、引导、推进东北地区黑土地的保护工作。同时，中央财政通过现有渠道积极支持东北地区保护性耕作发展，要求地方政府完善保护性耕作发展政策体系，根据工作进展

① 1 亩≈666.7m²

统筹利用相关资金，将秸秆覆盖还田、免（少）耕等绿色生产方式推广应用作为优先支持方向，尽量做到实施区域、受益主体、实施地块“三聚焦”，切实发挥政策集聚效应。

2. 黑土地保护技术与模式

《规划纲要》提出“调整优化结构，创新服务机制，推进工程与生物、农机与农艺、用地与养地相结合，改善东北黑土区设施条件、内在质量、生态环境”的总体思路，并重点推广五大技术模式。

1）积造利用有机肥，控污增肥。通过增施有机肥、秸秆还田，增加土壤有机质含量，改善土壤理化性状，持续提升耕地基础地力。推进秸秆还田，配置大马力机械、秸秆还田机械和免耕播种机，因地制宜地开展秸秆粉碎深翻还田、秸秆覆盖免耕还田等。在秸秆丰富地区，建设秸秆气化集中供气（电）站，秸秆固化成型燃烧供热，实施灰渣还田，减少秸秆焚烧。

2）控制土壤侵蚀，保土保肥。加强坡耕地和风蚀沙化土地综合防护与治理，控制水土和养分流失，遏制黑土地退化和肥力下降。对漫川漫岗与低山丘陵区耕地，改顺坡种植为机械起垄等高横向种植，或者改长坡种植为短坡种植；对侵蚀沟采取沟头防护、削坡、栽种护沟林等综合措施。对低洼易涝区耕地修建条田化排水、截水排涝设施，减轻积水对农作物播种和生长的不利影响。

3）耕作层深松耕，保水保肥。开展保护性耕作技术创新与集成示范，推广少免耕、秸秆覆盖、深松等技术，构建高标准耕作层，改善黑土地土壤理化性状，增强保水保肥能力。在平原地区土壤黏重、犁底层浅的旱地实施机械深松深耕，配置大型动力机械，配套使用深松机、深耕犁，通过深松和深翻，有效加深耕作层、打破犁底层。

4）科学施肥灌水，节水节肥。深入开展化肥使用量零增长行动，制定东北黑土区农作物科学施肥配方和科学灌溉制度。促进农企合作，发展社会化服务组织，建设小型智能化配肥站和大型配肥中心，推行精准施肥作业，推广配方肥、缓释肥料、水溶肥料、生物肥料等高效新型肥料，在玉米、水稻优势产区全面推进配方施肥到田。配置包括首部控制系统、田间管道系统和滴灌带的水肥设施，健全灌溉试验站网，推广水肥一体化和节水灌溉技术。

5）调整优化结构，养地补肥。在黑龙江和内蒙古北部冷凉区，以及吉林和黑龙江东部山区，适度压缩籽粒玉米种植规模，推广玉米与大豆轮作和“粮改饲”，发展青贮玉米、饲料油菜、苜蓿、黑麦草、燕麦等优质饲草料。在适宜地区推广大豆接种根瘤菌技术，实现种地与养地相统一。推进种养结合，发展种养配套的混合农场，推进畜禽粪便集中收集和无害化处理。积极支持发展奶牛、肉牛、肉羊等草食畜牧业，实行秸秆“过腹还田”。

根据东北黑土地保护利用试点项目实施工作要求和各地的农业技术推广现状，在实践中将主推“秸秆还田技术、深耕深松技术、精准施肥技术、测土配方施肥技术、水肥一体化技术、节水灌溉技术、粮改饲种植模式、大豆接种根瘤菌技术和种养配套混合农场”等9项技术模式（表5-6）（农业部农业机械化管理司和农业部农业机械化技术开发推广总站，2017；于涛，2012；陈金等，2017；孙杰等，2019；黄语燕等，2021；郑瑞强等，2016；刘发等，1986）。

表5-6　黑土地资源保护绿色生产技术

序号	技术类型	具体内容
1	秸秆还田技术	水稻秸秆全量翻埋还田技术模式、水稻秸秆半量还田技术模式、玉米秸秆覆盖还田技术模式、玉米秸秆深埋还田技术模式、玉米秸秆碎混还田技术模式
2	深耕深松技术	机械深耕技术（机械翻土、松土和混土）：熟化土壤、培植深厚耕层。机械深松技术：疏松土壤而不翻转土层的土壤耕作技术
3	精准施肥技术	土壤养分和植株分析速测技术：检测土壤及化肥、有机肥、营养元素及微量元素含量。变量施肥技术：由处方生成技术、肥料施入控制技术及肥料施入监测技术等组成
4	测土配方施肥技术	测土、配方、配肥、供应、施肥指导5个环节，施肥量的确定方法主要包括土壤与植株测试推荐施肥方法、肥料效应函数法、土壤养分丰缺指标法和养分平衡法
5	水肥一体化技术	微灌施肥系统：营养液由低压管道系统微喷头喷出，喷洒在土壤和农作物表面。膜下滴灌等新技术：通过管道系统将水肥送入滴灌带，滴头将水肥不断滴入土壤中。配套病虫害绿色防控：在实施微灌、滴灌中采用生物农药防控技术
6	节水灌溉技术	节水灌溉技术以渠道防渗技术和地面灌水技术为主，配合相应的农业措施以及天然降水资源利用技术模式，包括耕地整理节水技术、减免耕保水技术、节水灌溉技术等
7	粮改饲种植模式	“粮-经”二元结构调整为“粮-经-饲”三元结构，将粮食作物改成青贮饲料，引导玉米籽粒收储利用转变为全株青贮利用，带动秸秆循环利用和转化增值
8	大豆接种根瘤菌技术	人工接种根瘤菌剂提高共生固氮效率，极早熟春大豆区接种根瘤菌具有比较明显的增产效果和经济效益，生产上推广这一技术措施不仅可以提高大豆产量，而且可以节省大量氮肥
9	种养配套混合农场	以家庭成员为主要劳动力，从事农业规模化、集约化、商品化生产经营，以生态养殖为特色，实现种养结合，以农业收入为主要家庭收入来源

3. 黑土地保护补偿政策实施

近年来，国家结合东北黑土地保护利用试点项目的实施工作，加大了补贴政策扶持力度。①2015～2017年，中央财政每年安排5亿元资金，在东北四省（自治区）的17个县（市、区、旗）开展黑土地保护利用试点，积极探索黑土地保护的有效技术模式和工作机制。②2018～2019年，扩大试点规模，中央财政每年安排8亿元资金在东北四省（自治区）的32个县（市、区、旗）开展黑土地保护利用试点，组织项目县（市、区、旗）集成示范推广秸秆还田、有机肥施用、肥沃耕层构建、土壤侵蚀治理、深松深耕等技术模式，累计实施面积1760万亩。③2020年，按照中央一号文件要求，继续落实《东北黑土地保护规划纲要（2017—2030年）》任务，制定年度实施方案，安排财政资金，支持32个项目县（市、区、旗）实施4大类17种黑土地保护利用综合技术模式示范推广，统筹推进黑土地有效治理工作，进一步遏制项目区黑土地退化趋势。④2020年的《行动计划》覆盖东北四省（自治区），要在2025年达到1.4亿亩土地实施保护性耕作，占东北适宜区域耕地面积的70%左右，形成较为完善的保护性耕作政策支持体系、技术装备体系和推广应用体系。

（三）耕地地力保护相关政策措施

近年来，国家层面上实施了一系列耕地质量提升的补贴政策，具体如下。

1. 加大深松整地补贴力度

农业农村部、财政部会同有关部门高度重视耕地保护工作，通过开展农作物秸秆综合利用试点、农机深松整地作业补助试点等一系列措施保护和提升耕地质量。2016年，农业部办公厅发布了《全国农机深松整地作业实施规划（2016—2020年）》。从2017年起，农业部和财政部明确从“农业生产发展”专项中安排深松作业补助资金，以“大专项+任务清单”形式下达各省，建立了补助资金稳定支出新渠道。2018年，农业农村部明确东北四省（自治区）可根据农业生产实际需要，在适宜地区试点开展农机深翻（深耕）作业补助，促进秸秆还田和黑土地保护。

2. 大力支持秸秆还田

2017年，农业部启动了“东北地区秸秆处理行动”，每年安排秸秆试点资金6亿多元，支持东北四省（自治区）秸秆综合利用，以农用优先的原则，发布了东北高寒区玉米秸秆深翻养地模式、秸-饲-肥种养结合模式、秸-沼-肥等技术模式，推动秸秆机械粉碎还田、养畜过腹还田、生物腐熟还田，新增秸秆还田面积近3000万亩。2018年，财政部、农业农村部出台了《2018—2020年农业机械购置补贴实施指导意见》，扩大中央财政全国农机购置补贴机具种类范围，加大对秸秆还田等农机购置补贴力度。

黑龙江省将秸秆综合利用纳入实施乡村振兴战略的重要内容，作为黑土耕地保护的重要任务和打好污染防治攻坚战的重要战役。从2019年起，全省在哈尔滨市、绥化市和大庆的肇州县、肇源县开展秸秆综合利用三年行动，到2020年“两市两县”基本实现秸秆全部转化利用。省里对玉米秸秆翻埋还田每亩补贴 40 元，固化压块站建设按照生产能力分别给予 70%、50%和 30%的建站补贴，原料化利用项目按照设计能力每吨秸秆补贴 100 元，生物质炉具按每台 2100 元补贴 70%，补贴政策省和市分担比例为 1∶1（黑龙江省人民政府办公厅，2018；黑龙江省人民政府，2020）。

吉林省农业委员会、吉林省财政厅于 2018 年发布《关于加快推广秸秆覆盖还田保护性耕作技术 推进耕地质量耕作生态耕作效益“绿色增长”的实施意见》（以下简称为《意见》），《意见》要求 2019～2025 年，吉林省将对全省秸秆覆盖还田保护性耕作作业进行补贴，对达到检查验收质量标准的项目实施面积，按照每亩 30 元的标准核发资金。补贴对象是补贴范围内的农机作业者或接受作业服务的耕地承包经营者；采取“先干后补”的补贴方式进行；补贴资金通过“一卡通”直接兑付，不得以现金形式发放（农业农村部，2018）。

3. 施用有机肥进行补贴

2019 年，农业农村部在东北三省的 63 个畜牧大县安排实施整县推进项目。同时积极制定出台了一系列支持有机肥产业发展的优惠政策，如对纳税人生产销售有机肥料、有机-无机复混肥料和生物有机肥免征增值税。农业农村部将积极协调国家税务总局等部门，积极争取有机肥生产的优惠政策，加大对畜禽粪污资源化利用工作的支持力度，同时鼓励畜禽粪便资源较丰富地区落实好属地管理责任和规模养殖场主体责任，加大资金投入力度，与中央资金形成合力，实现畜禽粪污等资源化利用（农业农村部，2019）。

4. 耕地轮作休耕补贴政策

为了贯彻落实《农业农村部 财政部关于做好 2018 年耕地轮作休耕制度试点工作的通知》（农农发〔2018〕2 号），黑龙江省 2018 年印发耕地轮作休耕制度试点实施方案，旨在探索形成可复制和可推广的组织方式、技术模式、政策框架，加快构建轮作休耕制度体系。2018 年，全省实施耕地轮作休耕制度试点面积 1290 万亩，其中耕地轮作试点 1150 万亩，农村实施 940 万亩；新落实的轮作试点地块推广“一主多辅”的种植模式，以玉米与大豆轮作为主，以玉米与杂粮杂豆、蔬菜、薯类、饲草、油料作物、汉麻等轮作为辅，鼓励麦豆轮作；休耕期鼓励深耕深松、种植苜蓿或油菜等肥田养地作物（非粮食作物），提升耕地质量。试点的补助对象为自愿参加耕地轮作休耕的种植大户、家庭农场、农民专业合作社等新型农业经营主体或自主经营的农户。试点补助对象是实际生产经营者，而不是土地承包者。暂定轮作试点每亩每年补贴 150 元，水稻休耕试点每亩每年补贴 500 元，最终以中央财政核发标准为准。采取“先休后补”的方式，将补助资金兑付给承担试点任务的新型农业经营主体或农户（黑龙江省农业委员会，2018）。

5. 大宗农作物种植补贴政策

为了稳定粮食生产，调动广大农户的种植积极性，国家不断调整农业生产者的补贴政策，以尽可能提高农民种地收入。例如，黑龙江省2019年继续在全省范围施行统一的玉米、大豆和稻谷生产者补贴政策，全省要求适当提高玉米生产者补贴标准，大豆生产者补贴标准高于玉米生产者补贴标准200元以上；地表水灌溉稻谷亩补贴标准高于地下水灌溉稻谷40元以上（含40元）。

二、华北地区水资源节约利用与补偿政策

（一）华北地区地下水超采问题

我国地下水资源南北方分布和降水量相关，南方水资源储量比北方大，其中南方地区为5760亿m^3，北方地区为2458亿m^3。随着经济社会的快速发展，地表水资源远不能满足社会需求，地下水持续超采成为必然。近30年来，我国地下水开采量以每年25亿m^3的速度递增，地下水的供给量已占到全国总供水量的20%。全国各省级行政区地下水供水超过50%的有河北、北京、山西等，其中河北省高达80.9%。据统计，全国地下水超采区域超过300个，总面积接近20万km^2，严重超采的面积突破了7.2万km^2。在地下水超采区域中，华北地区是最严重的，华北平原已经成为“漏斗区”（艾慧和郭得恩，2018；唐黎标，2019）。中国地质科学院水文地质环境地质研究所2011年初发表研究结果表明，华北平原的地下水超采已经形成了浅层漏斗与深层漏斗交织在一起的复合型地下水漏斗，漏斗的区域面积接近华北平原总面积的11.3%。河北省地下水超采最为严重，地下水超采导致湿地变干、河流枯竭；造成地面沉降、地质塌陷；局部地区水资源衰竭并伴随地下水污染；沿海地区海水入侵，地下淡水盐碱化等。这种状况给我国水安全和区域可持续发展带来严重的威胁，对华北地区造成的危害不可逆转（周明勤，2014；高敏凤，2020；席北斗等，2019），严重制约华北地区的可持续发展。

（二）地下水超采综合治理实施计划

2014年中央一号文件提出“先期在华北地区河北省开展地下水超采综合治理试点工作”，在取得经验后向其他地区推广。按照2014年中央一号文件的要求，先期在河北省开展地下水超采综合治理试点工作。由河北省制订方案，具体组织实施，中央给予政策支持、指导和监督考核。2014年5月26日，河北省政府常务会议审议通过《河北省地下水超采综合治理试点方案（2014年度）》。该方案成为河北省地下水超采综合治理的纲领性文件（河北省人民政府，2014）。

1. 治理范围

以地下水超采最严重的黑龙港流域为试点范围，包括衡水市、沧州市、邢台市、邯郸市的49个县（市、区），全部涵盖了冀枣衡、沧州、南宫三大深层地下水漏斗区。试点区土地面积为3.6万km^2、耕地面积为3370万亩、有效灌溉面积为2712万亩、地下水超采量为27亿m^3、深层地下水超采量为21.5亿m^3，分别占全省的19%、34%、40%、45%和70%。

2. 治理目标

近期（2015年）：试点区共计压采10.64亿m^3，占现状超采量的39%，冀枣衡（冀州市、枣强县、衡水市）深层地下水漏斗中心水位下降速率明显减少。中期（2017年）：试点区可压采地下水20亿m^3，占现状超采量的74%。除生活用水外，在地表水覆盖区和休耕退耕区停止开采深层承压水，冀枣衡等三大深层地下水漏斗中心水位止跌回升。远期（2020年）：试点区实现地下水采补平衡，冀枣衡等三大深层地下水漏斗中心水位大幅回升，地下水生态明显改善，为实现全省地下水可持续利用奠定基础。

3. 治理措施

一是调整种植结构和推广农艺节水，在无地表水替代的深层地下水严重超采区，调整农业种植结构85.3万亩，推行农艺节水241万亩，实现地下水压采3.22亿m^3；二是加强水利工程建设，重点实施一批从水源到田间的引、提、蓄、灌等水利工程，总投资为50.5亿元；三是创新体制机制，在农业水价综合改革、农田水利产权制度、工程良性运行管理、政策法规保障等方面力求取得新突破；四是严格管理地下水，明确禁采区和限采区范围，严格限制取用地下水等；五是开展人工增雨作业等气象服务，在试点区新建一批人工影响天气的作业点，可增加降水2亿m^3左右。

2018年，河北省又出台了《河北省地下水超采综合治理五年实施计划（2018—2022年）》（以下简称《计划》）（河北省政府办公厅，2018），确定到2022年，全省地下水压采量达54亿m^3以上，压采率达90%以上。其中，城市全部完成地下水压采任务，农村压采率达86%以上。《计划》要求坚持高节水、多引水、增蓄水、调结构、强管理并举，构建适水发展的农业种植体系、高效节水的灌溉工程体系。农村综合治理要以农业灌溉节水为核心，通过调整种植结构、发展高效节水灌溉、推广冬小麦节水稳产配套技术等减少地下水超采量。到2022年，种植结构调整共实施235万亩，压采地下水3.87亿m^3；发展高效节水灌溉面积566万亩，压采地下水3.31亿m^3；全省抗旱节水小麦品种种植面积普及率不低于90%，维持压采能力7.21亿m^3，新增压采能力2.82亿m^3。

（三）地下水超采综合治理技术措施

为深入贯彻落实习近平总书记关于生态文明建设和保障国家水安全的重要讲话精神，着力解决华北地下水超采问题，2019 年 1 月 25 日，水利部、财政部、国家发展改革委、农业农村部联合印发了《华北地区地下水超采综合治理行动方案》（以下简称《行动方案》）。《行动方案》以京津冀地区为治理重点，坚持问题导向，按照远近结合、综合施策、突出重点、试点先行的原则，通过采取“一减、一增”综合治理措施（“一减”即通过节水、农业结构调整等措施，压减地下水超采量；“一增”即多渠道增加水源补给，实施河湖地下水回补，提高区域水资源承载能力），系统推进华北地区地下水超采治理，逐步实现地下水采补平衡，降低流域和区域水资源开发强度，切实解决华北地区地下水超采问题，为促进经济社会可持续发展提供水安全保障（水利部等，2019）。

《行动方案》在总结提炼华北地下水超采治理工作和试点经验基础上，重点推进“节”“控”“调”“管”等治理措施任务。京津冀地区在“节”和“控”两个环节上主要通过加快田间高效节水灌溉工程建设，推广农艺节水措施和耐旱作物品种；采取调整农业种植结构、耕地休养生息等措施，提高水资源利用率，压减农业灌溉地下水开采量。目前，国家主推的绿色高效节水农业技术体系如下。

1. 工程节水技术

工程节水技术也就是管道输水灌溉技术，主要包括：喷灌、微灌、小畦灌溉、渠道防渗、管道输水、膜上灌水等。微灌节水技术包括滴灌、微喷灌、小管出流滴灌及渗灌。通过低压管道系统与安装在末级管道上的灌水器，将水分和养分以较小的流量均匀、准确地直接输送到作物根部附近的土壤表面或土层中（于纪玉，2020）。

2. 水肥一体化技术

该技术是在灌溉的同时，通过灌溉设施将肥料输送到作物根区的一种施肥方式。该技术的优点：节省施肥劳动、提高肥料利用率、实现精准施肥、利于养分快速吸收、利于应用微量元素、改善土壤状况（张承林和邓兰生，2012）。

3. 测墒适时灌溉技术

该技术是通过开展土壤墒情监测，根据土壤墒情和作物需水规律，科学制定灌溉制度，合理确定灌溉时间和灌溉水量。测墒适时灌溉技术需要墒情监测设备、灌溉管控相关设施。

4. 轮作休耕、旱作雨养

轮作是在同一块田地上，有顺序地在季节间或年间轮换种植不同的作物或复种组合的一种种植方式。休耕是指在同一块土地上种植一年作物，第二年停一年，第三年再种植。目前，重点在地下水漏斗区、重金属污染区、生态严重退化地区开展耕地轮作休耕试点，对于休耕农民给予必要的粮食或现金补助（水利部等，2019）。

5. “水改旱”种植模式

“水改旱”就是把原来种植水生作物的田块改成种植旱生作物的地块，即由原来的水生作物改成旱生作物。水改旱可以因地制宜地发展多种种植模式，如北方地区可以在玉米地上套种红薯、大豆、南瓜、青菜、大蒜等作物，增加农民收入；西南地区在干旱稻田生态环境下发展“春玉米+小白菜-夏玉米+秋豇豆”一年四熟立体间套作模式等（朱洪晔和文晴，2009；胡家权等，2014）。

6. 小麦节水品种及配套技术

农业农村部于2018年5月在河北石家庄市召开国家小麦良种重大科研联合攻关推进暨华北麦区节水品种现场交流会，权威发布7个节水性较好的绿色小麦品种：‘石麦15’‘石麦22’‘衡观35’‘轮选103’‘邢麦7号’‘邯麦13’‘冀麦418’等是黄淮麦区北片节水性较好的绿色小麦品种，在足墒播种、春浇一水条件下，可实现亩产1000斤[①]以上（农业农村部种子管理局，2018）。

（四）农业节水灌溉技术模式补贴政策

河北省节水农业发展的制约因素：一是对节水农业认识的偏差。各地对节水农业模式和节水技术存在认识偏差，并没有认识到其科学性和适用条件，以至于不能从区域水资源的整体、高效、持续利用的角度进行推广实践。二是经济因素制约节水农业的发展。经济发展水平会促进节水农业的发展，小规模家庭经营形式决定了渠道防渗、低压管灌、微灌、喷滴灌技术目前主要由村集体与农户联合或多个农户联合共同出资建设；同时，灌溉工程的使用和维修需要集体和农户之间的共同协调，以保证灌溉能够正常运行。三是政府扶持力度不足，节水农业工程建设缺乏有效的资金支持。渠道防渗、低压管灌、微灌、喷滴灌技术的一次性建设投入是小规模家庭经营农户所不能承受的。节水农业工程更多体现的是社会效益，有利于农业可持续发展。目前，河北地区渠道防渗技术和管道输水技术采取以村集体和农民自筹为主，微灌、喷滴灌技术采用率比较低是因为需要一次性

---

① 1斤=500g

投入较多，且要求适度规模化经营，没有政府的扶持政策，农民没有采用技术的积极性。目前，已经推广实施的农业节水灌溉技术补贴政策如下。

1. 耕地轮作休耕补贴政策

2019年，《农业农村部　财政部关于做好2019年耕地轮作休耕制度试点工作的通知》（农农发〔2019〕2号）中提出实施耕地轮作休耕制度试点工作，对17个省份试点耕地轮作休耕3000万亩（农业农村部和财政部，2019）。轮作技术路径：东北冷凉区推广“一主多辅”的种植模式，以玉米与大豆轮作为主；黄淮海地区推行玉米改种大豆，以及杂粮杂豆等作物轮作模式；长江流域实行稻油、稻菜、稻肥等轮作。

休耕技术路径：河北地下水漏斗区实行“一季休耕、一季种植”；黑龙江超采区休耕期间深耕深松、鼓励种植苜蓿或油菜等肥田养地作物；新疆超采区休耕种植胡杨林；湖南重金属污染区通过施用石灰、翻耕、种植绿肥等农艺措施，以及生物移除、土壤重金属钝化等措施，修复治理污染耕地；西南西北生态退化区改种防风固沙、涵养水分、保护耕作层的植物。

中央财政对耕地轮作休耕制度试点给予适当补助。在确保试点面积落实的情况下，试点省可根据实际细化具体补助标准。在操作方式上，可以补现金，可以补实物，也可以购买社会化服务，提高试点的可操作性和实效性。河北省、湖南省休耕试点所需资金结合中央财政地下水超采区综合治理和重金属污染耕地综合治理补助资金统筹安排。

2. 农田节水灌溉补贴政策

2019年5月，财政部会同农业农村部制定了《农田建设补助资金管理办法》（财政部和农业农村部，2019）。农田建设补助资金是指中央财政为支持、稳定和优化农田布局，全面提升农田质量而安排用于农田相关工程建设的共同财政事权转移支付资金。农田建设补助资金实施期限至2022年，期满后根据评估结果再作调整。农田建设补助资金优先扶持粮食生产功能区和重要农产品生产保护区。农田建设以农民为受益主体，扶持对象包括小农户、农村集体经济组织、家庭农场、农民合作社、专业大户以及涉农企业与单位等。农田建设补助资金用于支持高标准农田及农田水利建设。

农田建设补助资金应当用于以下建设内容：土地平整；土壤改良；灌溉排水与节水设施；田间机耕道；农田防护与生态环境保持；农田输配电；损毁工程修复和农田建设相关的其他工程内容。

农田建设补助资金的支出范围包括：项目所需材料费、设备购置费及施工支出，项目建设的前期工作费、工程招投标费、工程监理费以及必要的项目管理费等。农田建设补助资金不得用于兴建楼堂馆所、弥补预算支出缺口等与农田建设无关的支出。

农田建设补助资金按照因素法进行分配。资金分配的因素主要包括基础资源因素、工作成效因素和其他因素，其中基础资源因素权重占70%、工作成效权重占20%、其他因素权重占10%。基础资源因素包括农田建设任务因素，权重占45%；耕地面积因素，权重占10%；粮食产量因素，权重占10%；水资源节约因素，权重占5%。工作成效因素主要以绩效评价结果和相关考核结果为依据。其他因素主要包括脱贫攻坚等特定农业农村发展战略要求。对农田建设任务较少的直辖市、计划单列市，可采取定额补助。

3. 小麦节水品种及配套技术推广补贴

2019年8月，河北省农业农村厅印发《关于地下水超采综合治理的实施意见》（冀办〔2019〕17号），制定了2019年度小麦节水品种及配套技术推广补贴、旱作雨养种植试点、耕地季节性休耕制度试点、高效节水灌溉等农业节水项目。该方案指导河北省大力推广小麦节水新品种及配套技术，重点推广节水高产品种，同等条件下优先支持优质强筋小麦节水品种（河北省农业农村厅，2019）。

1）节水品种选择：河北省石家庄市藁城区2019年推广6个节水品种：以‘藁优2018’为当家品种，搭配种植‘藁优5218’‘石农086’‘河农6049’‘邯农1412’‘冀麦418’。

2）明确种子价格：2019年度项目区亩供种量为14kg。物化补助标准为：优质强筋品种每亩70元/亩，普通品种64.4元/亩。种子价格为：优质强筋品种5.0元/kg，普通品种4.6元/kg。剩余资金用于扩大实施规模。

3）企业补贴方式：按时拨付资金。根据《2019年地下水超采综合治理小麦节水品种及配套技术推广补贴项目供种清册》、供种合同、村委会收到的种子证明材料和正式发票，供种结束后，向供种企业拨付物化补贴资金的80%；出苗1个月内，组织有关专家进行验收，验收合格后，再拨付剩余的20%资金。

4）农户补贴标准。补助资金为455万元，每亩物化补助为优质强筋品种70元、普通品种64.4元。

三、西部地区生态环境治理与保护政策

（一）西部地区的生态环境问题

西部地区主要指西南、西北民族地区的十一省份，具体包括：西藏、新疆、广西、宁夏、内蒙古五个民族自治区，云南、贵州、四川、青海、甘肃、陕西六省。该地区面积占全国的2/3，而人口数量只有全国的1/4，以少数民族为主。西

部地区是我国重要的生态屏障，由于地理位置特殊，自然条件恶劣，生态环境十分脆弱，面临一系列生态环境问题。尽管西部民族地区生态环境问题较过去有所缓解，但该地区生态环境系统从结构性破坏到功能性紊乱演变的发展态势没有得到根本改变（赵宜凯和肖祥，2015）。

西部地区的生态环境问题主要表现在以下几个方面（赵宜凯和肖祥，2015）。一是水土流失严重。据统计，西部民族地区水土流失面积达到了 296.65 万 km^2，占全国水土流失总面积的 83.1%。水土流失导致土地退化、耕地毁坏，直接威胁国家粮食安全，西部民族地区生态系统处于恶性循环状态。二是水资源匮乏。西部地区随着气候变暖，青藏高原上有 30% 以上的湖泊都干化为盐湖。西部民族地区因为技术因素，水资源的开发利用程度极低，严重影响生态与经济发展。三是土壤石漠化、荒漠化严重。新疆、内蒙古、西藏地区占全国沙漠化土地总面积的 81.6%，西部民族地区也面临着严重的石漠化问题，极大地影响社会经济正常发展。四是环境污染加重，生态系统功能下降（李清源，2004）。工业化的影响及农业生产经营面积不断扩大，化肥、农药以及机械动力等的大量投入，有毒、有害物质在水土中的残留量逐年增加，出现点多面广的环境污染压力。

（二）生态环境问题的形成原因

西部地区出现严重的生态环境问题，归根到底是多方面因素共同作用的结果。纵观现有研究进展，可以概括为以下 5 个方面（赵宜凯和肖祥，2015；李清源，2004）。

一是生态环境脆弱。受地理、气候影响，西部民族地区自然条件恶劣，生态环境脆弱。西部地区地貌复杂，部分地区属于高原、高山和山间盆地、沙漠、戈壁滩的自然地理类型，气候复杂多样；气候干旱少雨、多风，特定的自然、地理和气候条件决定了西部民族地区的冻融、风力、水力三大侵蚀类型并存交错，原始生态环境十分脆弱；岩溶地貌区土地承载力低，抗干扰能力弱，生态破坏后恢复难度大。

二是经济发展落后。西部民族地区的经济发展大多仍以牺牲环境为代价，在片面追求经济发展过程中，自然资源被盲目开发利用和消耗，造成生态环境恶化。东部大量的高耗能、重污染产业进入西部民族地区，却没有更强的资源与环境保护措施，导致区域环境质量日益下降。

三是人类活动影响。长期以来由于社会管理失控，人们肆意毁林垦草开荒，过度开采药用野生植物和燃料型灌木，导致天然植被遭到严重破坏。在国家发展战略层面，没有能够限制西部地区土地、森林、资源的盲目开发，造成生态环境破坏严重。另外，一些地区盲目开发利用地下水资源，造成下游河段断流、土壤沙化，抵御自然灾害能力下降，加之东部地区产业结构优化升级和转型的需要，使得西部地区的环境污染愈发严重。

四是环保意识薄弱。西部少数民族长期处于相对落后和封闭的自然条件下，以传统的民族方式谋求生存，生态环境相对平衡，当人们的生活方式随着经济的发展发生巨大变化时，人们很难意识到生态环境的保护与人类生存、发展的密切关系。过度放牧、过度砍伐等行为都与农民的环境意识淡薄有关。“缺少大环境保护意识”是造成生态环境破坏的主要原因（邹静等，2005）。

五是法制建设欠缺。《中华人民共和国环境保护法》对生态环境保护作了原则性规定，西部大开发战略中也形成了一些纲领性政策，但是西部民族地区的环保立法严重缺失，不能从根本上满足社会经济可持续发展的特殊需要，某些地区依然存在开发利用环境行为无法可依、有法不依的现象，不仅加剧了这些地区生态环境的破坏，也损害了环境法律的权威性。

（三）生态环境保护与治理对策

新时期推进西部地区生态文明建设，遏制少数民族地区生态环境恶化，必须采取切实有效的应对措施。总结国内学术界研究成果，选择“四个结合”的发展路径（李清源，2004）：一是生态环境保护建设工程与区域综合治理规划相结合，以工程促保护、以保护建工程；各地应针对面临的主要生态问题，合理实施综合治理规划，采取生物和工程措施相结合的方式，有效遏制生态环境恶化的趋势。二是农牧业产业结构调整与生产方式转变相结合，改广种薄收为精种高产、变靠天养畜为集约化经营；改变“超载过牧—草地退化—人地失衡—落后贫困”的恶性循环状态，力争生态环境改善与农牧业增收的双赢。三是生态环境保护管理与法制建设相结合，强化生态环境监管，完善生态监测网络；建立西部环境影响评价指标体系，切实加强对耕地、草原、水和矿产等自然资源的环境管理；要理顺环境执法部门的权限，建立有效的执法监督机制，加大对民族地区的执法力度。四是优化生态环境保护政策与完善市场机制相结合，积极争取国家对民族地区的特殊政策，使国家的投入重点向民族地区倾斜，发挥市场机制的调节作用，建立、完善投资主体多元化和投资方式多样化的投资机制；制定保障少数民族利益的补偿机制，包括环境税补偿、流域系统补偿和工商企业投资补偿等。

1. 制定国家中长期环境治理规划

2008 年 3 月，国务院印发《国家环境保护“十一五”规划》，规划目标是到 2010 年，二氧化硫和化学需氧量排放得到控制，重点地区和城市的环境质量有所改善，生态环境恶化趋势基本遏制，确保核与辐射环境安全。规划提出环境保护的重点领域：一是削减化学需氧量排放量，改善水环境质量；二是削减二氧化硫排放量，防治大气污染；三是控制固体废物污染，推进其资源化和无害化；四是保护生态环境，提高生态安全保障水平；五是整治农村环境，促进社会主义新农村建设；六是加强海洋环境保护，重点控制近岸海域污染和生态破坏；七是严格监管，确保核与辐射环境安全；八是强化管理能力建设，提高执法监督水平（国务院，2007）。2011 年 12 月，国务院发布《国家环境保护“十二五”规划》，规划目标明确到 2015 年，主要污染物排放总量显著减少；城乡饮用水水源地环境安全得到有效保障，水质大幅提高；重金属污染得到有效控制，持久性有机污染物、危险化学品、危险废物等污染防治成效明显；城镇环境基础设施建设和运行水平得到提升；生态环境恶化趋势得到扭转；核与辐射安全监管能力明显增强，核与辐射安全水平进一步提高；环境监管体系得到健全（国务院，2011a）。2016 年 11 月，国务院下发了《“十三五”生态环境保护规划》通知，生态文明建设上升为国家战略，纳入“五位一体”总体布局。“十三五”期间，我国生态环境保护的主要目标是，到 2020 年，生态环境质量总体改善。生产和生活方式绿色、低碳水平上升，主要污染物排放总量大幅减少，环境风险得到有效控制，生物多样性下降势头得到基本控制，生态系统稳定性明显增强，生态安全屏障基本形成，生态环境领域国家治理体系和治理能力现代化取得重大进展，生态文明建设水平与全面建成小康社会目标相适应（国务院，2016）。

2. 压实地方及企业生态环境保护责任

近年来，国家高度重视生态环境建设，扎实推进绿色发展。各地区各部门认真落实党中央、国务院的决策部署，进一步压实生态环境保护责任。一是夯实主体责任，制定了生态环境保护的责任清单，各级政府每年向同级人大、省级政府每年向国务院报告生态环境的目标任务完成情况；二是加强法制建设，先后制修订了大气、水、土壤污染防治法等 13 部法律和 17 部行政法规，基本完成全国生态环境综合行政执法改革，加强行政执法与刑事司法的衔接和惩戒力度；三是健全市场机制，全国碳排放权交易市场启动上线交易，长江、黄河建立了全流域的横向生态保护的补偿机制，设立国家绿色发展基金；四是引导企业责任，将全国 330 多万个固定污染源纳入排污管理，发布实施《环境保护综合名录（2021 年版）》《环境信息依法披露制度改革方案》等，引导企业低碳绿色转型发展；五是推进全民行动，发布了“公民生态环境行为十条”，出台《“美丽中国，我是行动者”提升公民生态文明意识的行动计划（2021—2025 年）》，推动形成绿色生活方式（杨曦和余璐，2022）。

3. 采取有效的治理技术与措施

西部地区将水土流失与土地荒漠化治理紧密结合，实施水、林、草综合治理对策。土地复垦应当坚持科学规划、因地制宜、综合治理、经济可行、合理利用的原则。复垦土地应当优先用于农业（国务院，2011b）。一般来说，坡度在 10°以下的坡地可以作为耕地，但坡度在 5°以下的最适合建设果园；30°以下的坡地可以作为林地、牧地，牧草林木有发达的根系，可以保持水土。

1）提高广大群众退耕还林的积极性，按照中央提出“退耕还林、封山绿化、以粮代赈、个体承包”的十六字方针，具体落实退耕还林的政策导向。各地采取不同的扶持政策，包括以粮代赈、粮食补助、种苗及劳务费补助等。

2）科学布局生态林和经济林，处理好对维持生态平衡起较大作用的水源涵养林、水土保持林、防护林与能够使人们获得较多、较快经济产品的经济林（包括各种水果、茶叶、橡胶等）和速生丰产林之间的关系。

3）实施退耕还草以求保水保土。建设高标准人工草场，发展草业；采取飞播、封育和人工营造相结合，乔、灌、草相结合，建立防风固沙带网，创建沙区农牧林复合经营模式；保护和改良原有草原，推广生物固氮技术；加强虫灾和鼠害防治。

4）修建水土保持工程，搞好农田水利基本建设。采用小流域区域治理的办法，配合坡上筑梯田，修建各种类型的拦蓄工程，使流域内的暴雨径流可以就地拦蓄，减少流域的洪水灾害。综合利用大中型骨干水库、中小型骨干水库，拦蓄局部地区的径流；大力兴修治沟骨干工程，使浆渠防渗，培肥改土，提高水土流失的防御标准。

5）采取水土保持的耕作措施。一是结合耕作，改变小地形，增加地面粗糙度，以拦蓄地面径流、减轻冲刷、保持水土，如等高耕作、带状间作、沟垄种植、区田、圳田、水平犁沟等。二是采用增加地面覆盖度的耕作方式、栽培方法，以改良土壤，保持水土，如宽行密植、间作套种、增施肥料、草田轮作等。三是采用覆盖耕作、免耕法或少耕法来达到保持水土的目的。

（四）生态环境治理的补偿政策

1. 水土保持国家补贴政策

2009 年 11 月，财政部、水利部联合制定了《中央财政小型农田水利设施建设和国家水土保持重点建设工程补助专项资金管理办法》，为了进一步加强和规范中央财政小型农田水利设施建设补助专项资金管理，提高资金的使用效益。

1）小型农田水利设施建设补助专项资金（以下简称小农水专项资金）主要用于支持重点县建设和专项工程建设两个方面；重点县建设重点支持雨水集蓄利用、高效节水灌溉、小型水源建设，以及渠道、机电泵站等其他小型农田水利设施修复、配套和改造。小农水专项资金根据因素法进行分配，包括自然因素、经济因素和绩效因素三类。小农水专项资金的申报主体包括专项工程申报主体和重点县申报主体；重点县申报主体为县级财政和水利部门；专项工程申报主体包括农户或联户，农民用水合作组织，村、组集体，其他农民专业合作经济组织。

2）水土保持专项资金用于规划治理区内的坡改梯、淤地坝、小型水保工程以及营造水保林草和经果林等项目补助支出，主要包括材料费、设备费、机械施工费、种子苗木费、苗圃基础设施建设费和封禁治理费。水土保持专项资金依据实施规划、年度治理任务、每平方公里水土流失综合治理单价以及中央财政补助比例进行分配。中央财政补助比例不超过全省项目投资总额的70%。

2. 退耕还林补贴政策

1）第一轮退耕还林补贴政策。根据《国务院关于进一步做好退耕还林还草试点工作的若干意见》（国发〔2000〕24号）（国务院，2000）、《国务院关于进一步完善退耕还林政策措施的若干意见》（国发〔2002〕10号）（国务院，2002），国家按照核定的退耕还林合格面积，向土地承包经营权人无偿提供粮食、种苗和造林补助费以及生活补助费。具体补助标准和年限如下：①每亩每年补助100kg原粮。②退耕土地生活补助费每亩每年20元。③退耕地还生态林的，补助粮食和生活补助费期限至少为8年；退耕地还经济林的，补助粮食和生活补助费期限为5年。

2）第二轮退耕还林补贴政策。根据《国务院关于完善退耕还林政策的通知》（国发〔2007〕25号）（国务院，2008）和北京市人民政府办公厅印发的《关于进一步完善退耕还林政策的通知》（京政办发〔2007〕81号）（北京市人民政府办公厅，2008），第一轮补助政策到期后，第二轮完善补助政策为：退耕地经验收合格后，每年每亩补助粮食（原粮）50kg，补助现金20元。经济林补助年限为5年，生态林为8年。第二轮完善补助政策起始时间：凡是2006年底前退耕还林粮食和生活费补助政策已经期满的，从2007年起发放补助；2007年以后到期的，从次年起发放补助。

3）退耕还林补贴资金管理。2007年11月财政部印发《完善退耕还林政策补助资金管理办法》（财农〔2007〕339号）的通知（财政部，2008），加强完善退耕还林政策补助资金管理，确保将补助资金及时足额兑现给退耕农户。补助资金的补助标准为：长江流域及南方地区每亩退耕地每年补助现金105元，黄河流域及北方地区每亩退耕地每年补助现金70元；原每亩退耕地每年20元现金补助，继续直接补助给退耕农户，并与管护任务挂钩。管护任务的认定、检查和验收等具体办法，由省级林业主管部门与省级财政部门研究制定。补助资金的补助期为：还生态林补助8年，还经济林补助5年，还草补助2年。

四、南方地区农业面源污染及防治对策

（一）南方地区农业面源污染问题

农业面源污染是我国农业生产与农业可持续发展面临的严峻挑战之一。习近平

总书记指出，农业发展不仅要杜绝生态环境欠新账，而且要逐步还旧账，要打好农业面源污染治理攻坚战。近 30 年来，为了保障粮食安全和农产品的供应，农用化学品的使用量进一步增加，对农业环境产生了很大的压力。首先，化肥的过量使用造成养分流失，引起地表水和地下水污染。据统计，我国部分地区地下水和饮用水的硝酸盐污染严重，特别是华北地区和长江三角洲地区，分别有 54%和 38%的地下水硝酸盐含量超过欧盟标准（NO_3^- - N ≤11.3mg/L）和国家饮用水硝酸盐含量标准（NO_3^- - N ≤20mg/L）（朱兆良和孙波，2008）。目前我国农业源 COD、TN、TP 污染负荷分别占全国的 43%、57%和 67%，成为主要的污染物排放源，农业生产方式难以满足主要污染物总量控制的环保要求（梅旭荣，2013）。其次，农药的长期、大量和不合理使用，导致农田土壤、地表水、地下水和农产品的污染。我国土壤的农药污染主要以有机氯农药为主，20 世纪 90 年代以来的调查表明土壤污染仍继续存在；许多地区（如江苏、湖北、广东）地表水和地下水体也不同程度受到污染。长期、大量和不合理地使用农药已导致土壤、地表水、地下水和农产品的污染。

南方地区水热条件好，降雨多，水网发达，农业生产活动极易引起农业面源污染，加上水土流失问题严重，污染易扩散，污染形势较严峻。南方地区农业面源污染主要来自 4 个方面：一是种植业方面，长期以来化肥过量施用是造成种植业氮、磷流失的主要原因，农药的不合理使用更是导致土壤、地表水、地下水和农产品污染的主要原因，大量地膜残留于土壤中会造成水体污染；二是畜牧业方面，我国东南部省市（尤其是湖南、江西两省） 均以畜禽粪便污染为主要污染源区，其因畜禽养殖产生的 COD 总量远高于工业污染；畜禽粪便中含有各种病原体，对水体的影响巨大；三是水产养殖方面，水产养殖过程中人为投加的肥料、饲料、各类化学药品及抗生素，严重影响邻近水体水质的安全；四是农村生活方面，农村生活污水和生活垃圾的排放也是造成面源污染的主要原因（熊丽萍等，2019）。

（二）农业面源污染防控的国家治理对策

化肥、地膜、畜禽粪污、秸秆、尾菜等农业面源污染相关要素，本质上都不是有毒有害污染物。农业废弃物本身就是某种物质和能量的载体，是一种特殊形态的未利用资源。农业面源污染治理的核心思路是，推行农业清洁生产，用循环经济的理念发展农业生产（毕海滨，2015）。将传统资源消耗的 “资源-产品-废物排放”开放式模式，转化为依靠资源循环利用的“资源-产品-再生资源”的闭环式模式；强调在生产链条的输入端尽量减少自然资源与辅助能的投入，中间环节尽量减少自然资源消耗，输出端尽量减少生产废弃物的排放，从而真正实现农业生产源头预防和全过程治理，达到控制农业自身污染物排放的目的（周颖和王丽英，2019）。

农业部 2015 年 4 月发布《关于打好农业面源污染防治攻坚战的实施意见》（农科教发〔2015〕1 号），全面部署打好农业面源污染防治攻坚战的重点任务，包括大力发展节水农业、实施化肥零增长行动、实施农药零增长行动、推进养殖污染防治、着力解决农田残膜污染、深入开展秸秆资源化利用及实施耕地重金属污染治理；提出推进面源污染综合治理重点工作，包括大力推进农业清洁生产、大力推行农业标准化生产、大力发展现代生态循环农业、大力推进适度规模经营、大力培育新型治理主体及大力推进综合防治示范区建设（中共中央和国务院，2015；农业部，2015b）。

2015 年农业部、国家发展改革委、科技部等八大部委联合发布了《全国农业可持续发展规划（2015—2030 年）》（农业部等，2015），将治理环境污染提高到可持续发展战略高度，将全国划分为优化发展区、适度发展区和保护发展区 3 类。按照因地制宜、分类施策的原则，确定不同区域的农业可持续发展方向和重点，明确了“一控、两减、三基本”的农村污染治理目标。

“一控”是控制农业用水的总量，要划定总量的红线和利用系数的红线。规划要求，到 2020 年，农业的用水总量要保持在 3720 亿 m^3，利用系数要从现在的 0.52 提高到 0.55，这主要需要通过工程措施和节水技术措施，并且通过鼓励农民节约用水的办法来解决这些问题。发展旱作农业、节水农业和雨养农业。

“两减”是把化肥、农药的施用总量减下来。按照规划的要求，2020 年化肥、农药的施用量要实现零增长。首先解决化肥的问题，防止或者减少过度施肥和盲目施肥，通过测土配方等技术来提高用肥的精准性，提高利用率。另外，鼓励农民通过绿肥、农家肥的使用来替代化肥、培肥地力。其次解决农药过量不安全施用问题，采用“管住高毒、减少低毒、科学用药”的办法。要修改农药使用条例，明确高毒农药应实行定点购买和实名制购买，从而防止高毒限用农药的滥用。通过科技研发和补贴政策，使农民用上高效、低毒、低残留的农药。

“三基本”是针对畜禽污染处理、地膜回收、秸秆焚烧问题采取的有关措施，要通过资源化利用的办法从根本上解决好这个问题。首先是牲畜粪便处理：一是种养结合，根据环境的承载量，把养殖业和种植业结合起来，通过产业的发展来消纳牲畜粪便；二是对规模养殖场进行改造，采取干湿分离、雨污分流的办法把粪污通过沼气工程充分利用起来。其次是地膜回收：一是修改标准，要提高薄膜的厚度，现在薄膜太薄，很难回收；二是研发可降解的农膜，以及研发回收机械，通过这些方式将地膜回收回来。最后是秸秆焚烧：一是肥料化，通过秸秆还田提高资源利用率；二是饲料化，通过青贮玉米发展草食畜牧业；三是基料化，把它作为食用菌的培养基，充分利用。

2015年农业部提出“一控、两减、三基本”的目标与农业绿色发展五大行动以来，我国化肥、农药、农膜用量均得到了有效控制，首次实现化肥、农药、农膜用量连年负增长。2019年我国化肥施用量达5404万t，化肥施用强度（326kg/hm^2）仍超国际安全施用水平建议的225kg/hm^2。我国面源污染形势依然严峻。2021年3月，生态环境部办公厅、农业农村部办公厅联合印发《农业面源污染治理与监督指导实施方案（试行）》（环办土壤〔2021〕8号）（以下简称《实施方案》）（生态环境部办公厅和农业农村部办公厅，2021），明确了“十四五”至2035年农业面源污染防治的总体要求、工作目标和主要任务等，对监督指导农业面源污染治理工作做出部署安排。《实施方案》确定了以削减土壤和水环境农业面源污染负荷、促进土壤质量和水质改善为核心，按照“抓重点、分区治、精细管”的基本思路，制定了2025年和2035年分阶段重点目标，在深入推进农业面源污染防治、政策机制、监督管理等方面提出了主要任务，并明确了在我国农业面源污染重点区域开展试点示范工程，对深入打好污染防治攻坚战具有重要的现实意义。

（三）农业面源污染防控的地方治理对策

农业面源污染范围大、程度深、分布广泛，一般具有跨行政区域的特征，如长江经济带横跨我国东、中、西三大区域，覆盖上海、江苏、浙江、安徽、江西、湖北、湖南、重庆、四川、云南、贵州等11个省（市），面积约为205万km^2；淮河流域的面源污染涉及河南、安徽、山东、江苏四省，共35个地（市）151个县。农业面源污染治理的显著特点是以政府为导向的行政推动效应和以市场为导向的自我控制约束效应并存。我国政府分权改革使得地方政府成为相对独立的经济利益主体，在治理农业面源污染方面有着不可替代的决定性作用。

地方政府与中央政府在农业面源污染治理中承担的角色各有侧重，通过中央政府和地方政府职能的转变、权利的分割以及各种手段的综合运用，共同形成治理机制。中央政府的作用主要是负责制定统一的环境保护政策，实施全国范围的环境整治规划，负责跨流域、跨行政区域的大江大河治理，进行全国性的环境保护基础设施建设等。地方政府则是具体负责本区域的污染控制、基础设施建设和环境条件改善等。中央政府制定的各项政策、标准、规划和制度都需要各级地方政府来落实，地方政府则需要付出一定程度的努力来完成中央制定的环保目标（陈红和韩哲英，2009）。当前，我国南方面源污染重点发生省份都实施了相应的环境治理对策，具体情况如表5-7所示。

（四）面源污染防控工作成效与主要措施

围绕农业面源污染整治等问题，农业农村部与相关部门一起，坚持走“高产、

表 5-7 南方面源污染重点发生省份的环境治理对策

省份	现状与问题	治理对策与建议
福建省	1）农田化肥施用量是全国平均的 1.45 倍；闽江流域畜禽养殖污染负荷约占全流域的 60.1%； 2）农药使用量大，土壤农药残留问题严重（陈翠蓉和刘伟平，2016）	1）农业发展与环境污染治理一体化，实现发展与环境保护双赢； 2）制定能够引导农民自觉改变生产行为的经济激励性市场政策； 3）加强源头治理，在过程管控中推行农业清洁生产技术，减少污染排放，以末端治理为辅； 4）完善经济调节政策，以补贴激励生产行为，以市场交易控制总量
浙江省	1）化肥、农药持续减量难度增大，农田污染问题长期存在； 2）畜禽粪污综合利用率达 97%，但关键处理措施有待提高； 3）水产养殖实施生态化改造，由于技术不完善导致污染治理难度大； 4）农村生活污水和垃圾处置与资源化利用任务艰巨（徐萍等，2019）	1）探索建立农业绿色发展的引导政策和生态保护负面清单制度，争取形成项目补助、技术补贴、生态补偿相配套的组合政策； 2）健全农业面源污染防治法律法规体系，尽快制定或完善农业环境监测、耕地质量保护、土壤污染防治法规和制度； 3）建立完善畜禽养殖场户环境准入与退出机制、畜禽养殖污染治理、死亡动物无害化处理、兽药、有机肥、沼液、农膜使用等评价标准； 4）创新政府支持方式，采取以奖代补、先建后补、以工代赈等多种方式，充分发挥政府投资的撬动作用；强化政策性和开发性金融机构引导作用，为农业面源污染防治提供支持
江苏省	1）化肥与农药投入过量对环境污染的影响已不明显； 2）畜禽粪便、秸秆及农膜等包装废弃物成为农业面源污染的主要污染源（郑微微和沈贵银，2018）	1）构建生产投入品减量化技术体系，实现农业污染物源头减量，普及各类节肥、节水、节药等投入品； 2）加大政府政策支持力度，推动循环农业产业链条运转；实现产业链条循环和结构升级与价值提升； 3）构建农业废弃物收储体系，促进循环农业产业化发展，包括秸秆收储体系，畜禽粪便收储中心等； 4）加强产学研合作，促进循环农业产业科技创新；研发推广农业废弃物的清洁收储、高效转化、产品提质、产业增效等新技术； 5）构建产品质量标准体系，规范废弃物资源化利用产品市场
广东省	1）化肥施用量不断增加，平均有效利用率为 40%，农药及农膜的使用量也很大； 2）畜禽养殖场废弃物污染问题突出，成为主要污染源； 3）水产养殖造成水域的污染和富营养化及底泥的富集污染（陈晓屏，2014）	1）完善农业清洁生产的政策引导机制，建立绿色产品和食品监管与激励机制，运用宏观调控手段，对农业清洁生产项目进行扶持； 2）加大农业清洁生产宣传培训和推广力度，开展清洁生产宣传培训，建立农业清洁生产示范区，用成功案例显示清洁生产的优势； 3）建立农业清洁生产技术体系，推广科学施肥技术、无公害农药、节水灌溉技术、农业综合防治技术、立体种养技术等； 4）完善农业清洁生产法律法规保障机制
云南省	1）化肥使用量不断增加，导致土壤质量下降，水体污染严重； 2）地膜使用量及其覆盖面积不断增加，严重影响农村环境； 3）农药施用量不断增加，农药公害问题突出； 4）畜禽粪便污染日益加重，养殖污水处理严重滞后（邱成，2014）	1）大力发展生态农业，合理施用农药、化肥；深入开展无公害农产品、绿色食品和有机食品生产基地建设，推广测土配方施肥等技术； 2）提高农村环境保护的资金投入，加大农村水污染和农业垃圾无害化处理设施的建设步伐，完善人员编制，成立乡镇环保所； 3）加强对农民的教育、培训，提高农民的环保意识；建立健全公众参与制度，发挥非政府组织在农村环境保护中的积极作用； 4）加强农业废弃物的综合利用，开展秸秆肥料化、饲料化综合利用，畜禽粪便资源的综合处理利用

优质、高效、生态、安全”的现代农业发展道路，大力推进农业清洁生产，积极发展循环农业，突出重点环节和重点领域，有针对性地开展农业面源污染防治工

作（曹茸，2012），取得了突出的工作成效，明确了农业面源污染防控的主要措施与对策。

1. 农业面源污染防治的工作成效

在化肥施用方面：自 2005 年开始，中央财政累计投入 57 亿元，推广测土配方施肥技术，目前已基本覆盖全部农业县，推广面积达 12 亿亩。截至 2011 年底，全国累计减少不合理施肥 700 多万 t。从 2006 年开始，国家启动实施了土壤有机质提升补贴项目，鼓励和引导农民增施有机肥，减少施用化肥，改善农业生态环境。

在农药使用方面：一是消减高毒高风险农药。农药登记管理从注重有效性向更加注重安全性转变。登记试验表明对生态环境特别是水资源存在安全隐患的农药，一律不予登记。加强对已登记农药使用的跟踪、安全性评价。从 2011 年开始，在 8 个省（市）开展低毒生物农药示范推广补贴试点，调动农民使用低毒生物农药的积极性。二是推行统防统治、综合防治。为了提高病虫害防控效果、减少农药使用量，农业部制定了《关于推进农作物病虫害专业化防治的意见》（农业部，2008），开展专业化统防统治行动，截至 2011 年底，完成统防统治面积 6.5 亿亩次，全国小麦、水稻等主要粮食作物专业化统防统治覆盖率达 15%。实践证明，实施专业化统防统治可减少农药使用量 20%以上。三是提升科学用药水平。将安全用药知识培训纳入为农民办理的实事之一，逐年加大培训力度。经过多年的努力，目前，我国农产品农药残留监测合格率总体较高，如稻米和水稻达 98%以上，蔬菜和水果也达 95%以上。

在兽用抗菌药物（抗生素）使用方面：近年来，国家制定和实施了一系列兽用抗菌药物（抗生素）的监管措施。一是建立健全法规制度。农业农村部、卫生部、国家药品监督管理局联合发布系列法律条例，包括《饲料和饲料添加剂管理条例》《兽药管理条例》《药品管理法》等。各省（区、市）也加强了规章制度建设和落实工作。二是严格兽药行政审批。严格限制人用抗生素用于动物。农业部每年组织实施兽药残留监控和兽药质量监督抽检计划。同时对残留超标样品实行严格追踪再抽检制度和后续查处工作，加强了残留监管工作。三是制定残留标准。2002 年发布了《动物性食品中兽药最高残留限量》（第 235 号）。截至 2012 年已发布 145 个残留检测方法标准，可检测药物 150 余种。四是推进健康养殖。从环境、饲养管理、饲料、兽药等方面进行标准化的规范管理，减少抗生素的使用。

在畜禽粪便处理方面：针对规模化畜禽养殖带来的污染问题，2006 年推动颁布实施《中华人民共和国畜牧法》，对畜禽养殖场和养殖小区的建设、选址、养殖污染防治设施做出明确规定。2007～2011 年，国家累计投入 142 亿元实施生猪、奶牛标准化规模养殖场（小区）建设项目。大力推动沼气建设，近年来加大了大中型沼气工程、养殖小区联户沼气在沼气总投资中的比例，2011 年达 27.8%。目前，全国沼气用户达 4000 万户，建成养殖场（小区）沼气工程 7.2 万处，年处理粪污 16 亿 t。

在农村生活环境治理方面：农业部门积极开展农村清洁工程示范建设。2005 年以来，农业部在全国 25 个省（区、市）建成农村清洁工程示范村 1400 多个，示范村的生活垃圾、污水、农作物秸秆、人畜粪便处理利用率达 90%以上。

2015 年以来，农业农村部、生态环境部等国家相关部委密集出台了《关于打好农业面源污染防治攻坚战的实施意见》（农科教发〔2015〕1 号）、《农业农村污染治理攻坚战行动计划》（环土壤〔2018〕143 号）、《重点流域农业面源污染综合治理示范工程建设规划（2016—2020 年）》等一系列规划和文件，坚持把绿色发展摆上突出位置，加快转变农业发展方式，打响了农业面源污染防治攻坚战，实施了农业绿色发展五大行动。截至 2020 年底，我国化肥、农药使用量连续 4 年负增长，化肥农药减量增效已顺利实现预期目标，2020 年我国水稻、小麦、玉米三大粮食作物化肥利用率为 40.2%，比 2015 年提高 5 个百分点；农药利用率为 40.6%，比 2015 年提高 4 个百分点。第二次全国污染源普查公报表明，我国农业源化学需氧量、总氮、总磷等水污染物排放量均较 2007 年明显下降，农业面源污染防控成绩显著（刘宏斌，2021）。

2. 农业面源污染防治的主要措施

1）重点推广农业清洁生产技术。农业清洁生产是预防农业面源污染的有效生产方式，既能预防污染，又能降低农业生产成本。公益性行业（农业）科研专项、国家水体污染控制与治理科技重大专项等科研项目也专门围绕农业面源污染防治进行了研究示范，取得了一批可复制、可推广的防治技术。制定农业清洁生产技术清单的基础已经具备。①测土配方施肥技术。中国农业大学研究团队分析，2004～2013 年，我国粮食增产了 28.2%，同期我国化肥用量增长了 27.5%，这是自 20 世纪 60 年代我国开始大范围施用化肥以来，粮食增产速度首次跑赢肥料增长速度。②农药统防统治技术。农业部已在全国设立了 106 个国家级绿色防控示范区，累计推行专业化统防统治 12 亿余亩次，小麦、水稻重大病虫害统防统治覆盖率达 25%左右，项目区农药使用量降低 15%～25%。③秸秆综合利用技术。2013 年全国秸秆总产量为 9.64 亿 t，可收集资源量为 8.19 亿 t，秸秆利用量约为 6.22 亿 t，综合利用率达 76%，其中肥料化、饲料化、能源燃料化、原料化、基料化分别占 29%、27%、13%、4%和 3%。

2）支持发展农业循环经济。现代生态农业的目标是适度投入、较高产出、较低排放、更多循环、极小污染。实现这个目标，需要做好三个大循环。一是农业生产循环。主要是农业系统内部的养分、要素循环，如扶持补贴种养循环的农业生产模式，扶持补贴畜禽粪污、秸秆废弃物还田或加工成有机肥还田的养分循环模式等。二是产业循环。树立系统推动农业产业与其他经济产业大循环理念。石化产业（如化肥、农药、地膜等）不能只把农业、农村作为销售市场，还应加大农业投入品回收与综合利用，包括农药包装物的回收利用、地膜残膜回收利用等。应积极开展技术创新，鼓励研发生产以农作物秸秆、淀粉为原料的全生物降解塑料制品，如全生物降解地膜、降解塑料包装物等，形成产业之间的物质循环。三是生态系统循环。要加强农田生态价值评估体系建设。征用农业用地，不能仅计算其地面作物产出的经济价值，还要充分考虑其生态服务功能价值损失、农户就业社会价值的影响等。

3）提升农业面源污染监测预警。截至 2015 年，农业部门在全国设置了农田面源污染氮、磷流失监测点 273 个，地膜残膜监测点 210 个，畜禽粪污监测点 25 个。相对于我国广大农业生产区域来讲，监测体系还比较薄弱。应通过物联网技术、信息技术的支持，尽快实现动态监测，目标是形成半年或季度监测数据报告。监测内容也需要进一步拓展，要把农药残留监测、生态系统监测纳入监测内容中。监测方法也应进一步提升，从田块指标向流域指标发展，建立符合区域土壤、气候、水文特点的估算模型。在监测布局上，在坚持点面结合、面上扩点的同时，还应以流域或完整独立生态系统为核心建立监测区，系统监测农业面源污染相关因子以及分析生态系统影响等。

4）推进农业资源环境休养生息。农业资源环境休养生息的空间是具备的。根据国家粮食和物资储备局发布的调查，全国粮食在收割、储藏、运输、加工等环节的损失浪费每年达 350 亿 kg 以上。据估算，我国每年餐桌浪费食物价值达到了 2000 亿元，每年粮食损失浪费量大约相当于 2 亿亩耕地产量，比第一产粮大省黑龙江省一年的产量还要多。每节约 100kg 粮食就相当于减少了 4kg 化肥、0.02kg 农药、0.07kg 地膜的投入，减少了面源污染的压力。此外，应加大农业生态补偿政策和农业资源环境补贴政策制定实施力度，鼓励蔬菜、果品生产，减少化肥、农药投入，在重点流域、生态脆弱地区开展适度休养生息。实施农田等级管理制度，切实保护好优质农田，有重点地治理污染农田，基本农田可采取逐年、分批、少量的休养或绿肥轮作等（毕海滨，2015）。

（五）面源污染防治的主要技术措施

农村面源污染因其排放路径的随机性、排放区域的广泛性以及排放量大且面广等特征，其治理要取得实效，必须实施基于“源头减量（reduce）、过程阻断（retain）、养分再利用（reuse）和生态修复（restore）”（4R）这样一种完整的技术体系链。本研究重点总结种植业面源污染防控技术模式，畜牧业面源污染防控、水产养殖及农村生活方面的面源污染防控技术不作详细论述（施卫明等，2013）。

1. 种植业污染源头控制技术

主要是通过化肥减施增效技术、病虫害绿色防治等措施从源头减少农药、化肥使用，从而减少污染物的产生量。我国目前大力推广的化肥减施六大关键技术包括：平衡施肥技术、有机肥替代技术、秸秆还田技术、新型肥料技术、肥料机械深施技术、水肥一体化技术。不同区域选择不同的技术模式，具体选择如下。

东北地区施肥原则是控氮、减磷、稳钾，补充锌、硼、铁、钼等微量元素。主要措施为结合深松整地和保护性耕作，加大秸秆还田力度，增施有机肥；适宜区域实行大豆、玉米合理轮作，在大豆、花生等作物上推广根瘤菌；干旱地区种植玉米推广高效缓释肥料和水肥一体化技术。

华北地区施肥原则是减氮、控磷、稳钾，补充硫、锌、铁、锰、硼等中微量元素。主要措施为周期性深耕深松和保护性耕作，实施小麦、玉米秸秆还田，推广配方肥、增施有机肥，推广玉米种肥同播，棉花机械追肥，注重小麦水肥耦合，推广氮肥后移技术；蔬菜、果树注重有机肥和无机肥配合，有效控制氮、磷肥用量；设施农业应用秸秆和调理剂等改良盐渍化土壤，推广水肥一体化技术。

长江中下游地区施肥原则是减氮、控磷、稳钾，配合施用硫、锌、硼等中微量元素肥料。主要措施为推广秸秆还田技术，推广配方肥、增施有机肥，恢复发展冬闲田绿肥，推广果茶园绿肥；利用钙镁磷肥、石灰、硅钙等碱性调理剂改良酸化土壤，高效经济园艺作物中推广水肥一体化技术（周卫，2017）。

2. 种植业面源污染中途拦截技术

主要增加污染物在陆地的停留时间和路线，对污染物中的氮、磷养分进行回用处理，减少其向水体的迁移，有效降低面源污染对水体环境的影响。目前，国内较为成熟的生态拦截技术包括：生态拦截沟渠技术、稻田消纳技术、近河道端的生态丁型潜坝拦截技术、前置库技术、缓冲带等其他拦截技术。无论采用何种生态拦截技术，都不能完全拦截去除掉所有污染物。为了进一步加强面源污染拦截净化效果，可采取多种技术组合应用，并与源头减量技术、养分回用技术等有效串联，最终实现农村面源污染的最大化去除。

3. 种植业面源污染末端治理技术

种植业面源污染末端治理技术主要有人工湿地建设和生态浮床技术。人工湿地建设是利用生态工程的方法，在一定的填料上种植特定的湿地植物，建立起一个人工湿地生态系统，当水通过系统时，其中的污染物质和营养物质被系统吸收或分解，使水质得到净化。生态浮床技术利用无土栽培技术，利用大型水生植物能够对氮、磷吸收的特点，能够很好地对悬浮物质进行吸附，植物根系能够富集重金属元素和有机污染物。

4. 畜禽养殖粪便污水处理技术

畜禽养殖粪便污水处理技术主要包括以下 3 个方面。

1）堆积自然发酵处理法。在处理固形粪便过程中，往往会使用传统的厌氧堆肥发酵法，也就是说在无氧的环境下，基于对厌氧微生物的有效利用，分解有机质。在处理液体畜禽粪便污水过程中，所采用的方式为：在氧化塘自然发酵基础上进行还田应用。这种方式在小规模的家庭散户养殖中比较适用，大规模养殖业则并不适用。

2）垫料异位发酵床处理法。该处理法中需要制作有机垫料，在制作过程中主要使用的材料为发酵菌种以及粉碎的秸秆木屑等，通过混合实现有机垫料的制作，在此基础上对其中的微生物进行利用，分解粪便，确保有机肥的形成，进而还田应用。采用该方法处理畜禽粪便时，臭味不能被有效消除。所以此类处理法较适用于中、小型养殖场。

3）加工有机肥。在生产有机肥的过程中，好氧堆肥发酵为主要采用的方式。也就是在有氧环境下，通过对好氧微生物加以利用，使粪便中的有机物水平达到稳定。在进行堆肥时，可以对碳氧比进行调节，并且在控制堆温和通风等条件的基础上，积极应用具有吸附性的载体等技术达到除臭的目的。该处理法较适用于大型规模化养殖场（中国污水处理工程网，2020）。

5. 畜禽养殖废弃物资源化利用环节

1）科学规划，优化布局。依据土地利用规划，做好用地论证和布局，以现有土地确定畜禽养殖的规模。基于环境保护要求、土地承载能力，科学确定区域适宜的养殖规模，适度养殖，确保优势互补和协调发展产业布局的良好形成。

2）健康养殖，清洁生产。进行绿色种植、绿色饲料加工、养殖环境保护、疾病绿色防治、肉产品绿色加工、运输等畜禽养、加、运、销，为社会提供“清洁畜禽产品”。严格控制兽药、抗生素等有害物质的滥用及污染，积极开发与推广应用低毒、低残留新型饲料添加剂，重视中草药等研发与应用。

3）循环利用，防控污染。通过建设生态工程，充分利用物质资源，以及生态系统中物质与能量多层次循环利用技术、生物种间时空立体分布和食物链间资源利用技术，提高生产效率，以沼气综合利用为纽带，发展农户养、种、加产业相结合的多种立体生态农业模式。以科学发展观为指导，因地制宜，将畜禽养殖与种植业按比例同步协调发展，建设良性生态循环农业，走绿色发展之路，把畜禽粪尿变害为利、变废为宝。

4）保护环境，持续发展。解决畜禽粪便污染问题的根本出路是坚持循环农业发展的思想，发展生态型畜牧养殖，促进生态环境健康发展；强化广大养殖户的环保意识，加强宣传和交易，珍惜与保护人类赖以生存的环境（田志梅等，2018；翁伯琦等，2010）。

第四节　农业绿色生产技术范式与政策体系

我国已经进入农业现代化发展的新阶段，生态环境的硬约束使得农业必须走低碳、环保、生态的绿色发展道路。如何在转变农业发展方式上寻求新突破，在提高农业内生动力上挖掘新潜力，在促进农民增收上获得新成效，在资源保护利用中实现永续发展，成为新时期“三农”工作的重中之重。在国家循环农业全新发展理念指导下，从大产业、大生态、大农业、大循环的角度全方位改革，实现农业全产业链的转型升级；从资源循环利用、技术手段创新、产业结构优化、组织方式创新等方面，推动传统农业生产模式发生深刻变革。各地针对区域生态环境问题，加快建立与推广环境综合治理及产业链延伸技术范式，在农产品提供区，大力推进以循环农业和休闲农业为重点的农业现代化发展模式，逐步实现农业产业的转型升级；在生态功能区，着力实施水土流失治理及土地荒漠化治理技术，促进生态脆弱区的资源保护和产业发展。与此同时，建立形成了完善的以环境治理保护为目标的农业绿色生产技术模式政策体系。政策制度体系的建立将有效引导农业绿色生产技术的推广应用，为确保农产品产地环境和产品质量安全构筑坚实有力的政策屏障。

一、循环农业产业模式与支持政策

（一）循环农业内涵与特征

循环农业是一种全新的理念和策略，是针对人口、资源、环境相互协调发展的农业经济增长新方式，其核心是运用可持续发展思想、循环经济理论与产业链延伸理念，通过农业技术创新和组织方式变革，调整和优化农业生态系统内部结构及产业结构，延长产业链条，提高农业系统物质能量的多级循环利用，综合开发利用农业生物质能资源，利用生产中每一个物质环节，倡导清洁生产和节约消费，严格控制外部有害物质的投入和农业废弃物的产生，有效减轻环境污染和生态破坏，同时实现农业生产各个环节的价值增值和生活环境优美，使农业生产和生活真正纳入农业生态系统循环中，实现生态的良性循环与农村建设的和谐发展。

循环农业强调农业产业间的协调发展和共生耦合，调整产业之间的相互联系和相互作用方式，构建合理有序的农业产业链，以实现农业在社会经济建设中的多种功能。循环农业模式是在先进的农业生产经营组织方式下，由新型的农业生产过程技术范式、优化的农业产业组合形式构成的，集安全、节能、低耗、环保、高效等特征于一体的现代化农业生产经营活动的总称（周颖等，2008）。循环农业主要特征包括以下 4 个方面。

1）循环农业是一种与环境和谐的农业经济发展模式。循环农业要求经济活动按照“投入品→产出品→废弃物→再生产→新产出品”的反馈式流程组织运行；强调在生产链条的输入端尽量减少自然资源与辅助能的投入，中间环节尽量减少自然资源消耗，输出端尽量减少生产废弃物的排放，从而真正实现源头预防和全过程治理。

2）循环农业是一种资源节约与高效利用型的农业经济增长方式。循环农业把传统的依赖农业资源消耗的线性增长方式转换为依靠生态型农业资源循环来发展的增长方式。提高水资源、土地资源、生物资源的利用效率，开发有机废弃物再生利用的新途径，探索微生物促进资源循环利用的新方法。运用农业高新技术及先进的适用技术，最大限度地释放资源潜力，减轻资源需求压力。

3）循环农业是一种产业链延伸型的农业空间拓展路径。循环农业实行全过程的清洁生产，使上一环节的废弃物作为下一环节的投入品，在产品深加工和资源化处理的过程中延长产业链条，通过循环农业产业体系内部各要素间的协同作用和共生耦合关系，建立起比较完整、闭合的产业网络，全面提高农业生产效益及农业可持续发展能力。

4）循环农业是建设循环型与环境友好型新农村社区的新理念。循环农业遏制农业污染和生态破坏，在全社会倡导资源节约的增长方式和健康文明的消费模式，使农业生产和生活真正纳入农业生态系统循环中，实现生态的良性循环与农村建设的和谐发展。最终形成资源、产品、消费品与废弃物之间的转化和协调互动，合理布局、优化升级农村产业，构建农村区域人民共同参与的循环农业经济体系。

（二）循环农业产业路径流程

运用生态学结构与功能关系的原理可知：系统结构是系统功能的基础。只有组建合理的生态系统结构，才能获得较强的系统整体功能。生态系统功能的强弱可以作为检验结构合理与否的尺度。人们控制与管理农业生态系统，使其产生更多更强的服务功能，有多条途径（如通过食物链加环和解链实现对生态系统的管理）。循环农业的发展模式被认为是一条比较合理和优化的发展途径。本研究从循环农业系统内部物质的流动方式和流动特点入手，分析循环农业系统的结构，对农业产业链条的循环路径规律进行初步探索（周颖等，2012）。

1. 循环农业系统的产业链条

从农业产业系统的结构入手，分析种植业→养殖业→农产品加工业→生物质产业→种植业的纵向闭合产业链条的结构及各产业部门之间的关系，如

图 5-3 所示。

由图 5-3 可得出以下 3 点认识。

首先，从整体来看，一个完整的农业循环经济系统通常包括 4 个基本子系统，分别是种植业子系统、养殖业子系统、农产品加工业子系统和生物质产业子系统。从局部来看，根据各地不同的区位特点、资源优势及生产方式，农业循环经济系统可划分为两个类型，分别包括 3 个子系统：一是种植业子系统、农产品加工业子系统和生物质产业子系统，二是养殖业子系统、农产品加工业子系统和生物质产业子系统。

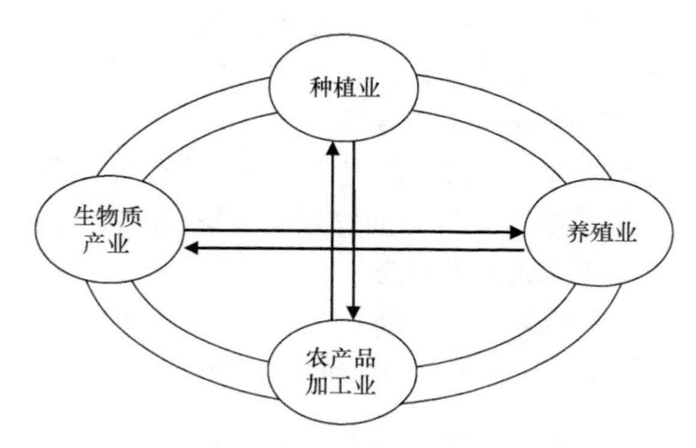

图 5-3　循环农业产业系统结构及物质循环路径图

其次，各个子系统即农业产业链条中的各环节，通过动力机制联系在一起，形成完整的横向耦合与纵向闭合的循环链条。其中农产品加工业和生物质产业是构建一个循环农业经济系统的必需要素和使链条正常运转的决定因子。产业链中所包含的生产环节越多，它所能够提供消费的产品就越多，价值的增值幅度也就越大。

最后，在上述循环农业系统基本结构及各产业之间资源循环路径图中，产业链条各环节即各系统之间是通过物质循环联系在一起的，物质是有形的东西，人们通过物质的生产来获取能量和价值收益。这里所谓的物质包括两层含义：其一是被人们普遍认为具有价值和使用价值的农产品；其二是被人们过去认为不具有利用价值的农业废弃物。无论是农产品还是农业废弃物，都是在农业生产活动过程中产生的，它们相伴而生。单纯地考虑有用资源而忽视废弃物资源，不是一种可持续发展的行为，也与国家提倡的建立节约型农业的思想不吻合。因此，如何使两类物质在农业生产系统内得到最合理的循环利用，以达到环境友好、价值增值的目的是循环农业追求的目标。

2. 物质循环路径及系统流程

根据物质流动方向和资源产品链的构成不同，农业产业链内物质循环通常包括两条不同方向的循环路径（图 5-4）：一条是农业生产过程中农产品的外循环路径，在图中用黑色线条表示；另一条是可再生资源的内循环路径，在图中用灰色线条表示。这两个循环过程就像生物体血液的全身大循环和肺部小循环一样：大循环完成由动脉血到静脉血的转化，而小循环则完成由静脉血到动脉血的转化。以此类推，外循环完成农业经济系统由生产到消费过程的转化，实现了农业资源的节约利用模式；内循环完成了废弃物资源再生产和再利用过程的转化，实现了农业废弃物的资源化利用模式。表 5-8 概括了两种循环路径的基本特征。

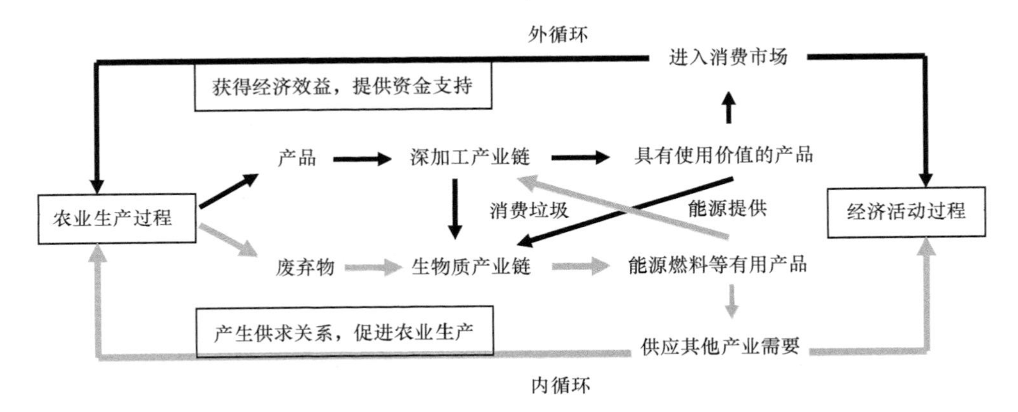

图 5-4　循环农业闭路循环路径及产品链流程

表 5-8　循环农业系统外循环与内循环路径基本特征

循环路径	循环方向	物质循环特点	关键节点	模式类型
外循环	顺时针	完成由原料到产品的转化，实现价值的增值。农产品加工业在原料上以作物果实、植物纤维、畜禽肉体等为主，加工产品以食品、药品、农副产品加工品为主	农产品加工业	农业资源的节约利用模式
内循环	逆时针	完成由废弃物资源到能源的转化，实现资源的再生利用和能源节约、环保。生物质产业在原料上以非食用性的木质纤维素和畜禽粪便为主，产品以能源、材料、生物化工产品为主	生物质产业	农业废弃物的资源化利用模式

（三）循环农业产业模式类型

循环农业是一种与环境和谐的农业经济发展模式；是一种资源节约与高效利用型的农业经济增长方式；是一种产业链延伸型的农业空间拓展路径；更是建设循环型与环境友好型新农村社区的新理念。目前，国内大力推广的比较成功的循环农业模式如下（刘荣章等，2006；董其昌等，2019）。

一是以畜禽粪便为纽带的循环农业模式，围绕畜禽粪便燃料、肥料化综合利用，应用畜禽粪便沼气工程技术、畜禽粪便高温好氧堆肥技术，配套设施农业生产技术、畜禽标准化生态养殖技术、特色林果种植技术，构建“畜禽粪便—沼气工程—燃料—农户”“畜禽粪便—沼气工程—沼渣、沼液—果（菜）”“畜禽粪便—有机肥—果（菜）”产业链。二是以秸秆为纽带的农业循环经济模式，即围绕秸秆饲料、燃料、基料化综合利用，构建“秸秆—基料—食用菌”“秸秆—成型燃料—燃料—农户”“秸秆—青贮饲料—养殖业”产业链。三是以种植业、养殖业、加工业为核心的种、养、加功能复合循环农业经济模式。采用清洁生产方式，实现农业规模化生产、加工增值和副产品综合利用。通过该模式的实施，可有效整合种植、养殖、加工优势资源，实现产业集群发展。四是立体复合循环农业模式，以蚕桑业、种植业、养殖业为核心的丘陵山地立体复合循环农业经济模式，该模式可有效缓解该地区水、土资源短缺问题。五是创意农业循环经济模式，以农业资源为基础，以文化为灵魂，以创意为手段，以产业融合为路径，通过农业与文化的融合、产品与艺术的结合、生产与生活的结合，将第一产业业态升华为一二三产业高度融合的新型业态。

（四）循环农业产业发展扶持政策

1. 循环农业发展的顶层设计

发展生态循环农业是农业绿色发展的必然要求。党中央、国务院高度重视农业绿色发展，完善循环农业发展的顶层设计。2013 年，国家编制了《循环经济发展战略及近期行动计划》（国发〔2013〕5 号），对发展循环经济做出战略规划，对今后一个时期的工作进行具体部署（国务院，2013）。2017 年，中共中央办公厅、国务院办公厅印发了《关于创新体制机制推进农业绿色发展的意见》，指出要建立农业绿色循环低碳生产制度、农业资源环境管控制度和贫困地区农业绿色开发机制等，为农业绿色生态转型构建了制度框架（中共中央办公厅和国务院办公厅，2017）。近年来，农业农村部会同国家发展改革委、财政部、生态环境部等部门，深入贯彻落实习近平生态文明思想，坚持新发展理念，科学认识和推进农业绿色发展，制定并颁布了一系列重要的政策、制度和规程。全国各地积极响应国家的号召，加快推进区域内农业供给侧结构性改革、调整优化农业产业结构、转变农业发展方式、改善农业生态环境、提升农产品品质，各省尤其是农业大省也纷纷发布了生态循环农业发展政策。

2. 循环农业产业化体系建设

近年来，农业农村部会同相关部门加强政策指导、加大支持力度，着力从主体培育、科技支撑、产业构建、资源开发入手，推进绿色生态循环农业产业化发展。一是培育生态经营主体。2014～2019 年，农业农村部在全国创建现代生态农业示范基地，共培训生态农业技术推广人员 4 万余人次，培训生态农业主体 1000 余家，凝练出六大区域生态循环农业建设模式，壮大了一批以生态农业为主导的家庭农场、农民合作社和农业产业化龙头企业。二是强化绿色科技支撑。农业农村部不断优化农业科技资源布局，加强农业绿色发展基础研究，推动成立畜禽养殖废弃物、化肥减量增效、乡村环境治理等科技创新联盟，深化产学研企联合攻关，着力解决绿色生态发展技术瓶颈问题。农业农村部印发《农业绿色发展技术导则（2018—2030 年）》（农科教发〔2018〕3 号），发布重大引领性农业绿色环保技术，遴选推介 100 项优质安全、节本高效、生态友好的主推技术，着力构建支撑农业绿色发展的技术体系。三是加强产业生态建设。农业农村部会同国家发展改革委、科技部等七部门，评估确定了 80 个国家农业可持续发展示范区（农业绿色发展先行区）。四是开发绿色生态资源。农业农村部积极引导各地顺应消费结构升级新需求，充分挖掘乡村生态涵养、健康养生等方面的功能和资源，形成“农业+”多业态发展态势。通过实施乡村休闲旅游精品工程，推介中国美丽休闲乡村和中国美丽乡村休闲旅游精品景点线路等，挖掘各地绿色生态发展的典型经验，示范带动各地发展现代绿色生态农业。截至 2020 年底，全国累计推介中国美丽休闲乡村 1216 个（农业农村部乡村产业发展司，2020）。

3. 绿色生态循环农业产业化政策支持

农业农村部会同相关部门，加大政策扶持力度，强化绿色引领，大力发展乡村产业，促进乡村产业振兴。一是支持优势生态产业发展。2017 年以来，农业农村部会同财政部立足区域优势资源，累计安排中央财政资金超过 300 亿元，支持建设优势特色产业集群、国家现代农业产业园和农业产业强镇，建设标准化绿色原料基地，推进绿色质量标准体系构建，打造了一批在全国乃至全球有影响力的绿色生态乡村产业发展集群，对周边生态产业发展起到示范引领作用。中国农业发展银行切实加大对各类涉农园区和农村一二三产业融合发展的支持力度，有力助推了乡村全面振兴和城乡融合发展。截至 2021 年 4 月，共支持各类涉农园区项目 300 个，贷款余额 694.58 亿元。二是支持规模生态循环种植区高标准农田建设。2019 年和 2020 年，中央财政分别安排资金约 860 亿元和 867 亿元，支持全国每年新增 8000 万亩高标准农田建设任务。2018～2020 年，中央财政每年安排专项转移支付资金 8 亿元，支持内蒙古、辽宁、吉林、黑龙江四省（区）实施东北黑土地地保护利用项目。三是支持畜禽粪污资源化利用。农业农村部会同有关部门加强政策支持、技术指导，“十三五”期间累计支持 723 个县整县推进畜禽粪污资源化利用，实现了 585 个畜牧大县全覆盖。农业农村部办公厅和生态环境部办公厅联合印发《关于进一步明确畜禽粪污还田利用要求 强化养殖污染监管的通知》，明确畜禽粪污根据不同排放去向或利用方式应执行的标准规范，鼓励养殖场户采取粪肥还田、制取沼气等方式持续推进畜禽粪污资源化利用。2020 年全国畜禽粪污综合利用率达 75%以上，规模养殖场粪污处理设施装备配套率达 95%以上，13.3 万家大型规模养殖场设施装备全部配套到位，有力推动了绿色生态循环农业发展（农业农村部乡村产业发展司，2020）。

二、休闲农业产业模式与支持政策

（一）休闲农业的科学内涵

休闲农业的内涵从广义上理解主要是指农业旅游业及由农业旅游业所衍生出的一系列服务业、餐饮业及销售业等相关产业。国内外理论界对于休闲农业的概念理解不尽相同，然而有一点达成了共识，即休闲农业所涉及的范围并不仅仅局限于农村进行的传统意义的生产农业，而是更大范围上的农业。休闲农业的科学内涵表现在以下 3 个方面。

1. 休闲农业以农业产业为基础，是产业发展的新业态

休闲农业必须以农业第一、第二产业为基础，所谓第一产业就是我们通常所说的大农业，包括种植业、畜牧业、水产业和林业，第二产业主要是指农产品加工业。休闲农业产生之初，传统的农业第一、第二产业单纯追求农业产业的生产经济价值，而忽视了农业产业特有的生态服务价值，没有能够充分发挥农村田园景观、自然生态及环境资源的优势，导致农业经济发展增长缓慢。随着休闲农业的发展和成长，所有与农业和农村相关的环境、景观、生态、场地、空间、产品及文化资源都被有效地发掘和利用；围绕着休憩、度假、观光和娱乐等服务主题，在农业旅游市场的开发和经营中，激活了农业第一、第二产业，使农村经济发展彰显新的亮点，焕发新的活力。休闲农业把农村的一二三产业有机结合起来，即把农业生产、农产品加工和农村服务业紧密联结在一起，形成了一种新型都市型现代农业产业形态（刘荣章等，2006）。

2. 休闲农业以增加收入为目标，是农民致富的新途径

休闲农业之所以能够在国际社会蓬勃兴起，成为农业和旅游业相结合的一种新型的交叉型产业，以及一种高效的现代农业模式，其原因是休闲农业能够创造更高的经济收益和社会价值，能够促进农村劳动力转移就业，增加农民收入，使农民致富。我国的休闲农业发展尽管处于初级阶段，然而休闲农业和乡村旅游已经成为带动农民就业增收和产业脱贫的重要途径。发展休闲农业，能够使农业生

产实现物化产品和精神产品双重增值，有效增加农业经营性收入；能够延长农业产业链条，扩大就业容量，有效增加农民工资性收入；能够把农家庭院变成市民休闲的“农家乐园”和可住可租的旅店，有效增加农民的财产性收入；能够把农业产区变成居民亲近自然、享受田园风光的景区，保障农民收入“四季不断”。大力发展休闲农业和乡村旅游，形成产业支撑，建立帮扶机制，实现利益分享，可以走出一条产业脱贫的路子（农业部，2016a）。

3. 休闲农业以服务城乡为重点，是乡村振兴的新载体

随着我国《乡村振兴战略规划（2018－2022 年）》的正式发布，农村经济发展迎来重大战略机遇和挑战。在国家发展壮大乡村产业、建设生态宜居的美丽乡村、繁荣发展乡村文化的战略背景下，休闲农业不仅是实现城乡融合发展之路及绿色发展之路的重要载体，也是弘扬农耕文化之路的必然选择。在城市与乡村的融合发展中，一方面农村居民改变传统粗放的经营模式，科学经营与管理粮、油、菜、肉、果等生产和加工园区，精心设计与规划观光体验项目和休闲娱乐空间，创新性地构建集农作物种植和管理、生产与经营于一体的综合经营模式和集约型经营模式。农村生产经营模式的转变，一方面提高了经济效益，使得综合效益显著提升；另一方面城市居民体验和参与农村旅游活动，可以把现代城市先进的文化、意识、知识等信息辐射到农村，旅游者简单的观光活动将有利于促进农业生产者封闭保守思想的改变，接受现代化意识观念和生活习俗，形成商品及市场意识（骆高远，2016；中共中央和国务院，2018）。

（二）休闲农业的主要业态与类型

从大农业的视角分析休闲农业的发展内涵，其主旨是实现 3 个方面的融合创新：一是实现一二三产业的融合创新，将种养业、加工业与服务业融合，形成体验经济，通过多元化经营，实现农业产业链延伸，提高农业的附加值；二是实现“农、旅、文”3 种产业业态的融合创新，以农业产业为基础，以休闲旅游为手段，以文化产业为灵魂，打造全新的特色综合业态——田园综合体和农业综合体；三是乡村意境与审美体验的融合创新，以乡村意境寄托乡情、乡愁，以审美体验满足市场竞争，通过新乡土风情旅游产品的打造实现休闲农业的转型升级。

由于休闲农业产业链条由种植业、畜牧业、林业、渔业、农产品加工业、农业服务业等 6 个产业部门构成，农产品加工业和农业服务业是农业产业链的必经节点及必要环节；结合当前全国各地开展休闲农业模式的实践经验，本研究认为休闲农业的主要业态可以分为两大类型，即以主导产业为链核的功能型休闲农业及以技术创新为特色的综合型休闲农业，具体又分为 7 个主要形态。

1. 以主导产业为链核的功能型休闲农业

1）休闲种植业。休闲种植业是指具有观光休闲功能的现代化种植业。它以现代农业示范园区为依托，利用现代农业技术，开发具有较高观赏价值的作物品种园地，或者利用现代化农业栽培手段，向游客展示最新成果，向人们宣传与推广农作物栽培、管理、保护等科学知识的一种产业形态。例如，引进优质蔬菜、绿色食品、高产瓜果、观赏花卉作物，组建多姿多彩的农业观光园、自摘果园、农俗园、农果品尝中心、科普教育园等（周颖，2018）。

2）休闲林业。休闲林业是指开发和利用人工森林与自然森林所具有的多种旅游功能和观光价值，将与林业相关的一产（植树育林护林）、二产（木材加工、食品加工、手工艺品）、三产（观光度假、绿色餐饮、康养健身、文娱体育、科普研究等）相融合，提高森林资源的生态服务价值和游憩娱乐价值，为游客观光、野营、探险、避暑、科考、森林浴等提供空间场所的现代林业经济产业形态（王兴斌，2018）。

3）休闲农牧业。休闲农牧业是利用农牧业景观资源和农牧业生产条件，发展观光、休闲、旅游的一种新型农牧业生产经营形态，也是深度开发农牧业资源潜力、调整农牧业结构、改善农牧业环境、增加农牧民收入的新途径。休闲农牧业是农牧业和旅游业相结合的一种新型交叉型产业（周颖，2018）。

4）休闲渔业。休闲渔业就是利用渔村设备、渔村空间、渔业生产的场地、渔法渔具、渔业产品、渔业经营活动、自然生物、渔业自然环境及渔村人文资源，经过规划设计，以发挥渔业与渔村休闲旅游功能，提高人们对渔村与渔业的体验，提升旅游品质，并且提高渔民收益，促进渔村发展。简单地说，休闲渔业就是利用人们的休闲时间、空间来充实渔业的内容和发展空间的产业（李碧翔，2018）。

综上所述，以种植业、林业、畜牧业、渔业为链核的休闲农业产业业态包括休闲种植业、休闲林业、休闲农牧业和休闲渔业 4 种，每种业态将依托当地农业产业基地及现代农业示范园区，开展旅游产品设计以发挥产业多功能性。

2. 以技术创新为特色的综合型休闲农业

1）会展农业。会展农业是会展业向农业拓展与都市农业相互融合而形成的新兴业态，是文化创意产业与农业融合的重要类型之一，包括与农业和农产品相关的各种会议、论坛、博览会、交易会、节庆活动等。会展农业是现代农业的高端产业形态，是农业发展到一定阶段的必然产物，除了具有农产品展览展示和交易功能外，还常兼具吃、玩、赏、教等多项功能，在现代农业发展中发挥着越来越明显的作用（包仁艳和罗昊澍，2015）。

2）创意农业。创意农业起源于 20 世纪 90 年代后期，由于农业技术的创新发展，以及农业功能的拓展，观光农业、休闲农业、精致农业和生态农业等相继发展起来，人们借助创意产业的思维逻辑和发展理念，有效地将科技和人文要素融入农业生产，进一步拓展农业功能，整合相关资源，把传统农业发展为融生产、生活、生态为一体的现代农业，从而创造财富和增加就业机会（梁文卓等，2017）。

3）智慧农业。智慧农业就是将物联网技术运用到传统农业中，运用传感器和软件通过移动平台或者计算机平台对农业生产进行控制，使传统农业更具有“智慧”。除了精准感知、控制与决策管理外，从广泛意义上讲，智慧农业还包括农业电子商务、食品溯源防伪、农业休闲旅游、农业信息服务等方面的内容。智慧农业是农业中的智慧经济或智慧经济形态在农业中的具体表现（廖小平，2018）。

（三）休闲农业产业发展支持政策

2018年9月26日中共中央、国务院印发《乡村振兴战略规划》（2018—2022年），（以下简称《规划》），《规划》中有4个篇章的内容直接设计休闲农业发展问题（表5-9），国家顶层设计、全面部署休闲农业的发展方向和发展道路，成为指导休闲农业与乡村旅游发展的纲领性文件（中共中央和国务院，2018）。

表5-9　《乡村振兴战略规划》涉及休闲农业的政策部署

篇章	题目	政策内容
第三篇	构建乡村振兴新格局	分类推进乡村发展，建设宜居宜业的美丽村庄。鼓励发挥自身比较优势，强化主导产业支撑，支持农业、工贸、休闲服务等专业化村庄发展；合理利用村庄特色资源，发展乡村旅游和特色产业
第五篇	发展壮大乡村产业	结合各地资源禀赋，深入发掘农业农村的生态涵养、休闲观光、文化体验、健康养老等多种功能和多重价值；实施休闲农业和乡村旅游精品工程，发展乡村共享经济等新业态；拓展农业多种功能、发展农业新型业态等多模式融合发展
第六篇	建设生态宜居的美丽乡村	大力发展生态旅游、生态种养等产业，打造乡村生态产业链。在坚持节约集约用地的前提下，利用1%～3%治理面积从事旅游、康养、体育、设施农业等产业开发
第七篇	繁荣发展乡村文化	实施农耕文化传承保护工程，紧密结合特色小镇、美丽乡村建设，深入挖掘乡村特色文化符号，盘活地方和民族特色文化资源，走特色化、差异化发展之路。推动文化、旅游与其他产业深度融合、创新发展

我国新一轮农村经济改革进入攻坚期和深水区的关键时期，要拉动农村经济发展，实现乡村振兴战略，就必须有人才、资金、技术的流入。国家大力支持休闲农业的发展，对于励志农村创业的新农民来说，做休闲农业无疑是最优道路选择。近年来，为了能让更多的人才回流农村，各地方政府也纷纷出台了休闲农业的支持政策，包括土地政策优惠、资金补贴红利、基础配套设施、技术支持等多

种形式。这些政策的出台和实施，不仅为休闲农业旅游产品的稳定发展提供了启动资金和成本，也为农民提供了稳定的增收来源。

新时期，国家将农业供给侧结构性改革作为转化农业、农村、农民“三农”发展动能的主要抓手，进行了很多方面的改革尝试。在现代农业“提质升级”方面，大力推动休闲农业产业发展，实现一二三产业深度融合。休闲农业将农业产业与农业旅游有机结合，构建城乡互动的双赢发展平台，实现了农业生产从物化产品为主到物化产品与精神产品并重的转变；休闲农业使建设美丽乡村落实到以农业产业为主导和改善人居环境的实践层面，实现了文明传承与效益共生的根本转变。休闲农业涉及生产、生活、生态与生命的方方面面，横联一二三产业的集聚性，引起国家和各级政府对这一新兴产业的高度重视。2017 年以来，国家相继出台一系列重大补贴政策以支持田园综合体、特色小镇及休闲农业示范园区的发展，为休闲农业的转型升级开创了极为有利的政策与市场环境，促进了休闲农业的跨越式发展。

根据 2019 年、2020 年中央一号文件精神，涉农项目补贴更加强调“精准性”和“实效性”，补贴项目类型紧密结合以全面解决“三农”问题为中心的生产发展、生态优美、生活富裕等方面。休闲农业作为国家重点扶持的新型产业形态，补贴政策的制定围绕以下 6 个重要方向深化和拓展：①旅游产业扶贫方向，引导龙头企业到贫困地区投资兴业。重大工程建设项目将继续向贫困地区，尤其是“三区三州”深度贫困地区倾斜。②农村人居环境整治方向，全面展开以农村垃圾污水治理、厕所革命和村容村貌提升为重点的农村人居环境整治，将农村人居环境整治与发展乡村休闲旅游等有机结合。③农村公共服务水平方向，全面提升农村教育、医疗卫生、社会保障、养老、文化体育等公共服务水平，加快推进城乡基本公共服务均等化。④乡村绿化美化方向，整治农业面源污染，发展生态循环农业；实施乡村绿化美化行动，建设一批森林乡村，保护古树名木，保护天然林。⑤农业产业化方向，加大培育农业产业化龙头企业和联合体，推进现代农业产业园、农村产业融合发展示范园和农业产业强镇建设。⑥新型乡村服务业方向，充分发挥乡村资源、生态和文化等方面优势，发展配套城市、适应城乡居民需要的休闲旅游、文化体验、餐饮民宿、养老服务、健康养生等产业（农业农村部办公厅，2020）。

三、沙漠化治理技术模式与政策

土地荒漠化和沙化是中国最为严重的生态环境问题之一。土地沙化不仅导致生态环境恶化和沙区贫困，也给国民经济和社会可持续发展造成了极大危害。第五次全国荒漠化和沙化土地监测结果显示，全国荒漠化土地面积为 261.16 万 km^2，占国土面积的 27.20%；沙化土地面积为 172.12 万 km^2，占国土面积的 17.93%；与第四次监测结果相比呈现整体遏制、持续缩减、功能增强的良好态势。做好北方地区防沙治沙工作，不仅是保障国民生存与发展空间的重大任务，也是全社会生态文明建设亟待破解的重大课题。

（一）土地沙漠化治理模式类型

中国沙漠化治理模式类型的划分应该遵循 4 条原则：一是与国家宏观战略相一致，从工程实践角度进行提升。按照国家生态环境保护政策的总要求，以重大生态工程建设为依托，提升治理工程质量和管理水平。二是与自然资源保护相协调，从永续利用角度进行完善。建设和保护以林草植被为主体的国土生态安全体系，以自然资源永续利用为宗旨，完善技术模式的设计思路和标准。三是与区域经济振兴相统一，从产业功能角度进行创新。产业功能转型与拓展是实现草原畜牧业生产方式转变的关键，也是技术模式创新的内在动力。四是与绿色农业发展相融合，从生态资本增值角度进行培育。以绿色发展理念整合沙区林草产业体系和沙产业集群模式，实现沙区一二三产业融合发展的目标。基于上述原则和思路，将中国北方地区沙漠化治理模式划分成五大类型（周颖等，2020a），如图 5-5 所示。

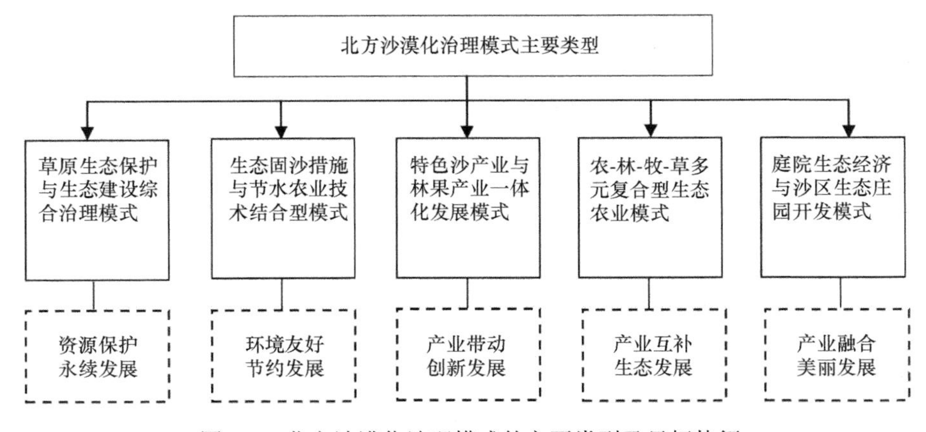

图 5-5　北方沙漠化治理模式的主要类型及目标特征

1）草原生态保护与生态建设综合治理模式。该模式以保育沙区林、草资源，实现资源的可持续利用与发展为目标，建设以“草库伦”“小生物圈”“生态网”为特色的治理模式，将资源保护与合理开发利用有机结合，形成良性循环的复合生态经济系统。草原是畜牧业可持续发展的根本，草原植被为所有物种包括人类提供生命维持物质，并由此构成生物栖息地；可以保护土壤，减少侵蚀，保持土壤生产力并减少沙尘暴肆虐；草原生态系统维持一个贮存大量基因物质的基因库，是作物和牲畜的主要起源中心。因此，草原生态系统的基因资源和生态环境保护功能对人类具有重要价值，是人类社会得以永续发展的重要物质基础（闵庆文等，2004）。

2）生态固沙措施与节水农业技术结合型模式。该模式以生态工程措施和节水农业技术为支撑，将沙区环境保护与资源节约利用相结合，建设形成公路、铁路等道路两旁治沙模式，以及设施农业、节水农业、雨养农业等模式，形成工农互补的模式类型。生态固沙是恢复退化草地必需的人工辅助措施，通过各类人工沙障+人工造林生物措施等，固定流沙，提高区域植被盖度，提升自然植被修复能力，增加可再生能源的使用量，实现资源的节约高效利用。节水农业模式根据作物生长发育的需水规律，采用喷灌、滴灌等现代农业技术组织生产，达到节水、节能、节地、省工、省肥、省钱及增产、增收的效果（聂雪花等，2013）。

3）特色沙产业与林果产业一体化发展模式。该模式以特色沙产业和特色林果业的规模化建设、专业化生产为特征，在完成防沙治沙工程建设的同时，构建产业一体化发展的产业链格局，带动沙区经济振兴和特色产业发展，探索农牧民脱贫致富的新路径。2000 年至今，中国沙产业已经形成了中草药种植与经营、生物质能源产业化、特种资源开发利用、经济植物开发利用、沙漠旅游等主要沙产业发展模式。新时期，沙产业要进一步巩固脱贫攻坚成果，坚持“节能源、新技术、高效益”的技术路线，建立龙头企业带动型沙产业生产经营模式，走出一条“生态建设产业化、产业建设生态化”的创新发展道路（周竞红，2018）。

4）农-林-牧-草多元复合型生态农业模式。该模式是在北方农牧交错带建设以草地生态系统为核心的农牧复合型生态农业模式，提高草地生产力水平，建立以合理放牧和“以草定畜”为主要内容的草场合理利用制度体系，形成稳定的农-林-牧-草多元化生态产业体系。农林牧草复合系统通过构建多组分、多层次、多生物种群、多功能、多目标的综合性开放式人工生态经济系统，实现产业间经济互补、物质能量的多层互用和系统潜在生态优势的发挥，使得农、林、牧、草各业之间相互联系和促进，实现产业的生态化发展（李建华，2004）。

5）庭院生态经济与沙区生态庄园开发模式。该模式以庭院式生产为基本单元，充分利用不同作物生长的“空间差和时间差”，形成集约化、立体化、增值型生态农业模式。同时，将生态经济理念运用到乡村农业发展中，构建以小农场、小林场、小果园、小牧场、小工业园区为主要形式，集生产、生态、旅游、文化教育等功能于一体的生态庄园经济开发模式。生态庄园经济开发模式符合乡村振兴战略的发展要求，从培育农业农村新业态和农村产业融合发展新模式的视角，为发展壮大牧区特色产业、建设生态宜居的美丽草原积累经验（中共中央和国务院，2018）。

（二）沙漠化防治政策历程及特征

我国沙漠化防治政策的演进历程可分为 4 个发展阶段，即政策起步形成阶段、政策全面推进阶段、政策快速发展阶段及政策提升转变阶段（图 5-6）（周颖等，2020b）。

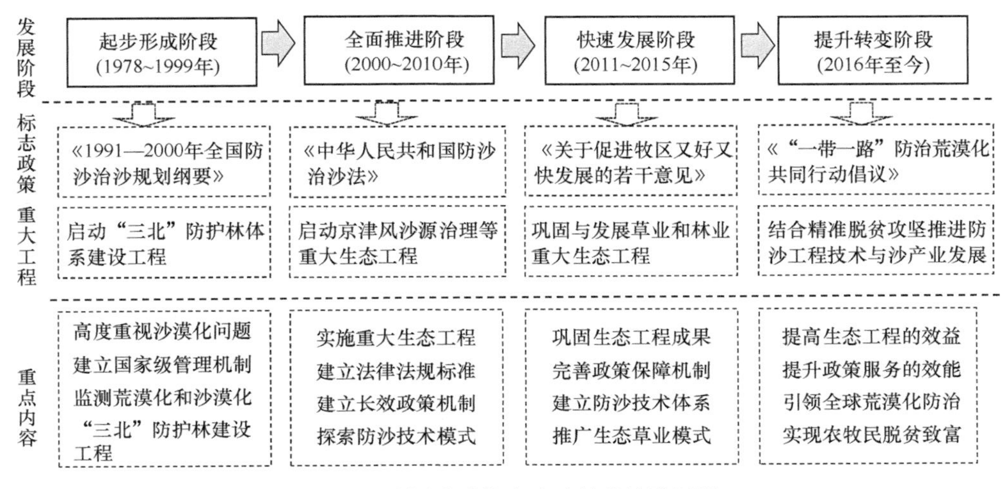

图 5-6　我国沙漠化防治政策的演进历程

“十三五”时期是我国全面建成小康社会的决胜阶段，也是全面提升防沙治沙政策效能、实施政策战略转变的关键时期。我国防沙治沙应遵循“保护优先、积极治理、适度利用”的原则，管理政策调整关注战略定位、战略布局、工程措施、动力机制、责任制及脱贫致富等 6 个方面的问题。

1）准确把握战略定位和战略目标。防沙治沙是促进人与自然和谐发展的关键，事关国家生态安全和全面建成小康社会进程。新时期，为了高效完成沙化地区治沙治穷与生态和经济双赢的战略任务，国家提出要适度发展沙区特色种植业、生态旅游业、精深加工业等绿色富民产业，推动沙区走上一条生态改善、经济发展和农牧民增收的可持续发展道路（彭源和哈丽娜，2017）。

2）继续以规划为引领强化重要节点建设。国家相继出台了《全国防沙治沙规划（2011—2020 年）》、《国家沙漠公园发展规划（2016—2025 年）》（林规发〔2016〕139 号）、《“十三五”生态环境保护规划》（国发〔2016〕65 号）、《林业发展“十三五”规划》（林规发〔2016〕60 号）等一系列规划，进一步明确固沙治沙的目标任务。一是划定沙化土地封禁保护区，加大重点工程建设力度；到 2020 年，使全国一半以上可治理的沙化土地得到治理（国家林业局，2013）。二是建设沙漠公园，修复可治理的沙化土地；到 2020 年，重点建设国家沙漠公园 170 处，总面积约为 67.6 万 hm^2，约占可治理沙化土地的 2.4%（国家林业局，2016a）。三是加强“一带一路”沿线防沙治沙，推进沙化土地封禁保护区和综合示范区建设；到 2020 年，努力建成 10 个百万亩、100 个十万亩、1000 个万亩防沙治沙基地（国务院，2016）。四是谋划和实施林业重大生态工程，包括国土绿化行动工程、新一轮退耕还林工程、湿地保护与恢复工程、防沙治沙工程等 9 项重大工程；到 2020 年，完成营造林 2108 万 hm^2，实施退耕还林 534 万 hm^2（国家林业局，2016b）。

3）建立健全防沙治沙五大制度体系。一是建立项目体系，以国家级重点工程、区域性项目和示范项目等大工程带动防沙治沙大发展；二是建立完善的管理制度体系，包括产权制度、管制制度、补偿制度、税收制度及金融保险服务制度等；三是建立健全科技支撑、技术推广体系；四是建立监测和预警体系，对沙化土地实施有效监控；五是健全执法体系，实现依法治沙。

主要参考文献

艾慧，郭得恩. 2018. 地下水超采威胁华北平原. 生态经济, 34(8): 10-13.

包仁艳，罗昊澍. 2015. 北京会展农业发展研究. 中国农学通报, 31(1): 285-290.

北京市人民政府办公厅. 2008. 北京市人民政府办公厅印发《关于进一步完善退耕还林政策的通知》. 北京市人民政府公报, (1): 19-22.

毕海滨. 2015-05-21. 治理农业面源污染要把握好关键点. 中国环境报, 2 版.

财政部. 2007. 财政部关于印发《完善退耕还林政策补助资金管理办法》的通知. http://www.110.com/fagui/law_202408.html[2007-11-26].

财政部. 2008. 财政部关于印发《完善退耕还林政策补助资金管理办法》的通知. http://www.mof.gov.cn/zhengwuxinxi/zhengcefabu/2007zcfb/200805/t20080519_29046.htm[2008-03-28].

财政部，国家发展改革委，水利部，等. 2014. 财政部 国家发展改革委 水利部 人民银行关于印发《水土保持补偿费征收使用管理办法》的通知. http://www.gov.cn/gongbao/content/2014/content_2684516.htm[2014-01-29].

财政部，农业农村部. 2019. 财政部 农业农村部关于印发《农田建设补助资金管理办法》的通知. http://www.mof.gov.cn/gkml/caizhengwengao/wg201901/wg201906/201910/t20191028_3411377.htm[2019-10-28].

曹茸. 2012. 大力推进农业清洁生产 切实加强农业面源污染防治——访农业部副部长张桃林. http://www.moa.gov.cn/jg/leaders/zhangtaolin/huodong/201207/t20120717_2789581.htm[2012-07-17].

陈翠蓉，刘伟平. 2016. 福建省农业面源污染现状和治理对策研究. 山西农业大学学报(社会科学版), 15(5): 353-357.

陈红，韩哲英. 2009. 政府联动治理农业面源污染的行为博弈. 华东经济管理, 23(11): 99-103.

陈金，赵斌，衣淑娟，等. 2017. 我国变量施肥技术研究现状与发展对策. 农机化研究, 39(10): 1-6.

陈晓屏. 2014. 广东省农业面源污染防治与清洁生产推进. 环境与生活, (14): 88.

迟道才. 2009. 节水灌溉理论与技术. 北京: 水利水电出版社: 36-45.

董其昌, 于珍珍, 李海亮, 等. 2019. 我国循环农业模式发展现状. 世界热带农业信息, (10): 33-35.

段禄峰. 2015. 国外农业生态补偿机制研究. 世界农业, (9): 26-30, 76.

高敏凤. 2020. 增减结合多措并举推进华北地区地下水超采综合治理. 中国水利, (13): 13-14, 16.

高彤, 杨姝影. 2006. 国际生态补偿政策对中国的借鉴意义. 环境保护, (19): 71-76.

贵州省水利厅. 2020. 贵州省水土保持公报(2018年). http://mwr.guizhou.gov.cn/xxgk/zdlygk/stbc_87055/202001/t20200120_44121438.html[2020-01-20].

国家发展改革委, 水利部. 2017. 两部门印发《全国坡耕地水土流失综合治理"十三五"专项建设方案》. http://www.gov.cn/xinwen/2017-03/13/content_5177027.htm[2017-03-13].

国家林业局. 2013.《全国防沙治沙规划(2011—2020 年)》正式发布实施. http://www.gov.cn/gzdt/2013-03/21/content_2359269.htm[2013-03-21].

国家林业局. 2016a. 国家林业局关于印发《国家沙漠公园发展规划(2016—2025 年)》的通知. http://www.gov.cn/xinwen/2016-10/12/content_5117747.htm[2016-10-12].

国家林业局. 2016b. 国家林业局关于印发《林业发展"十三五"规划》的通知. http://www.forestry.gov.cn/main/58/content-875013.html[2016-05-25].

国务院. 2000. 国务院关于进一步做好退耕还林还草试点工作的若干意见.http://www.gov.cn/gongbao/content/2000/content_60486.htm[2000-09-10].

国务院. 2002.国务院关于进一步完善退耕还林政策措施的若干意见. http://www.gov.cn/gongbao/content/2002/content_61463.htm[2002-04-11].

国务院. 2007. 国务院关于印发国家环境保护"十一五"规划的通知. http://www.gov.cn/zhengce/content/2008-03/28/content_4877.htm[2007-11-22].

国务院. 2008. 国务院关于完善退耕还林政策的通知. http://www.gov.cn/zhengce/content/2008-03/28/content_2767.htm[2008-03-28].

国务院. 2011a. 国务院关于印发国家环境保护"十二五"规划的通知. http://www.gov.cn/gongbao/content/2012/content_2034724.htm[2011-12-15].

国务院. 2011b. 土地复垦条例. https://wenku.so.com/d/c69f7463aef2d9b1b2c5a00d4f42987a[2011-03-05].

国务院. 2013. 国务院关于印发循环经济发展战略及近期行动计划的通知. http://www.gov.cn/zwgk/2013-02/05/content_2327562.htm[2013-02-05].

国务院. 2015. 国务院关于全国水土保持规划（2015—2030 年）的批复. http://www.gov.cn/zhengce/content/2015-10/17/content_10232.htm[2015-10-04].

国务院. 2016. 国务院关于印发"十三五"生态环境保护规划的通知. http://www.gov.cn/zhengce/content/2016-12/05/content_5143290.htm[2016-11-24].

国务院办公厅. 2017. 两部门印发《全国坡耕地水土流失综合治理"十三五"专项建设方案》. http://www.gov.cn/xinwen/2017-03/13/content_5177027.htm[2017-03-13].

河北省农业农村厅. 2019. 河北省农业农村厅关于印发 2019 年度河北省地下水超采综合治理农业项目实施方案的通知. http://nync.hebei.gov.cn/article/xxgkzl/xxgkml/201908/20190800014296.shtml[2019-08-06].

河北省人民政府. 2014. 河北省人民政府关于印发《河北省地下水超采综合治理试点方案(2014年度)》的通知. http://info.hebei.gov.cn//eportal/ui?pageId=6809997&articleKey=6823659&columnId=6812854[2014-06-03].

河北省政府办公厅. 2018. 《河北省地下水超采综合治理五年实施计划(2018—2022 年)》出台. http://www.hebei.gov.cn/hebei/14462058/14471802/14471750/14300338aa/index.html[2018-06-21].
黑龙江省财政厅, 黑龙江省农业农村厅, 黑龙江省统计局, 等. 2019. 黑龙江省财政厅等八部门关于印发《黑龙江省 2019 年玉米、大豆和稻谷生产者补贴工作实施方案》的通知. https://www.hlj.gov.cn/n200/2019/1108/c75-10912247.html[2019-11-08].
黑龙江省农业委员会. 2018. 关于印发全省 2018 年耕地轮作休耕试点实施方案的通知. http://www.tuliu.com/read-78938.html[2018-04-13].
黑龙江省人民政府. 2020. 2020 年黑龙江省秸秆综合利用补贴政策公布. https://www.hlj.gov.cn/n200/2020/1110/c769-11009701.html[2020-10-02].
黑龙江省人民政府办公厅. 2018. 黑龙江省人民政府办公厅关于印发哈尔滨市、绥化市和肇州县、肇源县秸秆综合利用三年行动计划的通知. https: //www.hlj.gov.cn/n200/2018/0716/c313-10878540.html[2018-07-16].
胡家权, 董林波, 孟国忠, 等. 2014. 水改旱不同种植模式效益比较分析. 大豆科技, (5): 40-42.
黄语燕, 刘现, 王涛, 等. 2021. 我国水肥一体化技术应用现状与发展对策. 安徽农业科学, 49(9): 196-199.
焦必方, 孙彬彬. 2009. 日本环境保全型农业的发展现状及启示. 中国人口·资源与环境, 19(4): 70-76.
金京淑. 2011. 中国农业生态补偿研究. 长春: 吉林大学博士学位论文: 22-26.
金钟范. 2005. 韩国亲环境农业发展政策实践与启示. 农业经济问题, (3): 73-78.
李碧翔. 2018. 传统渔业转型升级研究: 以台湾开展渔业旅游为例. 农村经济与科技, 29(7): 86-88.
李建华. 2004. 农林牧复合系统实践意义的探讨. 现代化农业, (11): 12-14.
李俊松, 李俊高. 2020. 美日欧农业补贴制度历史嬗变与经验鉴镜: 基于速水佑次郎"农业发展三阶段论". 农村经济, (4): 134-142.
李平星, 孙威. 2010. 经济地理学角度的区域生态补偿机制研究. 生态环境学报, 19(6): 1507-1512.
李清源. 2004. 西部民族地区生态环境恶化态势及影响分析. 青海民族学院学报(社会科学版), 30(2): 61-65.
李应春, 翁鸣. 2006. 日本农业政策调整及其原因分析. 农业经济问题, (8): 72-75.
梁锷. 2014. 我国生态补偿机制建设路径探析. 区域经济评论, (1): 112-116.
梁文卓, 侯云先, 王琳, 等. 2017. 创意农业、农产品研究脉络梳理与展望. 华南理工大学学报(社会科学版), 19(5): 38-48.
梁增然. 2015. 我国森林生态补偿制度的不足与完善. 中州学刊, (3): 60-63.
廖小平. 2018. 浅析智慧农业的内涵与发展. 经济研究导刊, (16): 17-19.
廖媛红, 宋默西. 2020. 小农户生产与农业现代化发展: 日本现代农业政策的演变与启示. 经济社会体制比较, (1): 84-92.
刘发, 张永库, 张振江, 等. 1986. 黑龙江省北部高寒地区大豆接种根瘤菌的效果与应用技术. 大豆科学, 5(3): 211-218.
刘宏斌. 2021-04-16. 浅谈"十四五"农业面源污染防治. 中国环境报, 3 版.
刘嘉尧, 吕志祥. 2009. 美国土地休耕保护计划及借鉴. 商业研究, (8): 134-136.
刘某承, 熊英, 伦飞, 等. 2014. 欧盟农业生态补偿对中国 GIAHS 保护的启示. 世界农业, (6): 83-88, 103.

刘荣章, 翁伯琦, 曾玉荣, 等. 2006. 农业循环经济发展的基本原则与模式分析. 福建农林大学学报(哲学社会科学版), 9(5): 23-27.

柳玉玲, 杨北强. 2020. 日本环境友好型农业发展经验及启示: 基于肥料使用量变化趋势分析. 世界农业, (9): 94-98, 127.

芦千文, 姜长云. 2018. 欧盟农业农村政策的演变及其对中国实施乡村振兴战略的启示. 中国农村经济, (10): 119-135.

骆高远. 2016. 休闲农业与乡村旅游. 杭州: 浙江大学出版社: 16-47.

马红坤, 毛世平. 2019. 日本和欧盟农业支持政策的转型路径比较与启示. 华中农业大学学报(社会科学版), (5): 46-53, 116-117.

梅坚颖. 2018. 欧盟共同农业政策(2014—2020)的主要做法及对我国实施“乡村振兴”战略的启示. 西南金融, (11): 64-69.

梅旭荣. 2013. 农业环境领域科技面临挑战. 中国农村科技, (6): 4.

闵庆文, 刘寿东, 杨霞. 2004. 内蒙古典型草原生态系统服务功能价值评估研究. 草地学报, 12(3): 165-175.

聂雪花, 白生才, 李永兵, 等. 2013. 民勤荒漠区固沙生态修复技术的推广应用//甘肃省科学技术协会. 第十届海峡两岸沙尘与环境治理学术研讨会(文集). 兰州: 甘肃省科学技术协会: 10-16.

农业部. 2008. 农业部关于推进农作物病虫害专业化防治的意见. http://www.moa.gov.cn/nybgb/2008/dsyq/201806/t20180611_6151697.htm [2008-11-20].

农业部. 2015. 农业部关于打好农业面源污染防治攻坚战的实施意见. http://www.moa.gov.cn/xw/zwdt/201504/t20150413_4524372.htm[2015-04-13].

农业部. 2016a. 农业部: 加快休闲农业提档升级 打造就业增收新增长极. http://www.gov.cn/xinwen/ 2016-06/14/content_5082055.htm[2016-06-14].

农业部. 2016b. 农业部关于政协十二届全国委员会第四次会议第 2912 号(农业水利类 269 号)提案答复的函. https: //www.66law.cn/tiaoli/29865.aspx[2016-09-05].

农业部, 国家发展改革委, 财政部, 等. 2017. 农业部 国家发展改革委 财政部 国土资源部 环境保护部 水利部关于印发《东北黑土地保护规划纲要(2017—2030 年)》的通知. http://www.moa.gov.cn/nybgb/2017/dqq/201801/t20180103_6133926.htm[2017-06-15].

农业部, 国家发展改革委, 科技部, 等. 2015. 关于印发《全国农业可持续发展规划(2015—2030年)》的通知. http://www.moa.gov.cn/ztzl/mywrfz/gzgh/201509/t20150914_4827900.htm[2015-09-14].

农业部办公厅, 财政部办公厅. 2012. 农业部办公厅财政部办公厅关于进一步推进草原生态保护补助奖励机制落实工作的通知. http://www.moa.gov.cn/nybgb/2012/dwq/201805/t20180514_6142009.htm[2012-05-20].

农业部农业机械化管理司, 农业部农业机械化技术开发推广总站. 2017. 主要农作物秸秆机械化还田技术模式. http://www.360doc.com/content/18/0121/21/51954400_723978065.shtml [2017-12-25].

农业农村部. 2018. 吉林省出台实施意见加快推广秸秆覆盖还田保护性耕作技术. http://www.njhs.moa.gov.cn/gzdt/201810/t20181018_6315295.htm[2018-10-18].

农业农村部. 2019. 对十三届全国人大二次会议第 8650 号建议的答复. http://www.moa.gov.cn/govpublic/ntjsgls/201909/t20190927_6329245.htm[2019-09-25].

农业农村部, 财政部. 2019. 农业农村部 财政部关于做好 2019 年耕地轮作休耕制度试点工作的通知. http://www.zzys.moa.gov.cn/zcjd/201906/t20190625_6319177.htm[2019-06-25].
农业农村部, 财政部. 2020. 农业农村部 财政部关于印发《东北黑土地保护性耕作行动计划(2020—2025 年)》的通知. http://www.moa.gov.cn/gk/tzgg_1/tz/202003/t20200318_6339304.htm[2020-02-25].
农业农村部办公厅. 2020. 农业农村部办公厅关于印发《社会资本投资农业农村指引》的通知. http://www.gov.cn/zhengce/zhengceku/2020-04/16/content_5502951.htm[2020-04-13].
农业农村部乡村产业发展司. 2020. 对十三届全国人大三次会议第 2179 号建议的答复. https://baijiahao.baidu.com/s?id=1676259845858890692[2020-08-24].
农业农村部种子管理局. 2018. 我国小麦育种研究迈上了高产绿色优质并重的新台阶. http://www.moa.gov.cn/xw/zwdt/201805/t20180524_6142991.htm[2018-05-24].
彭援军. 1998. 台湾农林牧业办旅游. 桂林旅游高等专科学校学报, 9(2): 78-79.
彭源, 哈丽娜. 2017. “十三五”中国将依托防沙治沙实现贫困人口稳定脱贫. http://www.gov.cn/xinwen/2017-09/09/content_5223811.htm[2017-09-09].
平力群. 2018. 日本农业政策的转向: 从社会政策到产业政策. 现代日本经济, (2): 1-12.
强百发, 黄天柱. 2008. 韩国农业支持政策及其启示. 吉林工商学院学报, 24(5): 11-13, 41.
秦艳红, 康慕谊. 2007. 国内外生态补偿现状及其完善措施. 自然资源学报, 22(4): 557-567.
邱成. 2014. 云南省农业面源污染及防治对策. 环境科学导刊, 33(3): 39-43.
生态环境部办公厅, 农业农村部办公厅. 2021. 关于印发《农业面源污染治理与监督指导实施方案(试行)》的通知. http://www.gov.cn/zhengce/zhengceku/2021-03/26/content_5595893.htm[2021-03-20].
施卫明, 薛利红, 王建国, 等. 2013. 农村面源污染治理的“4R”理论与工程实践: 生态拦截技术. 农业环境科学学报, 32(9): 1697-1704.
水利部, 财政部, 国家发展改革委, 等. 2019. 四部委联合印发华北地区地下水超采综合治理行动方案 治理华北地下水超采. https://www.xianjichina.com/special/detail_387735.html[2019-03-06].
水利部, 国家发展改革委, 财政部, 等. 2015. 水利部、国家发展改革委、财政部、国土资源部、环境保护部、农业部和国家林业局联合印发《全国水土保持规划(2015—2030 年)》. http://www.mwr.gov.cn/zw/ghjh/201702/t20170213_855377.html[2015-12-18].
孙杰, 周力, 应瑞瑶, 等. 2019. 精准农业技术扩散机制与政策研究: 以测土配方施肥技术为例. 中国农村经济, (12): 65-84.
唐黎标. 2019. 我国地下水资源现状分析与思考. 水政水资源, (4): 48-49.
唐邵玲, 刘琳, 施棉军. 2009. 初探我国排污权市场交易机制的构建. 中国软科学, (S2): 16-20.
田志梅, 崔艺燕, 容庭. 2018. 畜禽粪污无害化处理技术. 广东畜牧兽医科技, 43(6): 29-31, 52.
万军, 张惠远, 王金南, 等. 2005. 中国生态补偿政策评估与框架初探. 环境科学研究, 18(2): 1-8.
王国成, 唐增, 高静. 2014. 美国农业生态补偿典型案例剖析. 草业科学, 31(6): 1185-1194.
王金南, 刘桂环, 文一惠, 等. 2016. 构建中国生态保护补偿制度创新路线图:《关于健全生态保护补偿制度的意见》解读. 环境保护, 44(10): 14-18.
王茂林. 2020. 美国土地休耕保护计划的制度设计及若干启示. 农业经济问题, (5): 119-122.
王兴斌. 2018. 关于森林休闲和休闲林业. http://www.sohu.com/a/223530898_99951786 [2018-02-22].
翁伯琦, 雷锦桂, 江枝和, 等. 2010. 集约化畜牧业污染现状分析及资源化循环利用对策思考.

农业环境科学学报, 29(增刊): 294-299.
席北斗, 李娟, 汪洋, 等. 2019. 京津冀地区地下水污染防治现状、问题及科技发展对策. 环境科学研究, 32(1): 1-9.
肖政, 陈奕钢. 2012. 我国排污权交易现状及后续市场建设理念. 林业经济, (3): 81-84.
邢祥娟, 王焕良, 刘璨. 2008. 美国生态修复政策及其对我国林业重点工程的借鉴. 林业经济, (7): 21-24.
熊丽萍, 李尝君, 彭华, 等. 2019. 南方流域农业面源污染现状及治理对策. 湖南农业科学, (3): 44-48.
熊艳, 蒋和胜. 2003. 论我国农业补贴方式的改革. 计划与市场探索, (11): 55-57.
徐璐. 2008. 欧盟共同农业政策的发展及其借鉴. 世界经济情况, (7): 14-20.
徐萍, 王美青, 卫新, 等. 2019. 浙江省农业面源污染防治的总体思路和对策. 浙江农业科学, 60(6): 862-864.
徐永田. 2011. 我国生态补偿模式及实践综述. 人民长江, 42(11): 68-73.
杨曦, 余璐. 2022. 生态环境部: 进一步压实地方生态环境保护责任 持续强化企业环境治理责任. http://env.people.com.cn/n1/2022/0512/c1010-32420247.html[2022-05-12].
尹显萍, 王志华. 2004. 欧洲一体化的基石: 欧盟共同农业政策. 世界经济研究, (7): 79-83.
于法稳. 2017. 中国农业绿色转型发展的生态补偿政策研究. 生态经济, 33(3): 14-18, 23.
于纪玉. 2020. 节水灌溉技术. 郑州: 黄河水利出版社: 45-50.
于涛. 2012. 机械化深耕深松技术分析. 农机使用与维修, (5): 101-102.
余晓泓. 2002. 日本环境管理中的公众参与机制. 现代日本经济, (6): 11-14.
喻锋. 2012. 日本环境保全型农业概况. 国土资源情报, (1): 25-28.
乐波. 2007. 欧盟的农业环境保护政策. 湖北社会科学, (3): 97-100.
张承林, 邓兰生. 2012. 水肥一体化技术. 北京: 中国农业出版社: 78-89.
赵宜凯, 肖祥. 2015. 西部民族地区政府生态安全责任的运行机制研究. 海南师范大学学报(社会科学版), 28(4): 118-122.
郑微微, 沈贵银. 2018. 江苏省农业领域环境污染判断与治理对策研究. 经济研究参考, 33: 39-45.
郑瑞强, 刘小春, 杨丽萍. 2016. “粮改饲”政策效应分析与关键问题研究观点. 饲料工业, 37(3): 62-64.
中共中央, 国务院. 2015a. 中共中央 国务院印发《生态文明体制改革总体方案》. http://www.scio.gov.cn/32344/32345/33969/35466/xgzc35472/Document/1519841/1519841.htm[2015-09-21].
中共中央, 国务院. 2015b. 中共中央 国务院关于加大改革创新力度加快农业现代化建设的若干意见. http://www.moa.gov.cn/ztzl/yhwj2015/zywj/201502/t20150202_4378754.htm[2015-02-02].
中共中央, 国务院. 2018. 中共中央 国务院印发《乡村振兴战略规划(2018—2022 年)》. http://www. gov.cn/zhengce/2018-09/26/content_5325534.htm[2018-09-26].
中共中央办公厅, 国务院办公厅. 2017. 中共中央办公厅 国务院办公厅印发《关于创新体制机制推进农业绿色发展的意见》. http://www.gov.cn/gongbao/content/2017/content_5232360.htm[2017-09-30].
中国 21 世纪议程管理中心. 2012. 生态补偿的国际比较: 模式与机制. 北京: 社会科学文献出版社: 78-80.
中国网财经. 2019. 农业农村部、财政部发布 2019 年重点强农惠农政策. 新疆畜牧业, 34(3): 4-8.

中国污水处理工程网. 2020. 畜禽养殖粪便污水处理技术. https://www.dowater.com/jishu/2020-12-15/1521315.html[2020-12-15].
周竞红. 2018. 沙产业开发与沙区发展: 基于内蒙古的探索之路. 开发研究, (3): 92-97.
周开永. 2013. 对水土保持规划中划分水土流失易发区的初步思考. 农业与技术, 33(4): 34-35.
周明勤. 2014. 积极推进华北地区地下水超采综合治理. 当代农村财经, (11): 8-10.
周卫. 2017-02-21. 化肥减施增效的六大关键技术. 湖北农业, 5 版.
周颖. 2018. 休闲农业理论发展与实践创新研究. 北京: 中国农业科学技术出版社: 115-117.
周颖, 王丽英. 2019. 种植业废弃物资源化利用技术模式与技术价值评估研究. 北京: 中国农业科学技术出版社: 50-54.
周颖, 杨秀春, 金云翔, 等. 2020a. 中国北方沙漠化治理模式分类. 中国沙漠, 40(3): 106-114.
周颖, 杨秀春, 徐斌, 等. 2020b. 我国防沙治沙政策的演进历程与特征研究. 干旱区资源与环境, 34(1): 123-131.
周颖, 尹昌斌, 邱建军. 2008. 我国循环农业发展模式分类研究. 中国生态农业学报, 16(6): 1557-1563.
周颖, 尹昌斌, 张继承. 2012. 循环农业产业链的运行规律及动力机制研究. 生态经济, (2): 36-40, 51.
朱芬萌, 冯永忠, 杨改河. 2004. 美国退耕还林工程及其启示. 世界林业研究, 17(3): 48-51.
朱洪晔, 文晴. 2009. 水改旱立体高效种植技术. 现代农业科技, (6): 181.
朱兆良, 孙波. 2008. 中国农业面源污染现状、原因和控制对策. 中国农学通报, 24(增刊): 1-3.
邹静, 白瑞, 占宏. 2005. 我国西部地区生态环境问题及对策. 成都教育学院学报, 19(2): 55-59.
Daniel F J, Perraud D. 2009. The multifunctionality of agriculture and contractual policies: a comparative analysis of France and the Netherlands. Journal of Environmental Management, 90(2): 132-138.
Koenig S, Simianer H. 2006. Approaches to the management of inbreeding and relationship in the German Holstein dairy cattle population. Livestock Science, 103(1): 40-53.
Mulgan A G. 2005. Where tradition meets change: Japan's Agricultural Politics in transition. The Journal of Japanese Studies, 31(2): 261-298.
Roger C, Andrea C, Robert J. 2008. Cost-effective design of agri-environmental payment programs: U. S. experience in theory and practice. Ecological Economics, 65(4): 737-752.
Ulrich K, Malcolm D B. 1990. The Common Agricultural Policy: a review of its operation and effects on developing countries. The World Bank Research Observer, 5(1): 95-121.
Wallander S, Hand M. 2011. Measuring the impact of the Environmental Quality Incentives Program (EQIP) on irrigation efficiency and water conservation//Agricultural and Applied Economics Association. Agricultural and Applied Economics Association's 2011 AAEA & NAREA Joint Annual Meeting. Pittsburgh: AAEA: 1-4.
Wunder S, Engel S, Pagiola S. 2008. Taking stock: a comparative analysis of payments for environmental services programs in developed and developing countries. Ecological Economics, 65(4): 834-852.

第六章　秸秆还田技术补偿意愿价值评估实证研究

第一节　秸秆还田技术应用价值评估研究进展

秸秆还田技术作为提高土壤肥力和节本增效的环保技术，已在全球70多个国家推广应用（韩鲁佳等，2002）。美国、英国、日本等国家秸秆还田量占秸秆总产量的2/3以上。我国2016年主要农作物机械化秸秆还田面积达4800万hm^2，约占全国耕地面积（13 495.66万hm^2）的35.6%，机械化利用秸秆总量达4.65亿t（石祖梁等，2016）。秸秆还田在我国已经得到长足发展，但是北方部分粮食产区秸秆资源化利用率仍偏低。由于农作物秸秆还田的比较收益低下，农户并不愿意承担处理秸秆的成本，参与秸秆还田的积极性不高。秸秆还田具有良好的土壤效应、生物效应和农田效应（于晓蕾等，2007），对农田生态环境带来非负的效益而表现出显著的正外部性（吴宏伟等，2014）。政府作为技术决策者要大力推广秸秆综合利用，就要内部化解决技术外溢效益问题，以制度安排调动农民采纳技术的积极性和主动性（徐全红，2006；陈超玲等，2016）。这条途径的实现归结于对秸秆还田技术外溢效益价值的重建与评估。因此，从外溢效益视角判断技术潜在的环境影响，提升技术评估的决策服务能力，已成为现阶段生态学和经济学研究共同关注的热点问题。

近年来，国内外广泛开展了秸秆还田技术的生态环境效应研究，大多基于实验分析方法探究秸秆还田对土壤环境改善的物质动态变化规律，并从微观层面解析影响机理和机制；但是缺少从秸秆还田外部性角度对其产生的生态服务价值的精准评估，导致为技术应用决策提供的支撑力度不够，阻碍了技术向深层次发展。本研究分析秸秆还田技术对土壤环境质量改善的正外部性表现，重建秸秆还田技术外溢效益价值；梳理基于不同研究方法的秸秆还田技术价值评估研究成果和进展，比较各种方法的特点、优势与不足；提出建立多视域、多方法结合的外溢效益价值评估方法体系，促进非市场环境下多学科研究方法的发展和完善，为寻求合理的技术外部性内部化解决路径提供新的思路。

一、秸秆还田技术的外部性特征

1. 秸秆还田技术准公共产品属性

秸秆还田技术作为保护性耕作的一项重要措施，是以政府为技术活动主体来实施的。由于在有限的资金支撑和推广服务范围内，秸秆还田技术生产和消费的“拥挤程度”存在变化，即可以应用秸秆还田技术的农户数量有限，每增加一个消费者的边际成本不为零，从而限制了技术在其他农户中的消费，技术成果效用也只能为示范推广范围内的农户提供。秸秆还田技术体现消费的局部竞争性和效用的可分割性特征，是介于私人产品与纯公共产品之间的混合产品，具有准公共产品属性（杨壬飞和吴方卫，2003；赵邦宏等，2006）。政府要通过补贴政策激励农户采纳秸秆还田技术，补偿标准的确定实际上是探讨准公共物品在局部均衡状态下的有效定价问题。

2. 秸秆还田技术的正外部性特征

农户采纳秸秆还田技术培肥地力，增强了农田生态系统的服务功能，对农田生态环境带来非负的效益或福利而表现出显著的外溢效益（Bescansa et al.，2006）。参照需求变动给均衡带来的影响曲线图形（陈春根和潘申彪，2014），本研究做出农业技术的正外部性曲线（图 6-1），并进行经济学解释。从图 6-1 可见，边际私人收益曲线就是农户的需求曲线 DC。市场竞争中 E 点为均衡点，实现利润最大化的产量为 Q_1；社会生产中技术应用使得农田生态效应价值增加是一种外部收益，应作为收益的一部分，则边际外部收益（MEB）与农户边际私人收益（D）之和构成了边际社会收益。因此，收益曲线向上方移动到边际社会收益曲线（MSB），形成的最佳生产产量为 Q_2。从全社会角度看，$Q_1<Q_2$ 没有达到资源的合理配置，与社会最佳生产水平相比是不够的（林承亮和许为民，2012）。政府应通过政策手段纠正“市场失灵”带来的农业技术正外部性。

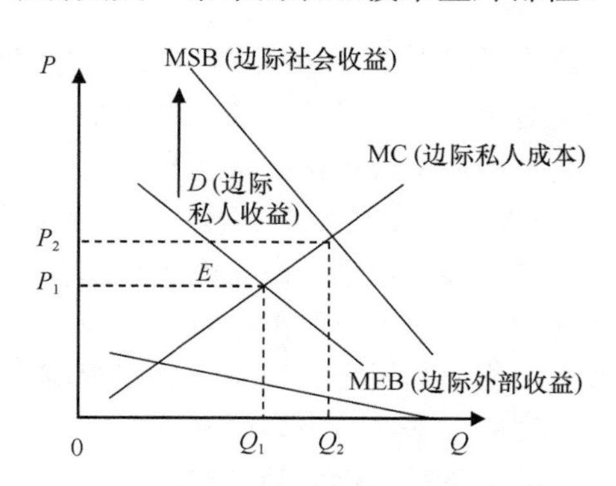

图 6-1　农业技术的正外部性曲线

图 6-1 中的横坐标 Q 为产量，P 为价格，对应产量 Q_1 和 Q_2 的均衡价格分别为 P_1 和 P_2

3. 秸秆还田技术外溢效益价值构成

秸秆还田从根本上解决露天焚烧引起的大气污染和环境质量问题，秸秆中的有机物和养分回归土壤，促进土壤理化性能改善，建立生态系统新的平衡（魏廷举等，1990）。我们将这种由于秸秆还田技术应用带来的社会收益称为技术使用的正外部性价值，即外溢效益价值。本研究认为秸秆还田技术外溢效益价值由产出增加价值、生态服务价值和补偿意愿价值三部分构成（表 6-1）：①产出增加价值是指秸秆还田技术应用后使得农作物增产的商品价值；②生态服务价值是指秸秆还田技术应用后改善农田生态服务功能的价值，包括固碳减排价值、氮肥减少价值、污染减排价值及水分保持价值；③补偿意愿价值是指农户采纳秸秆还田技术在政府提供补贴的前提下希望支付的成本或获得补偿的额度。

表 6-1　秸秆还田技术的主要外部性价值及受益方

价值类型	价值内涵	受益方
产出增加价值	产量增加价值：秸秆还田提高作物产量的商品价值	农户、公众
生态服务价值	固碳减排价值：秸秆还田促进土壤固碳减排的价值	农户、公众
	氮肥减少价值：秸秆还田促进作物氮肥减施的价值	
	污染减排价值：秸秆还田减少农田污染物排放的价值	
	水分保持价值：秸秆还田保持水分、节约灌溉用水的价值	
补偿意愿价值	补偿意愿价值：秸秆还田技术采纳支付意愿或受偿意愿价值	农户、公众

4. 外溢效益价值与生态服务价值的关系

由于秸秆还田技术的正外部性表现在两个方面：一是生态服务功能带来的环境改善方面的价值，即生态服务价值；二是生产服务功能带来的社会保障方面的价值，即社会效益价值。所以，外溢效益价值与生态服务价值的关系如下：生态服务价值包含于外溢效益价值之中，是外溢效益价值的重要组成部分。生态服务价值主要表现在其作为生命支持系统的外部价值上，是秸秆还田改善土壤环境质量而使公众获得的生态福利。由于秸秆还田技术的生态服务功能主要是指减少由秸秆焚烧带来的温室气体排放，资源化利用种植业废弃物，以及直接向社会提供生命支持系统服务等；因此，其生态服务价值主要包含净减排价值、污染减排价值及水分保持价值。

二、秸秆还田技术价值评估综述

秸秆还田从根本上解决露天焚烧引起的大气污染和环境质量问题，可以有效替代化肥，提高土壤有机质含量和改善土壤理化性状（汪冲，2019；宋大利等，

2018)，所带来的外溢效益远远大于农户获得的经济效益。内部化调控手段应基于对外部性的准确测度。目前还没有农业生产技术外部性的统一定义，一般通过技术作用于农业生态系统对环境产生的影响作用来界定。秸秆还田产生的外溢效益主要表现为生态服务价值，对于秸秆还田技术产生的生态服务价值的研究已成为热点问题。随着意愿价值评估法的广泛应用，更多研究将技术采纳补偿意愿价值作为生态补偿依据，在实践中促进农业技术评估方法体系走向成熟。

（一）现有研究多聚焦秸秆还田技术生态价值评估，对于技术的外溢效应价值评估研究亟待加强

当前，秸秆还田技术价值评估研究从强调技术环境效应作用机制的探索研究向秸秆还田模式生态效应价值评估研究方向拓展。

生态能值分析法是最常用和有效的评估方法，其通过编制详细的能量分析表，关注能值的产投比，建立能值综合指标体系从而量化秸秆还田技术潜在的生态经济价值（Minas et al.，2020；Castellini et al.，2006；周维佳等，2015）。从方法适用范围来看，主要用于秸秆生物质能源经济价值评估和秸秆还田技术模式的环境效应评估。在能源化利用中，秸秆作为沼气生物质能源原料或者化学工业生产原料，生态能值分析法评估秸秆资源的沼气生产潜力和产能效果（Onthong et al.，2017； Samun et al.，2017），量化分析其作为颗粒燃料的经济效益和温室减排等作用（Song et al.，2015；Delivand et al.，2012），以及生物经济潜力和秸秆能源化利用的盈利能力（Thorenz et al.，2018；Dassanayake and Kumar，2012）。在肥料化利用中，大部分研究依据方法特有的能值指标和能值转换优势，评价秸秆还田模式能量投入与产出效率以及对农田生态环境的潜在影响。例如，在关中平原地区，对小麦-玉米轮作下 9 种秸秆还田模式的有机能与无机能产投比进行试验分析，通过综合评价指标判断最优模式（蒋碧等，2012）；在成都平原地区，分析不同秸秆还田模式生态系统的能值投入与产出结构，通过主要能值指标的变化规律筛选优化生产模式（黄春等，2015）；在湖南双季稻区，实验观测分析不同秸秆还田量和不同秸秆源生物质炭施用模式的能值效益，提出秸秆源生物质炭还田是双季稻区最优的耕作模式（陈春兰等，2016）。生态能值分析法主要观测数据真实可靠，要根据不同区域秸秆还田技术模式特点，动态测量生态服务功能物质量并准确核定单位价值量，提高评估结果准确性。

成本效益分析法是适用范围广泛的基本方法，通常与实验观测和社会调查方法结合使用，科学判断秸秆还田模式的经济与环保可行性。一是秸秆还田的固碳减排与环境效应研究。Pathak 等（2006）研究认为印度西北部地区稻秸还田模式能够有效提高产量和土壤肥力，并减少农田 CO_2 和 NO_2 温室气体排放。Zhuang 等（2019）研究得出葱-冬小麦间作系统采取低施氮量和秸秆还田的管理模式可以

在不影响产量和净收益的前提下降低温室气体排放强度。张国等（2014）在山东滕州和兖州调查并估算不同保耕形式对温室气体净减排和经济成本的影响。杨乐等（2015）采用排放因子法全面评价了作物秸秆转化为生物炭的固碳量和碳封存潜力，为秸秆资源管理提供科学依据。杨旭等（2015）在沈阳地区研究表明玉米秸秆直接还田和炭化还田两种模式均显著增加土壤CO_2的累积排放量并提升土壤碳库管理指数。二是秸秆还田的化肥减施与经济效益研究。周怀平等（2013）、李娇等（2018）、孙小祥等（2017）、张刚等（2020）分别在山西省、四川省、江苏太湖流域等地区研究玉米（水稻）作物秸秆还田、稻-麦轮作秸秆还田及生物炭还田模式的增产与增收效益，推荐区域适宜的最优化秸秆还田技术模式。宋大利等（2018）全面估算中国主要农作物养分秸秆资源数量及秸秆全量还田化肥替代量，为实现化肥减施增效提供支撑。三是秸秆还田的投入产出与补偿政策研究。Soam等（2017）在秸秆资源化利用潜在环境影响研究中认为肥料和沼气利用的环境效益最高。平英华等（2013）从微观和宏观两个层面对秸秆机械化还田投入与产出进行经济分析，基于实际成本提出补贴政策建议。马骥（2009）认为作物秸秆还田技术应用存在资金、机械、市场、技术和时间5个约束条件，破解途径是加强对农户、农用机械及收储运输成本的补贴力度。

虽然秸秆还田技术的环境效应作用机制及生态服务价值研究取得了显著进展，但已有研究多是从单一视角（如农业生态学、土壤学或农业经济）评价秸秆还田对生产、生态与环境的影响。一方面，以技术的生态服务价值作为补偿定价依据，因单位价值量核定不准确导致评估结果可信度不高。生态服务功能在不同的社会地理环境下给予人们的主观满意度不同，就会导致边际效用，即单位价值量不同。如果普遍采用国外的价格体系则难以反映真实的消费者剩余，从而导致最终评估结果不准确。另一方面，以技术的生产成本投入作为补偿定价依据，不能科学反映环保行为的外部性绿色贡献，补偿标准过低，难以发挥政策激励效应。从外部性多功能视角确定生态补偿标准定价依据，探索多方法相结合的评价体系是农业生态补偿制度创新的重要方向。

（二）现有研究多关注秸秆还田技术补偿意愿价值评估，对于CVM方法有效性改进的实证研究较为欠缺

秸秆还田技术的生态外溢效应价值评估是对非市场交易的环境价值的测度，适于假想市场技术的意愿价值评估方法。一部分研究采用CVM方法探讨技术采纳意愿影响因素。Davey和Furtan（2008）基于加拿大4.3万份数据，运用Probit模型分析保护性耕作技术采纳意愿影响因素有农场规模、邻近研究站、土壤类型和气候条件。Habanyati等（2018）调查赞比亚佩塔乌凯92户家庭不采取保护性生产的影响因素，主要包括缺乏运输工具、需求过高、缺少知识及缺乏激励措施

等。Paul 等（2017）研究农户堆肥化技术采纳意愿，通过 520 份数据分析得出农户经验、教育程度、组织和培训、年龄等显著影响采纳意愿。颜廷武等（2017）、王晓敏和颜廷武（2019）关注福利认知和生态自觉性的影响作用，认为秸秆还田生态和福利认知水平、文化程度、外部环境和技术管理等能有效提高还田意愿。漆军等（2016）分析江苏、浙江、安徽三省 473 份样本秸秆资源处理行为，认为秸秆焚烧、还田及出售行为分别受到农户年龄、禁烧政策力度、还田与出售意愿、技术指导及收购站点等因素影响。张永强等（2020）从技术认知视角分析保护性耕作技术采纳行为受到政策支持、行为态度、知觉行为控制、主观规范、技术服务可获得性等因素的正向影响，农户年龄有显著负影响。

另一部分研究评估农户参与环境保护项目的支付/受偿意愿价值，并作为补偿标准定价依据。Kurkalova 等（2001）引导获取美国艾奥瓦州农户采纳保护性耕作技术的补偿意愿，建立采纳行为模拟模型，计算得出平均补偿标准每年每英亩玉米为 4.1 美元、大豆为 6.0 美元。Jones 等（2007）调查研究美国家庭为保持格伦峡谷大坝运营提供温室气体减排量的支付意愿，结果表明美国家庭愿意每年额外缴纳 3.66 美元税款以防止温室气体增加。Atinkut 等（2020）研究埃塞俄比亚的阿姆哈拉地区农民参与农业废弃物管理措施的支付意愿，估计支付意愿价值为每年 6.84 个劳动日（合 273.50 比尔）或 8.20 比尔。Zuo 等（2020）在中国东北地区开展出售农作物秸秆受偿意愿的价值评估，玉米秸秆 3 组农户受偿意愿价值分别为 9.6 元/t、43.2 元/t 和 83.2 元/t，稻草两组农户的估值分别为 51 元/t 和 204 元/t。韦佳培等（2014）调查山东等三省 400 名农户对资源性农业废弃物的支付意愿，结果显示总样本对秸秆和畜禽粪便的平均支付意愿分别为每年 186 元/人和 310.8 元/人。何可等（2014）采用半开放式方法估算了农户对废弃物污染防控的年平均支付意愿为 130.08～189.84 元/(a·户)，年现值总额为 13.94 亿元～20.36 亿元。全世文和刘媛媛（2017）使用 Tobit 模型和双边界二分选择模型两种方法，评估以农户为补偿单位和以耕地面积为补偿单位的两种补偿方式农作物秸秆资源化利用受偿意愿价值。余智涵和苏世伟（2019）基于南京、扬州、连云港 462 份数据，估算农户秸秆还田的受偿意愿为 55.86～60.15 元/hm^2。

国内外关于消除 CVM 方法偏差的理论研究也取得进展。Fisher（1996）、Bateman 和 Willis（1999）认为，CVM 的假想偏差、嵌入偏差及信息偏差可通过提高对评估对象熟悉度、完善背景介绍及适当的报酬等措施进行规避；WTP 和 WTA 之间存在显著不对称性还是因为没有足够诱导动机让受访者说真话，因此应进行有效性改进。Fahad 和 Jing（2018）、Jone 等（2017）认为采用改进的封闭式二分法问卷格式、比较信息卡方式进行预调查和信度与效度检验等可提高结果有效性。周颖等（2015）、刘亚萍等（2008）、徐大伟等（2013）针对 WTP 和 WTA 两种尺度的不对称问题进行理论探讨和实证研究，认为 WTA 更适合于评估环境物品的非使用价值。

尽管 CVM 方法应用已从生态服务价值评估的初级阶段向有效性改善的阶段转变，但由于 CVM 引入国内时间尚短，应用于农业生态补偿领域仍存在问题。大部分研究仍借鉴国外的经验，体现我国秸秆还田技术特点的研究新思路和新手段欠缺，特别是关于规避偏差的探索性研究依然不足。因此，要提高方法的有效性，急需建立一套规范的原则体系加以指导，在调查方案、应用流程、统计方法等关键环节进行改进，提高 CVM 在农业领域应用的适应性与可靠性。

（三）现有研究探索农业生态补偿标准测度适宜方法，将资源、环境与经济有机结合的方法体系研究并不多

随着国家加快推进以绿色为导向的农业生态补偿制度建设，农业生态补偿标准定价机制的研究也由传统思路向多视角方向发展。学术界围绕补偿定价这一热点问题，尝试将实验观测法与系统模拟、剂量-反应与社会调查等方法相结合，为生态补偿标准寻求更准确的定价依据。沈根祥等（2009）以上海崇明岛项目为例，将定量监测法与成本收益法结合，以环境友好型肥料管理方式的生态效益价值和额外成本分别作为生态补偿的理论上限值和下限值。朱子云等（2016）运用机会成本法和意愿价值法分析湖南湘潭市农产品禁产区农户利益损失和补偿意愿，确定以禁产前的发展机会成本、土地投入成本及受偿意愿为补偿标准依据。刘某承等（2017）从微观和宏观视角探讨云南哈尼稻作梯田绿色生产方式生态服务供给机会成本及农户受偿意愿，以新增生态效益为目标，耦合受偿意愿与机会成本确定动态的补偿标准。吕悦风等（2019）以江苏南京水稻种植化肥减量施用技术为例，运用能值分析法及条件价值法，测算稻田化肥减施补偿标准。丁健等（2019）以巢湖流域应用土壤净化床技术处理生活污水为例，从生态服务价值增量、额外成本和环境成本三方面测算土壤净化床技术应用的生态补偿标准。

在实证分析基础上，学者开始探讨补偿定价思路框架与方法的创新问题。黄锡生和陈宝山（2020）分析中国生态保护补偿标准偏低的结构致因，提出增加对于生态服务价值的结构性补偿，破解内部结构限制的补偿定价新思路。龙开胜和刘澄宇（2015）将生态地租这一超额利润用于生态环境补偿思路框架中，提出生态环境补偿生态税、地租分享、受益负担和价格补偿等 4 种选择方案，建议根据实际情况制定差别化补偿方案以实现环境保护目标。邹昭晞和张强（2014）认为农业的生态补偿为“对农业资源在‘生产’生态功能时所付出的成本进行补偿”，运用影子价格法构建线性规划分析模型求解农业资源生态价值，并模拟测算生态补偿标准。牛志伟和邹昭晞（2019）创新性构建“生态系统与生态价值一致性补偿标准模型”，将生态补偿标准的定价思路统一在一个整体分析框架中。现有研究虽然改变了单一视角的研究思路，从效益与成本两个方向评估，但是对于环保

技术产生的外部性绿色贡献的关注度不够，也缺乏对于技术控制农业环境成本的定量分析，故难以为政策优化提供更有力的技术支撑。

因此，农业绿色生产技术持续推广迫切需要建立一套资源、环境与经济一体化绿色评价体系，科学识别自然资源耗减及环境质量变化的成本，系统评估不同经营主体的外部性绿色贡献，调整补偿标准定价机制，全面激活耕地资源保护的内生动力。本章将围绕着健全秸秆还田技术生态补偿标准体系的科学问题，构建秸秆还田技术绿色评价体系，科学判断补偿标准的理论界限和实践阈值；在此基础上，设计适宜北方粮食产区的面向小农户、家庭农场、农民合作社等不同经营主体的秸秆还田技术补偿优化方案，实现资源节约、环境友好、生态稳定、产品安全的绿色均衡发展。

第二节　农户采纳秸秆还田技术补偿意愿案例分析

秸秆还田是国家农业绿色发展行动主推的一项关键共性技术，也是实现废弃物资源化利用、净化产地环境的战略举措。我国从 20 世纪 90 年代起开始推广秸秆粉碎还田，通过加大农机购置补贴力度、实施秸秆收储运社会化服务组织补贴政策及新增补贴向专业大户、家庭农场、农机合作社倾斜等政策，推动秸秆还田长足发展。截至 2016 年，主要农作物机械化秸秆还田面积达 7.2 亿亩，约占全国耕地面积的 35.6%，机械化利用秸秆总量约占全国作物秸秆总产量的 44.7%（张国等，2017）；但相比发达国家（秸秆还田量占秸秆总产量 2/3 以上）还有较大发展空间（石祖梁等，2016；王晓宇，2017）。秸秆还田作为一项普适化技术，不具有市场竞争力，尽管国家不断加大对技术市场供方主体的补贴支持，但分散农户文化水平低、经营规模小、技术购买能力不足，补贴机制不完善使其不愿意采用秸秆还田技术。因此，秸秆还田技术的持续推广目前在农户层面进入瓶颈期。要突破瓶颈需要找准制度短板，新时期国家要赋予农民更多权利，政策制度创新应充分考虑农民的意愿和诉求（张如林和丁元，2012）；因此，基于农户意愿确定生态补偿标准和政策建议是补齐短板的重要技术途径。

一、理论基础与研究假设

（一）秸秆还田的外溢效应

秸秆还田是重要的农业绿色生产技术，具有显著外部性特征：一方面秸秆还田解决露天焚烧引起的大气污染，降低了温室气体排放给环境带来的负外部性；另一方面秸秆中有机物和养分回归土壤，改善了土壤理化性状，培肥了土壤，给环境带来正外部性（崔新卫等，2014）。公众作为这些效用或功能的受益者没有支付任何代价便得到福利水平的提升。秸秆还田具有公共产品特征，成为外溢效益的主要来源。秸秆还田技术的外溢效益价值由生态服务价值和社会保障价值两部分构成（周颖等，2019）。国际社会评估外溢效益价值所采用的主要方法有生态能值分析方法、成本收益分析法、层次分析方法及意愿价值评估方法 4 种（Liu et al.，2017；Feiziene et al.，2018）。

（二）计划行为理论分析

技术采纳行为是由复杂决策过程驱动的，学界对于农户生产行为的研究已经有所尝试。计划行为理论（Theory of Planned Behavior，TPB）认为个体行为由行为意愿决定（Ajzen，1991），行为意愿主要由行为态度、主观规范和知觉行为控制组成，这三者之间既相互独立又两两相关（张东丽等，2020）。

行为态度是个体对某特定行为偏好程度的感觉和评估。本研究中行为态度是指农户对秸秆还田技术应用的环保认知、预期效果以及由此形成的行为态度，主要取决于两方面的认知：一是技术应用对于环境保护的影响认知，秸秆还田解决焚烧带来的环境污染问题，可以提高土壤肥力，维持农田生态系统新的平衡（周应恒等，2016）。农户的环保意识越强，对于技术的认可度越高，会形成偏向正面判断的心理感受，对行为态度起到促进作用（唐学玉等，2012）。二是技术应用对于个人利益的影响认知，秸秆还田要投入额外的生产成本，农户作为理性经济人更关注成本问题，成本增长引起负面判断的心理感受，并逐渐产生消极的行为态度。

主观规范是指个体对于是否采取某特定行为感受到的社会压力，反映了个体行为决策受到他人或团体观点和行动的影响作用。秸秆还田技术应用中农户的主观规范可以理解为来自外部环境及重要他人的压力。一是来自政策环境方面的影响，农民的生产行为极易受到农业政策的干预（曹光乔等，2019）。农户在秸秆禁烧政策管制下，感受到来自社会环境的压力，对于规范秸秆处置有了更清楚的认识（李傲群和李学婷，2019）；同时，在秸秆还田补贴政策引导下，主动参与还田的愿望会加强（姚科艳等，2018），实施秸秆还田成为常规生产模式。二是来自重要他人的影响，农业生产活动的社会性决定了个体生产动机不可避免地受到他人的影响。农户在决定是否应用技术前往往先了解或观望周边邻居、亲戚及熟人的做法，问询他人的看法和意见，提高自身对于新技术的认知水平，减少技术传播中信息的不对称性（王洋和许佳彬，2019；廖沛玲等，2019），以便对行为决策做出正确选择。

知觉行为控制是指个体对于某特定行为执行难度和可控能力的感知（张东丽等，2020），体现个体对于促进行为执行因素的感知，以及对这些感知促进因素重要程度的估计（王季等，2020）。研究中的知觉行为控制是指农户对参与秸秆还田难易程度的判断，主要包括个体禀赋、资本禀赋和资源禀赋等，具体来说劳动力数量、土地规模、家庭收入是约束性因素（刘明月和陆迁，2013；曾雅婷等，2017），文化背景、经验、区位及农业技术服务等逐渐成为秸秆还田推广的限制性要素（张星和颜廷武，2021；Gebrezgabher et al.，2015），故将其纳入知觉行为控制指标中。农户认为限制生产行为的外部条件约束性越低，其感知参与秸秆还田的难度就越小，其越相信能控制该生产行为，也就表现出更强烈的还田愿望和主动性。

根据计划行为理论分析，研究假设农户采纳秸秆还田技术行为意愿由三方面因素影响：一是行为态度，由环保认知和生产经营两部分组成，农户对技术的环境保护作用认知水平越高，参与环保的态度就会越积极；对于技术成本投入及预期收益的权衡决定其心理接受度的倾向。二是主观规范，包括政策制度和社会资源两方面，主观规范体现了外部因素对生产行为的导向作用，发挥外因对内因的激励作用是行为研究的核心问题。三是知觉行为控制，由个人禀赋、人力资本和资源条件等可控因素构成，农户认为其具有的感知可控影响因素或条件越重要，越相信能控制秸秆还田生产行为。由此建立的秸秆还田采纳行为意愿影响因素概念框架如图 6-2 所示。

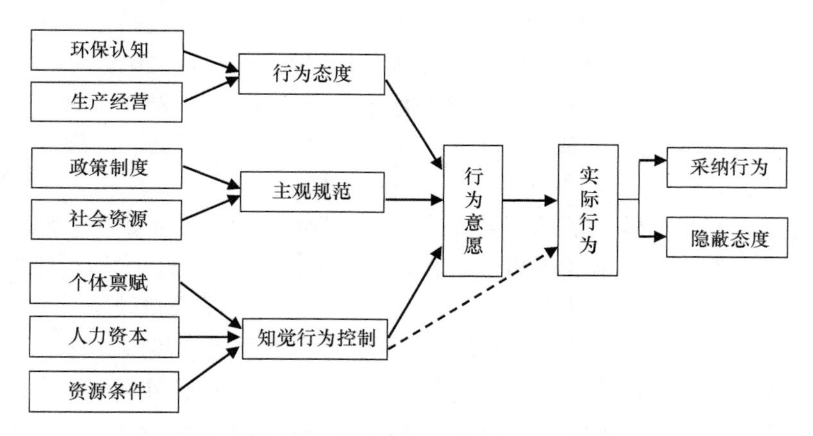

图 6-2　秸秆还田采纳行为意愿影响因素概念模型

二、数据来源与研究方法

（一）数据来源

秸秆还田技术的外溢效益价值评估是对非市场交易环境服务价值的测度，选择环境经济学最常用的 CVM 评估方法，在假想市场环境下调查农户采纳秸秆还田的支付意愿（willingness to pay，WTP）。课题组于 2020 年 10 月在河北省徐水区开展农户问卷调查，调查采用目标抽样与分层抽样相结合的方法，由于研究是服务于科学决策的需要而非结论性研究，样本量不要求太大；且徐水区多年来农户生产方式变化不大，调查可接受的误差精度不要求太高。调查遵循费用一定条件下精度最高的原则，误差限为3%～5%，采用简单随机抽样的取样概率值为0.5，则对应总体所需样本量为269～747。本次调查共收集问卷337份，剔除由于受访者年龄较大而无法正确回答问题，以及受访者反复问询别人无法准确表达意愿等无效问卷，共获得有效问卷319份，有效率为94.7%，符合预先样本容量的整体要求，故研究具有可信性。

建立政府提供秸秆还田技术补贴的假想市场，采用CVM的支付卡引导技术，获取农户技术采纳支付意愿的选择值和投标值。核心估值问题设计进行3点改进：一是提高受访者对技术的熟悉度，调查人员告知秸秆还田的生态环境效应，让农户了解技术应用成本约为2700元/hm^2（合180元/亩）。二是建立假想市场获取WTP/WTA投标值，假设政府要实施玉米秸秆还田补贴，因资金有限需个人负担部分费用，询问受访者是否愿意承担。如果愿意（WTP＞0或WTA＞0），则询问愿意支付的最高金额。WTP/WTA投标值包括10个选项，设计选项为占技术应用成本（2700元/hm^2）的比例数，即≤10.9%、11.0%～20.9%、21.0%～30.9%、31.0%～40.9%、41.0%～50.9%、51.0%～60.9%、61.0%～70.9%、71.0%～80.9%、81.0%～90.9%、91.0%～100%。三是引入后续确定性问题，请受访者在选择支付意愿后，继续在“10”刻度量化表上选择实际支付的可能性（表6-2），数字“1”代表非常不确定，“10”代表非常确定。根据答案修正WTP/WTA选择值，研究设置确定性门槛为“8”，凡是答案“≤8”认为是不愿意，WTP/WTA选择值为零。

表6-2　后续确定性问题“10”刻度量化表

非常不确定	1	2	3	4	5	6	7	8	9	10	非常确定

（二）模型构建

首先，构建影响因素分析模型。农户是否愿意支付秸秆还田成本费用取决于行为态度、主观规范及知觉行为控制等诸多因素影响，虽然无法观测到，但是技术采纳行为有“愿意”和“不愿意”两种。针对被解释变量只有两种选择，研究建立Probit二元离散选择模型，模型经过展开变形后的表达式如公式（6-1）所示：

$$Z_i = F^{-1}(p_i) = \beta_0 + \beta_1 X_{1i} + \beta_2 X_{2i} + \cdots + \beta_k X_{ki} + \mu_i \tag{6-1}$$

式中，被解释变量Z_i表示农户秸秆还田技术支付意愿选择值；X_{ki}为解释变量（k为解释变量个数；i=1, 2, …, n，n为样本容量）；β_0为常数项；$\beta_1, \beta_2, \cdots, \beta_k$表示解释变量系数；$p_i$为支付意愿选择概率；$\mu$为随机误差项。

其次，构建价值评估模拟模型。农户愿意支付的秸秆还田费用额度取决于不可预测的多种因素的权衡。根据柯布-道格拉斯（Cobb-Dauglas）生产函数模型，构建 WTP 投标值与影响因子之间的函数关系式：

$$\mathrm{WTP} = AI^{\beta_1}P^{\beta_2}S^{\beta_3}E^{\beta_4}C^{\beta_5} \tag{6-2}$$

将公式（6-2）进行对数形式变换，虚拟变量直接代入模型，定量变量则以对数形式变换后进行回归分析，得到多元对数回归模型公式（6-3）：

$$\ln \mathrm{WTP} = \ln A + \beta_1 \ln I + \beta_2 \ln P + \beta_3 S + \beta_4 E + \beta_5 C + \mu \tag{6-3}$$

将公式（6-3）中的特征变量进一步扩展，得到评估 WTP 价值量的多元线性对数回归模型公式（6-4）：

$$\ln \mathrm{WTP} = \ln A + \beta_1 \ln X_1 + \beta_2 \ln X_2 + \cdots + \beta_k \ln X_k + \mu \tag{6-4}$$

式中，A 为常数项；I 为个体禀赋项；P 为生产经营项；S 为社会资源项；E 为环保认知项；C 为政策偏好项；$\beta_1, \beta_2, \cdots, \beta_k$ 为回归系数；$X_1, X_2, \cdots, X_k$ 为影响因子；μ 为随机误差项。

三、总体描述性统计分析

（一）变量定义

根据研究假说，选取包含个体禀赋、生产经营、社会资源、环保认知、政策偏好等 5 类 17 个特征变量作为模型的解释变量。研究对每个变量进行定义赋值和解释说明。在选择的 17 个特征变量中：定量变量有 10 个，虚拟变量有 7 个；定量变量主要为个体禀赋变量和生产经营变量，虚拟变量包含社会资源变量、环保认知变量及政策偏好变量等。在变量定义中需特别说明：家庭总收入是指调查基准年（2020 年）家庭全部成员农业收入和非农收入的总和；支付意愿占比是指受访者所选支付意愿投标值占其当年实际秸秆还田费用的比例数。

本研究在运用 CVM 的支付卡引导技术获取农户支付意愿时，根据笔者多年的调查经验在技术培训时预先告知农户徐水区玉米秸秆还田费用（包括收割、粉碎及旋耕费用之和）大约为 180 元/亩（2700 元/hm^2）；然后，请农户根据自己的意愿进行投标值的选择。基于河北省徐水区 2020 年收集的 319 份调查问卷数据，运用 SPSS 19.0 和 Excel 统计分析软件进行基本统计变量的描述性统计分析（表 6-3）。

（二）个体禀赋特征

受访者中男性有 136 人、女性有 183 人，分别占样本总体的 42.6%和 57.4%。受访者年龄偏大，19～40 岁的中青年人占 4.4%，41～65 岁的中老年人占 60.2%，

表 6-3　变量定义赋值及描述性统计

变量类别	符号	变量名称	变量定义及说明	均值	标准差
因变量	Y	支付意愿	0：不愿意；1：愿意	0.9	0.3
个人禀赋	X_1	受访者年龄	受访者实际年龄（单位：岁）	59.8	10.5
	X_2	教育年限	0：文盲；6：小学；9：初中；12：高中；16：大专以上（单位：年）	7.0	3.4
	X_3	劳动力比率	劳动力人口占家庭总人口的比例（单位：%）	0.5	0.2
	X_4	家庭总收入	1：≤1；2：1.1～2.0；3：2.1～3.0；4：3.1～4.0；5：4.1～5.0；6：5.1～6.0；7：6.1～7.0；8：7.1～8.0；9：≥8.1（单位：万元）	4.1	2.6
生产经营	X_5	种子成本	生产过程种子成本费用（单位：元/亩）	45.6	19.4
	X_6	化肥成本	生产过程化肥成本费用（单位：元/亩）	138.3	55.8
	X_7	农药成本	生产过程农药成本费用（单位：元/亩）	52.9	40.6
	X_8	灌溉成本	生产过程灌溉成本费用（单位：元/亩）	41.6	27.2
	X_9	灌溉次数	夏玉米每年灌溉的次数（单位：次/年）	1.5	0.7
	X_{10}	机械成本	生产过程机械成本费用（单位：元/亩）	215.9	68.9
社会资源	X_{11}	采纳意见	0：不采纳；1：采纳	0.7	0.1
	X_{12}	信息来源	0：不丰富；1：丰富（信息来源两种方式以上）	0.3	0.4
	X_{13}	问题求助	0：不求助；1：求助	0.8	0.4
环保认知	X_{14}	秸秆用途	0：不还田；1：还田	0.9	0.4
	X_{15}	还田好处	1：没好处；2：有好处；3：好处很大	2.5	0.6
政策偏好	X_{16}	参加培训	0：不参加；1：参加	0.1	0.2
	X_{17}	支付意愿比例	WTP 投标值占秸秆还田费用比例（单位：%）	0.3	0.2

66 岁及以上的老年人占 35.1%（图 6-3）。样本总体中家庭平均总人口为 4.6 人，劳动力平均为 2.0 人，外出打工为 1.5 人。随着北方农村家庭人口数的减少，越来越多的留守中老年人担负起生产重任，年轻人很少愿意在家种地务农。受访者教育程度分布情况：文盲占 13.8%、小学及以下占 36.7%、初中占 37.6%、高中占 11.6%、大专及以上占 0.3%（图 6-4），说明目前河北地区农民的文化素质普遍不高，小学及初中文化水平的占 74.3%，文盲的比例也很高，这与受访者年龄偏大有关。受访者年均劳动时间为 1.2 个月，其中：劳动时间在 1～3 个月的占 82.2%，4～6 个月的占 14.1%（图 6-5），说明种粮农户普遍劳动时间较短。从家庭总收入水平来看，受访者的平均收入为 3.1 万～4 万，年均收入在 2.1 万～3 万元的人数最多，为 23.2%，其他各级收入选项的人数所占总人数的比例较为平均，年均收入不足 1 万元的农户占样本总体的 18.2%（图 6-6）；说明河北粮食主产区农民的家庭收入水平依然较低，农民增收困难是农业发展面临的主要问题。

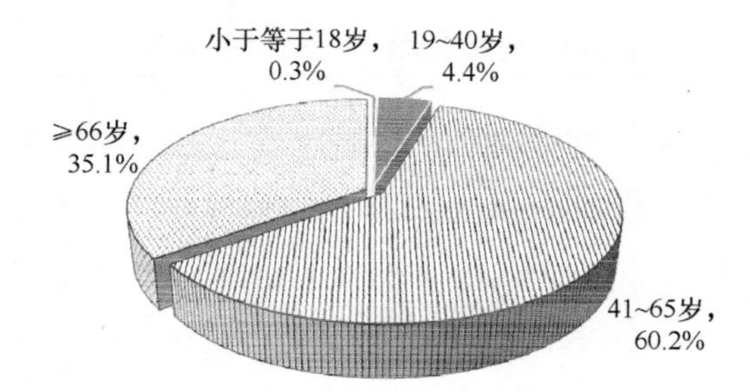

图 6-3　受访者年龄结构分布比例

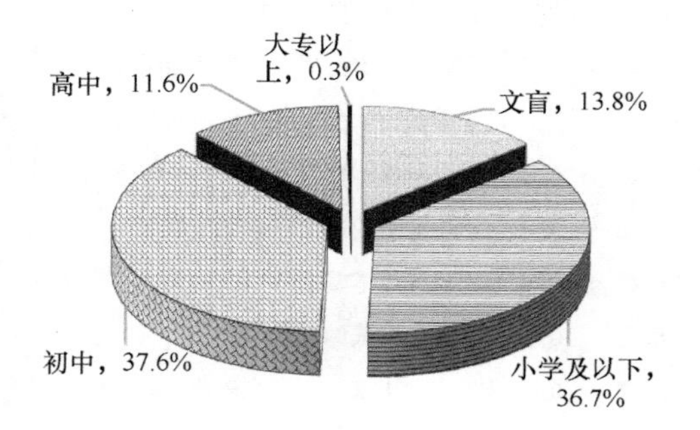

图 6-4　受访者受教育年限分布情况

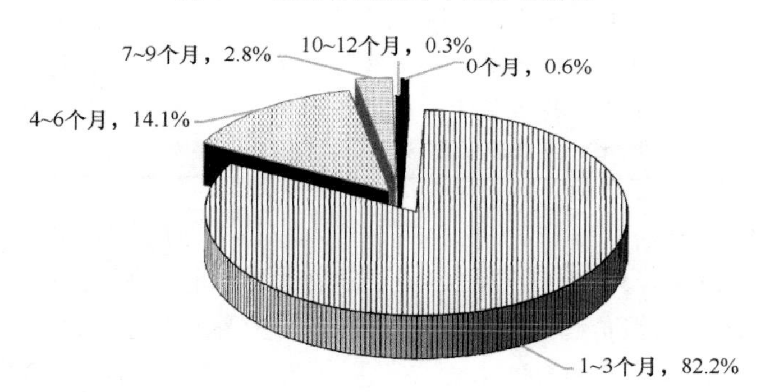

图 6-5　受访者年均劳动时间分配情况

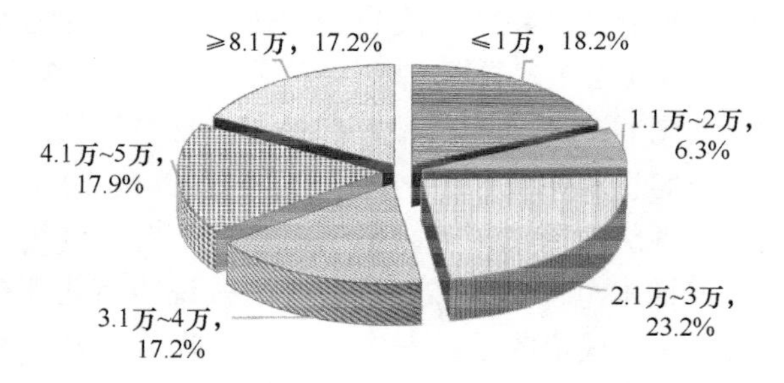

图 6-6　受访者家庭总收入水平

（三）社会资源特征

社会资源是指农户在农业生产和农村生活过程中拥有和建立的能够为生产提供服务的无形资源。这种无形资源是通过人们生产过程中的相互交往、沟通和社会活动实现的，简单地说就是个人所拥有的一种社会关系。调查问卷设计 3 个有针对性的问题来获取社会资源特征变量数据：①农户生产信息的获取方式，问卷设计 5 种信息获取方式，即看电视、看手机、看报纸、周边邻居、技术员，受访者选择 2 种以上信息获取方式的认为信息来源丰富，否则为不丰富。②生产中遇到问题是否求助他人，包括邻居、亲戚、村干部、技术员等 4 类，受访者会根据实际生产情况进行选择，如果遇到问题自己解决，则选择不求助。③生产中遇到问题是否会采纳别人的建议，包括肯定采纳、可能采纳、不采纳、肯定不采纳和自己解决等 5 个选项，受访者除了选择“肯定采纳”被认为是“采纳”，其他选项都认为是“不采纳”。

从图 6-7 可知：农业信息的获取方式及来源渠道总体来看不丰富，仅有 24.8%的受访者可以通过 2 种或 2 种以上的方式获取生产信息，而 75.2%的人都只是通过一种途径了解生产信息。受访者中有 80.9%的人在生产中遇到问题愿意主动求助他人，说明大多数农户都愿意与他人进行沟通和交流，能够借助社会关系解决实际问题；另外，有 68.7%的受访者能够主动采纳别人的建议，不愿意采纳别人意见的占 31.3%，说明调查区域内的农户思想观念比较开放，进步意识在逐步增强。

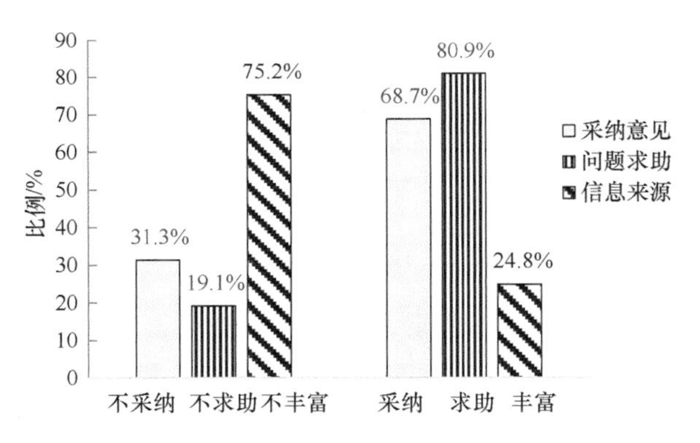

图 6-7　受访者社会资源特征变量统计情况

（四）生产经营特征

农户种植玉米的生产成本主要包括种子成本、化肥成本、农药成本、灌溉成本和机械成本等 5 项。运用 SPSS 19.0 和 Excel 统计分析软件得到，农户玉米种植生产单位面积的平均成本如下（按照我国农户常用的计量单位“亩”计算，1 亩≈0.067hm^2）：2020 年调查数据玉米生产种子成本为 45.6 元/亩、化肥成本为 138.3 元/亩、农药成本为 52.9 元/亩、灌溉成本为 41.6 元/亩、机械成本为 215.8 元/亩，总生产成本为 494.2 元/亩。玉米种植亩均各项成本占总成本的比例由高到低为：机械成本占 43.7%，化肥成本占 28.0%，农药成本占 10.7%，种子成本占 9.2%，灌溉成本占 8.4%（图 6-8）。从表 6-4 可见，2020 年徐水区玉米种植生产成本投入情况，机械化服务成本和化肥成本都有所下降，但总体所占比例依然较高，其中：机械成本比例减少表明河北地区的农业机械化服务水平逐年提高，粮食种植已经全部实现了机械化和规模化生产，化肥的投入量也在逐步减少。农药成本在总成本投入中所占比例增长近 2 倍，说明玉米种植过程中的病虫害比较严重，防控措施不得力；灌溉成本也有小幅增长，这与华北平原气候干旱、水资源短缺密切相关。从玉米种植总生产成本来看，两年期间成本上涨了 11.1%，每亩地的成本已经接近 500 元。

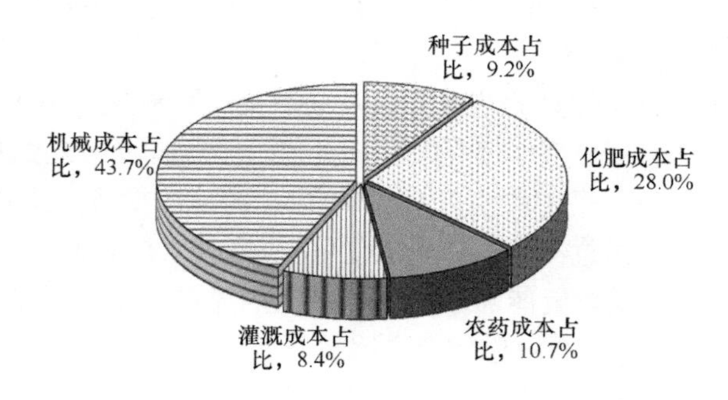

图 6-8 玉米生产成本所占比例

表 6-4 2018 年和 2020 年徐水区玉米生产成本占总成本比例

时间（年. 月）	机械成本/%	化肥成本/%	农药成本/%	种子成本/%	灌溉成本/%	总生产成本/（元/亩）
2018.7	47.5	29.1	5.5	9.9	7.6	445.1
2020.10	43.7	28.0	10.7	9.2	8.4	494.2

农户的机械化服务成本投入由收割、粉碎、旋耕、播种和运输等 5 项成本费用构成。2020 年调查的 319 名受访者中有 2 名农户玉米种植的机械化成本为零，均为人工收割，其余的 317 名受访者均采用机械化收割方式。机械化收割各项成本费用的均值如下：收割成本为 67.4 元/亩、粉碎成本为 41.9 元/亩、旋耕成本为 60.2 元/亩、播种成本为 26.2 元/亩、运输成本为 20.2 元/亩，机械化总成本为 215.9 元/亩。从表 6-5 可见，2018 年与 2020 年相比，玉米种植机械化服务费用构成及占比没有明显变化，作为秸秆还田技术应用的两项重要技术成本，即机械粉碎成本和旋耕成本之和分别占机械化总成本的 52.2%和 47.3%（图 6-9），说明徐水区实施机械化秸秆粉碎还田技术的最大支出是秸秆粉碎和旋耕的成本费用。

表 6-5　2018 年和 2020 年徐水区玉米机械化成本构成及占比（单位：元/亩）

项目时间	收割成本	粉碎成本	旋耕成本	播种成本	运输成本	总生产成本
2018.7	62.1	56.1	57.9	26	16.5	218.6
	28.4%	25.7%	26.5%	11.9%	7.6%	
2020.10	67.4	41.9	60.2	26.2	20.2	215.9
	31.2%	19.4%	27.9%	12.1%	9.4%	

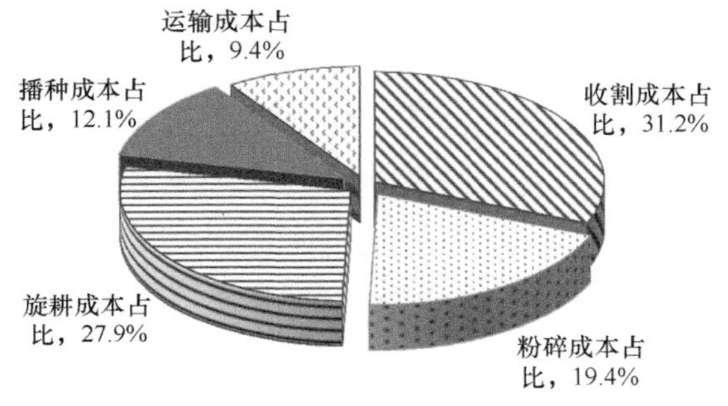

图 6-9　机械化服务各项成本所占比例

（五）环保认知特征

本研究调查受访者对于采纳技术环境保护作用的认知是通过 4 个问题设计实现的。一是询问农户秸秆还田有哪些好处，答案包括：减少化肥施用、增加土壤肥力、节约人工、维护环境整洁及没有好处等 5 个选项。二是询问农户玉米秸秆的用途，答案包括还田和不还田两大类。三是询问农户参加科技培训的情况，答案包括不参加和较少参加两个选项。四是询问农户对于化肥和农药的投入量是否过量，答案包括用量过大、有些大、正常、偏小和不知道等 5 个选项。从图 6-10 可见，绝大多数农户都没有参加过科技培训，仅有 3.8%的农户参加过少数几次科技培训；大部分农户进行玉米秸秆还田利用，仅有 14.1%的受访者秸秆不还田；有 95.9%的农户认为秸秆还田有好处，其中 50.8%的受访者认为秸秆还田好处很大，说明大多数农户对于秸秆还田技术的环境保护作用还是有一定的认识，认为秸秆还田可以有效提高土壤肥力，并且减少化肥的施用量。从图 6-11 可知，农民的安全生产意识仍有待提高，分别有 63.6%和 63.3%的受访者认为化肥和农药用量正常，仅有 2.5%和 2.2%的农户觉得化肥和农药用量过大，需要控制投入量。特别需要注意的是分别有 16.9%的受访者不知道化肥和农药是否过量，对于化学投入品的用量并没有经验性和常识性的认识，这也从一个侧面反映出当前对于农户的科普教育和技术培训工作力度差距较大，没有形成一个常态化、规范化的科普教育服务体系，农户文化素质偏低使得提高环保意识的任务依然艰巨。

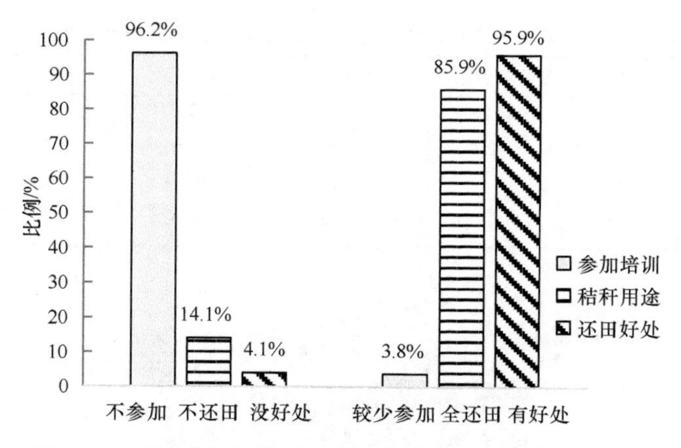

图 6-10　受访者参加培训、秸秆用途及还田作用认知情况

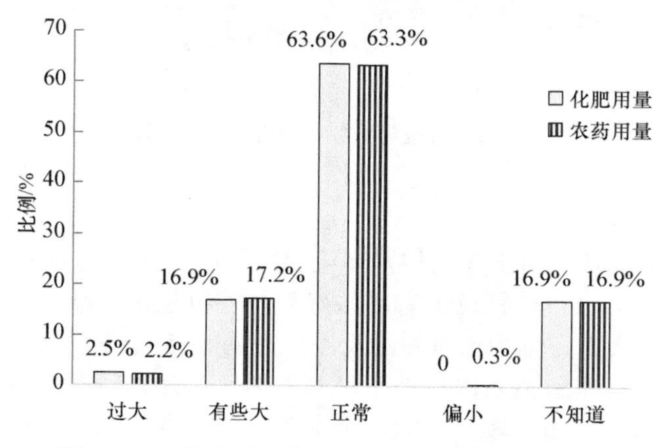

图 6-11　受访者对于化肥、农药施用量的认知情况

（六）补偿意愿分析

农户采纳秸秆还田技术的支付意愿（WTP）和受偿意愿（WTA）是 CVM 核心估值问题，研究将全面统计分析 WTP 和 WTA 的引导估值结果，并以支付意愿（WTP）作为评估尺度，进一步进行模型回归统计分析。首先，建立政府提供玉米秸秆还田补贴的假想市场，告知农户凡是积极参与玉米秸秆还田的将获得一定量的补助；其次，设定秸秆还田费用为收割费用、粉碎费用与旋耕费用之和，根据调查经验统计结果告知农户玉米秸秆还田费用大约为 180 元/亩，让农户更加熟悉并清楚秸秆还田技术的生产成本投入情况；最后，引导获取农户采纳秸秆还田技术的支付意愿和受偿意愿选择值及投标值，投标值选项分为 16 个等级，支付卡问题设计如图 6-12 所示。

根据徐水区往年的调查统计数据，玉米秸秆还田费用大约为180元/亩，包括：机收+粉碎+旋耕费用

① 政府要为参与秸秆还田的农户发放补贴，您是否愿意接受补贴呢？

□愿意（　）；□不愿意（　）

如果您愿意接受补贴，请问您希望获得的最低补贴额度是多少呢？（　　）

② 由于资金有限，需要自己支付一定的秸秆还田费用，您是否愿意付费呢？

□愿意（　）；□不愿意（　）

如果您愿意支付费用，请问您希望支付的最高生产费用是多少呢？（　　）

（请农户填写愿意支付还田费用的比例数。）

≤10.9%；11.0%~20.9%；21.0%~30.9%；31.0%~40.9%；41.0%~50.9%；

51.0%~60.9%；61.0%~70.9%；71.0%~80.9%；81.0%~90.9%；91.0%~100%

图 6-12　受访者采纳秸秆还田技术支付意愿调查卡片

基于319份调查数据的统计分析，有93.4%的受访者愿意支付秸秆还田费用，有6.6%的人表示不愿意支付还田费用。受偿意愿和支付意愿的投标值频率及百分比分布及区间分布图分别如表6-6、图6-13和图6-14所示：受偿意愿样本均值为115.14元/亩（1727.1元/hm^2），农户作为理性经济人希望获得的补偿越多越好，因

表 6-6　玉米秸秆还田费用 WTP 与 WTA 投标值频率及百分比分布表

序号	投标值/［元/(户·亩)］	WTA（n=319）			WTP（n=319）		
		频率	有效百分比/%	累积百分比/%	频率	有效百分比/%	累积百分比/%
1	0	3	0.94	0.94	3	0.94	0.94
2	1.0～9.9	0	0	0	14	4.39	5.33
3	10.0～20.9	1	0.31	1.25	29	9.09	14.42
4	21.0～30.9	19	5.96	7.21	51	15.99	30.41
5	31.0～40.9	6	1.88	9.09	28	8.78	39.19
6	41.0～50.9	18	5.64	14.73	28	8.78	47.97
7	51.0～60.9	17	5.33	20.06	25	7.84	55.81
8	61.0～70.9	4	1.26	21.32	11	3.45	59.26
9	71.0～80.9	9	2.82	24.14	11	3.45	62.71
10	81.0～90.9	48	15.05	39.18	58	18.18	80.89
11	91.0～110.9	51	15.99	55.17	40	12.54	93.43
12	111.0～130.9	21	6.58	61.76	7	2.19	95.62
13	131.0～150.9	20	6.27	68.03	10	3.13	98.75
14	151.0～170.9	19	5.96	73.98	4	1.25	100.00
15	171.0～190.9	31	9.72	83.70			
16	≥191	52	16.30	100.00			

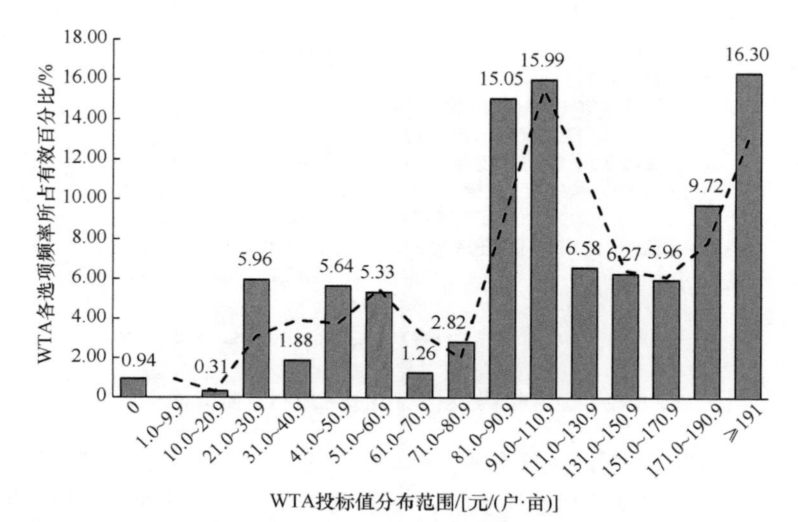

图 6-13　受偿意愿投标值分布图

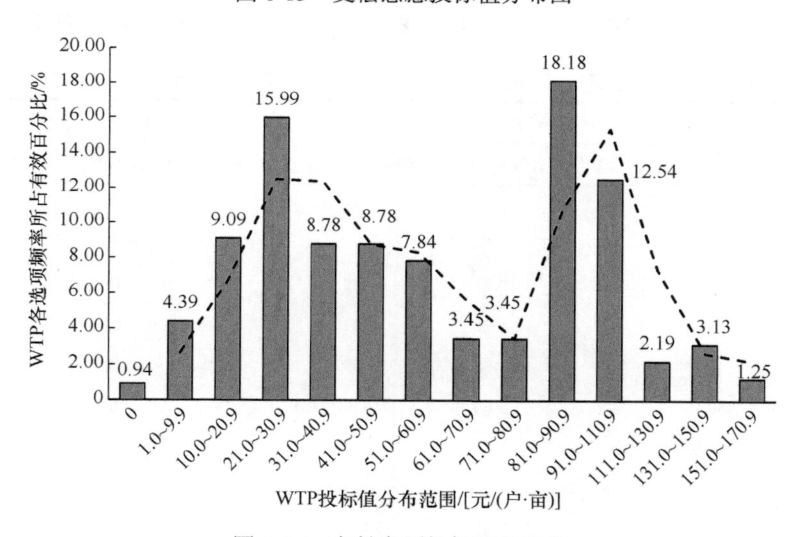

图 6-14　支付意愿投标值分布图

而受偿意愿的最高峰为大于等于 191 元/亩，占 16.30%；选择 91.0～110.9 元/亩等级水平的人次之，占 15.99%。支付意愿样本均值为 58.60 元/亩（879 元/亩），支付意愿投标值选择比例最高的等级水平为 81.0～90.9 元/亩，占 18.18%；选择 21.0～30.9 元/亩的人数比例为 15.99%，仅次于上一等级的人数。支付意愿与受偿意愿的选择概率差异直接导致概率分布曲线的差异。根据样本均值估计 WTA 与 WTP 的比值为 1.96，说明 WTA 与 WTP 两种评价尺度存在明显的差异性。

四、支付意愿影响因素分析

研究以农户采纳秸秆还田技术支付意愿选择值为被解释变量，选择二元Probit模型和计量经济学统计软件 Eviews 9.0 开展支付意愿影响因素回归分析。模型整体显著性检验结果：检验统计量似然比检验（LR）对应概率值为 0，模型整体具有统计意义；拟合优度检验指数概率大于 0.05，模型拟合精度较好。采用 Eviews 相关系数检验法进行多重共线性检验，所有解释变量的相关系数值都小于 0.8，说明所有解释变量之间不存在多重共线性，无须进行解释变量调整。根据表 6-7 统计结果可知，通过显著性检验的解释变量有 6 个，其中：劳动力比率、种子成本、问题求助 3 个因素显著或极显著负向影响支付意愿；农药成本、还田好处、意愿占比 3 个因素显著或极显著正向影响支付意愿。

表 6-7 基于 Probit 回归模型的估计结果

变量类别	变量符号	系数估计	标准误	Z 统计量	概率
常数项	C	0.151	1.034	0.146	0.884
个体禀赋	X_1EDC：教育年限	0.004	0.005	0.724	0.469
	X_2LAB：劳动力比率	-2.072^{**}	0.810	−2.559	0.011
	X_3INC：家庭总收入	0.009	0.009	1.008	0.314
生产经营	X_4SEE：种子成本	-0.018^{*}	0.011	−1.625	0.104
	X_5FER：化肥成本	0.002	0.004	0.430	0.668
	X_6PES：农药成本	0.010^{*}	0.006	1.712	0.087
	X_7IRR：灌溉成本	−0.004	0.007	−0.614	0.539
	X_8TIM：灌溉次数	−0.228	0.348	−0.656	0.512
	X_9MEC：机械成本	−0.002	0.003	−0.866	0.387
社会资源	X_{10}INF：信息来源	0.036	0.458	0.077	0.938
	X_{11}HEL：问题求助	-1.066^{*}	0.570	−1.868	0.062
环保认知	X_{12}BEN：还田好处	0.583^{*}	0.346	1.684	0.092
政策偏好	X_{13}TRN：参加培训	0.269	1.001	0.269	0.788
	X_{14}PRO：意愿占比	12.707^{***}	2.895	4.389	0.000

注：***、**和*分别表示在 1%、5%和 10%显著性水平上通过检验

1）个体禀赋特征变量中劳动力比率负向影响支付意愿且通过 1%水平的显著性检验。劳动力比率是家庭务农人口占家庭总人口的比例数，劳动力比率越高的家庭从事农业生产的人数越多，家庭劳动力越多越愿意采用人工收割玉米。由于人工收割既节约成本又减少资源浪费，故劳动力比率高的农户不愿意进行机械收割和秸秆还田。目前，以老年人为主要劳动力的农村家庭人口少，多数 60 岁以上的农民无法胜任耗时、费力的生产劳动，一定程度上阻碍了新技术的推广应用。

2）生产经营特征变量中种子成本和农药成本影响作用明显且方向相反。种子成本通过 10%水平的显著性检验并负向影响支付意愿。从表 6-3 和图 6-8 可知：玉米生产成本构成中种子生产成本所占比例并不高，并且一直稳定在不足 10%的投入水平。农户选择玉米品种质量好坏直接关系到成本和产量情况。凡是种子投入费用较高的农户，认为种子是决定粮食产量的重要因素，其他的生产成本不重要，对于秸秆还田采纳意愿并不高；而在种子方面投入较少，则会在其他方面增加投入以保证产量。农药成本显著正向影响秸秆还田的支付意愿。徐水区玉米生产农药成本 2020 年投入比例比 2018 年增长了近 2 倍。国家实施化肥农药“双减”技术以来，高毒害的农药产品逐渐被淘汰，市场上更多销售生物农药。生物农药推广应用可以改善农药残留、水污染、抗药性等粮食安全与生态环境问题，生物农药市场价格一般高于化学农药价格。玉米生产过程中农药成本投入越高的农户越重视玉米生产，为了保证粮食产品安全愿意增加额外的生产投入，因此对于秸秆还田技术应用表现出较强的支付意愿。

3）社会资源特征变量中问题求助通过 5%的显著性检验，且负向影响秸秆还田的支付意愿。根据被解释变量之间的相关性分析可知：受访者年龄与问题求助两个变量间存在较弱的负相关性，即凡是不愿意向别人求助的受访者年龄均偏大，由于本身思想固化、信息不畅通，更愿意凭经验解决生产中遇到的问题。玉米秸秆机械化粉碎还田技术是近年来徐水区主推的环保技术，年龄偏大的农户受精力和体力限制无法实现人工收割，只能选择机械化收割及秸秆还田利用。所以，遇到问题不求助他人的农户更愿意采纳秸秆还田技术，而那些遇到问题求助他人的农户思想较为活跃，对于秸秆资源的合理处置及生产成本都有更清晰的考虑，对秸秆还田表现出一些消极的态度。

4）环保认知特征变量中受访者对于秸秆还田好处的认知显著正向影响支付意愿。调查农户对于秸秆还田环境保护作用的认知，主要是从外部性作用了解农户采纳技术的行为态度。农户若从心理感知到秸秆还田技术的环境保护作用，就会增强其技术采纳行为信念，表现出更强的主动性，参与环保生产。从模型回归结果来看，还田作用变量的概率值小于 10%的显著水平，其影响方向也符合先验判断。作为一个显著影响因子，凡是认为秸秆还田有好处且作用明显的农户，更愿意采纳秸秆还田技术。

5）政策偏好特征变量中支付意愿占比在 1%的水平上显著正向影响支付意愿，且影响强度最大。调查农户采纳秸秆还田技术愿意支付的最高生产成本，此成本可作为基于意愿偏好的技术应用环境服务价值。从表 6-7 中可见：支付意愿价值占还田费用的比例越高，农民对于秸秆还田技术的支付意愿就越强烈。可见，支付意愿占比指标体现了农户对于秸秆还田技术的接受程度以及对补偿政策的偏好，在遵守秸秆禁烧政策的同时，愿意主动参与耕地资源保护行动。

五、支付意愿的拟合值估计

（一）研究方法

确定秸秆还田技术补偿标准是技术价值评估的难点问题，也是完善补偿定价机制的核心问题。本研究在定量分析支付意愿影响因素基础上，进一步测算支付意愿的价值，为补偿标准提供定价依据。运用多元对数线性模型回归分析，将支付意愿投标值（YTWTP）作为被解释变量，剔除表 6-7 中“意愿占比”以消除对评估结果可能产生的影响，将支付意愿的选择值（YXWTP）作为新增变量与表 6-7 中前 13 个变量一起作为解释变量，进行多元对数线性模型分析。具体计算步骤如下。

1）变量对数形式变换：采取学术界公认的变换经验法则，将虚拟变量直接代入模型；定量变量则采取对数的形式，将其转换成对数形式后再进行模型的回归分析。

2）构建多元对数线性模型：以支付意愿投标值作为被解释变量，以筛选的 14 个变量作为解释变量，构建 WTP 拟合值与影响因素之间的多元线性模型。基于前述研究方法，将 14 个解释变量代入公式（6-1）中，得到模型表达式如下：

$$
\begin{aligned}
\mathrm{lnYTWTP} = {} & \ln A + \beta_1 \ln X_1\mathrm{EDC} + \beta_2 \ln X_2\mathrm{LAB} + \beta_3 \ln X_3\mathrm{INC} + \beta_4 \ln X_4\mathrm{SEE} + \\
& \beta_5 \ln X_5\mathrm{FER} + \beta_6 \ln X_6\mathrm{PES} + \beta_7 \ln X_7\mathrm{IRR} + \beta_8 \ln X_8\mathrm{TIM} + \beta_9 \ln X_9\mathrm{MEC} + \\
& \beta_{10} X_{10}\mathrm{INF} + \beta_{11} X_{11}\mathrm{HEL} + \beta_{12} X_{12}\mathrm{BEN} + \beta_{13} X_{13}\mathrm{TRN} + \beta_{14}\mathrm{YXWTP} + \mu
\end{aligned}
\tag{6-5}
$$

3）模型参数估计与检验：运用 Eviews 统计分析软件的普通最小二乘法对线性回归模型进行普通最小二乘法（OLS）估计，开展模型残差的 Q 检验、LM 检验及异方差检验，依据模型检验结果对检验方法进行修正，最终获得模型解释变量的估计参数。

（二）分析结果

基于上述研究方法对模型［公式（6-5）］进行 OLS 估计，第一次回归分析结果没有通过自相关 LM 检验，所以进行自相关的修正。原回归模型的 DW 取值为 1.517 683，以 ρ 为自相关系数，其取值为 1–DW/2，计算得到 ρ 为 0.2412，表明模型存在自相关性。因此，运用广义最小二乘法进行自相关的修正。

1）运用广义差分变换生成新序列，新序列公式为

$$\mathrm{G}\ln\mathrm{YTWTP} = \ln\mathrm{YTWTP} - 0.2412 \times \ln\mathrm{YTWTP}^{-1}$$

说明：本研究采用广义最小二乘法进行自相关的修正，首先运用广义差分变换生成新序列，为了与原变量进行区分，新序列变量前添加英文大写字母”G”，

即 generate 单词首字母，表示新生成的意思。

同理，生成所有定量变量的广义差分序列：GlnX_1EDC、GlnX_2LAB、GlnX_3INC、GlnX_4SEE、GlnX_5FER、GlnX_6PES、GlnX_7IRR、GlnX_8TIM、GlnX_9MEC。

2）利用生成的广义差分序列对原模型进行 OLS 估计，模型回归分析的最终结果如表 6-8 所示。从表 6-8 可见，模型回归结果 DW 统计量由原先的 1.5177 变成了 1.991。DW 统计量值越接近 2 表明自相关程度越弱，说明通过广义最小二乘法进一步削弱了模型的自相关问题。同时，对改进模型进一步开展残差自相关 LM 检验和异方差检验，其检验结果 F 统计量和 Obs*R-squared 统计量的概率值均明显大于 0.05 显著性水平，因此接受怀特（White）检验原假设，认为改进方程的残差序列不存在自相关和异方差，新的改进模型估计的参数是最优线性无偏估计量，可以将广义最小二乘法估计的参数值代入改进模型中进行拟合值的估算。

表 6-8　基于 OLS 的 WTP 多元对数线性回归模型估计结果

变量	系数估计	标准误	Z 统计量	概率
C	−1.442	0.596	−2.419	0.017
GlnX_1EDC	−0.011	0.029	−0.400	0.690
GlnX_2LAB	0.201***	0.075	2.694	0.008
GlnX_3INC	0.015	0.026	0.559	0.577
GlnX_4SEE	0.109	0.117	0.929	0.354
GlnX_5FER	−0.161*	0.094	−1.714	0.088
GlnX_6PES	−0.116*	0.072	−1.613	0.108
GlnX_7IRR	0.022	0.081	0.268	0.789
GlnX_8TIM	−0.030	0.120	−0.248	0.805
GlnX_9MEC	1.123***	0.092	12.155	0.000
X_{10}INF	−0.092	0.092	−1.002	0.318
X_{11}HEL	−0.059	0.098	−0.600	0.549
X_{12}BEN	−0.171***	0.062	−2.744	0.007
X_{13}TRA	0.073	0.207	0.353	0.725
YXWTP	1.120***	0.153	7.304	0.000
F 统计量		16.509	被解释变量均值	2.934
F 统计量概率		0.000	被解释变量标准差	0.685
Wald 检验概率		0.000	DW 统计量	1.991

3）建立 WTP 拟合值估计模型，并进行价值估算。根据表 6-8 的分析结果，将劳动力比率（GlnX_2LAB）、化肥成本（GlnX_5FER）、农药成本（GlnX_6PES）、机械成本（GlnX_9MEC）、还田好处（X_{12}BEN）及 WTP 选择值（YXWTP）等 6 个变

量引入对数模型中，建立 WTP 拟合值的模型方程［公式（6-6）]：

$$\text{GlnYTWTP}=-1.442+0.201\text{Gln}X_2\text{LAB}-0.161\text{Gln}X_5\text{FER}-0.116\text{Gln}X_6\text{PES}+1.123\text{Gln}X_9\text{MEC}-0.171X_{12}\text{BEN}+1.120\text{YXWTP}+\mu \tag{6-6}$$

运用 Excel 分析软件，根据公式（6-6）计算得到支付意愿拟合估计值：

$$E(\overline{\text{WTP}})=\sum_{i=1}^{n}b_{ci}P_{ci}=37.47\text{元/亩}=562.05\text{元/hm}^2 \tag{6-7}$$

式中，$E(\overline{\text{WTP}})$ 为支付意愿的期望值（平均值）；b_{ci} 是由对数模型估计得到的第 i 个观测值的 WTP 估计值；P_{ci} 是模型估计得到的第 i 个观测值的 WTP 估计值的概率。

研究结果表明：从徐水区农户的主观偏好出发，在政府提供秸秆还田补贴的前提下，农户愿意支付562.05元/hm^2（37.47元/亩）的还田费用。秸秆还田的实际成本为秸秆粉碎和第一次旋耕的费用之和，据计算秸秆还田的实际生产成本为71.93元/亩（1078.95元/hm^2），则支付意愿价值与生产成本之间的差值为516.9元/hm^2。

近年来，全国已有多个省（市）实行秸秆还田补贴政策，相应的补贴标准为：2020 年黑龙江省玉米秸秆全量翻埋还田作业补贴省级标准为 600 元/hm^2；2019～2025 年吉林省秸秆覆盖还田保护性耕作作业补贴标准为 450 元/hm^2；2018 年山东广饶县大王镇玉米秸秆还田补助标准为 750 元/hm^2；2020 年江苏宝应县夏季小麦秸秆还田作业的补助标准为 375 元/hm^2。全国各地针对普通农户粮食作物秸秆还田的补贴标准为 375～750 元/hm^2。参考这一标准，研究计算得到的 516.9 元/hm^2 可作为河北地区实施玉米秸秆还田技术生态补偿标准的理论上限。

六、研究结论与政策建议

（一）结论与展望

基于徐水区 319 份问卷调查数据分析结果，当地玉米秸秆粉碎还田技术已经得到普及，有 85.9%的受访者家庭生产实现秸秆全量还田，有 93.4%的受访者表达了肯定的支付意愿。研究得到以下三点重要结论。

第一，定量提出影响农户采纳秸秆还田技术支付意愿的决定因素，并对其影响强度进行排序。秸秆还田技术采纳支付意愿正向影响因素按照强度由大到小为意愿占比、还田好处及农药成本；负向影响因子按照强度由大到小为劳动力比率、问题求助及种子成本。意愿占比和问题求助都属于外部因素并显著影响农户秸秆还田技术采纳行为，印证了主观规范因素对于农户生产行为的导向作用；劳动力比率是个人禀赋条件，是知觉行为控制因素，对于农户参与秸秆还田行为有显著的负向影响；种子成本和农药成本是农户较为关注的生产经营因素，与环保认知一起决定了农户参与环保生产的行为态度，也显著影响农户行为意愿。研究结论与研究假设预期判断相符合。

第二，准确测度农户采纳秸秆还田技术支付意愿价值，为补偿政策的制定提供科学依据。河北省徐水区农户采纳秸秆还田技术支付意愿的价值为562.05元/hm^2，农户参与玉米秸秆还田的实际生产成本为1078.95元/hm^2，两者的差值为516.9元/hm^2，此标准可作为给予普通农户实施玉米秸秆还田的补贴标准理论上限。

第三，探索改进关键技术手段提高 CVM 有效性，为农业生态补偿应用积累经验。在问卷设计、变量选择、核心问题引导及后续确定性问题等关键技术环节进行了改进，规避方法可能产生的偏差。本研究仅选择支付意愿一种评估尺度，如何解决支付意愿与受偿意愿两种评估尺度的差异性问题从而确保补偿标准评估结果的准确性和可信性是亟待深入研究的重要内容。

（二）政策建议

结合笔者多年来在徐水区开展农村社会调查的工作实践，依据上述实证研究取得的重要结论，针对当前徐水区玉米秸秆还田技术推广中存在的补偿机制不完善和社会化服务体系不健全等问题，提出以下三点政策建议。

1）坚持因地制宜和精准施策。按照“谁还田、谁受益；谁还田、补给谁”的原则，进一步优化并规范补贴政策制度。补贴对象为徐水区所有拥有耕地承包权的种地农民，享受补贴的农民自家土地种植玉米且必须应用机械化秸秆粉碎还田技术措施，秸秆翻埋土中，提高土壤地力。耕地面积以农村集体土地承包经营权证登记面积为基础。建议按照研究得到的补偿标准的理论上限的 70%定价（理论上限为 516.9 元/hm^2），则实际补偿标准为 361.83 元/hm^2，按照国内常用的市制土地面积单位换算为 24.1 元/亩。因此，建议补偿标准为每亩地 24.1 元。要求市、县、乡、村各级农业部门要准确测算、现场调查、规范流程。

2）强化工作创新和落实管理。落实各乡镇的补贴工作管理组织机构，建议委托当地农技推广部门或农村集体经济组织等服务机构负责。各县（市、区）农业主管部门确定具体负责的农技推广部门或农民专业合作社，建议单独设立“补贴服务中心”，授予其补贴项目组织及管理的职责，并与之签订补贴任务委托协议。村委会组织代表农户与补贴服务中心签订作业合同，确保农户正常实施秸秆还田作业后领到补贴，同时监督补贴服务中心及时开展田间作业检查核实工作。补贴服务中心在各村委会协助下对辖区内耕地承包经营权登记面积按户调查核实，对已改变耕地用途或撂荒不能享受补贴的耕地面积进行确认，做好农户基本信息的核对工作。

3）健全农业社会化服务体系。一是培育新型农业经营主体，鼓励发展适度规模经营。突出抓好培育家庭农场和农民合作社两类新型农业经营主体，落实扶持小农户发展政策。重点培育一批设施完备、功能齐全、特色明显的示范合作社；推进合作社规范化管理，健全和建立各项综合性管理制度，发挥对小农户的带动作用。二是加大农机服务组织的扶持力度。为农机合作社购置急需的大中型农业机械提供政策倾斜，结合主要农作物全程机械化示范项目、高标准农田建设项目等，为农机社会化服务组织提供项目资金扶持。为农机手提供作业价格、机械供需、天气情况等信息服务，指导农机化作业，引导跨区作业服务有序开展。三是完善老龄化家庭农机服务政策，为年龄在 65 岁及以上、总人口 3 人以下的家庭提供更优惠的农机化服务政策，为农户联系装备先进的农机专业合作社，提供收割、粉碎、旋耕、播种及运输的“一条龙”式服务。同时，对于帮扶老龄化家庭实现机械化收割的农机专业合作社，在项目、资金、奖励等方面予以优先考虑和政策支持。

主要参考文献

曹光乔, 周力, 毛慧. 2019. 农业技术补贴对服务效率和作业质量的影响: 以秸秆机械化还田技术补贴为例. 华中农业大学学报(社会科学版), (2): 55-62, 165-166.

陈超玲, 杨阳, 谢光辉. 2016. 我国秸秆资源管理政策发展研究. 中国农业大学学报, 21(8): 1-11.

陈春根, 潘申彪. 2014. 经济学原理. 2 版. 杭州: 浙江大学出版社: 24-31.

陈春兰, 侯海军, 秦红灵, 等. 2016. 南方双季稻区生物质炭还田模式生态效益评价. 农业资源与环境学报, 33(1): 80-91.

陈源泉, 隋鹏, 高旺盛. 2014. 不同方法对保护性耕作的生态评价结果对比. 农业工程学报, 30(6): 80-87.

崔新卫, 张杨珠, 吴金水, 等. 2014. 秸秆还田对土壤质量与作物生长的影响研究进展. 土壤通报, 45(6): 1527-1532.

丁健, 吴晓斐, 黄治平, 等. 2019. 巢湖流域厌氧-土壤净化床工艺处理农村生活污水生态补偿标准测算. 农业资源与环境学报, 36(5): 584-591.

韩鲁佳, 闫巧娟, 刘向阳, 等. 2002. 中国农作物秸秆资源及其利用现状. 农业工程学报, 18(3): 87-91.

何可, 张俊飚, 丰军辉. 2014. 基于条件价值评估法(CVM)的农业废弃物污染防控非市场价值研究. 长江流域资源与环境, 23(2): 213-219.

黄春, 邓良基, 杨娟, 等. 2015. 成都平原不同秸秆还田模式下稻麦轮作农田系统能值分析. 水土保持通报, 35(2): 336-343.

黄锡生, 陈宝山. 2020. 生态保护补偿标准的结构优化与制度完善: 以“结构-功能分析”为进路. 社会科学, (3): 43-52.

蒋碧, 李明, 吴喜慧, 等. 2012. 关中平原农田生态系统不同秸秆还田模式的能值分析. 干旱地区农业研究, 30(6): 178-185.

李傲群, 李学婷. 2019. 基于计划行为理论的农户农业废弃物循环利用意愿与行为研究: 以农作物秸秆循环利用为例. 干旱区资源与环境, 33(12): 33-40.

李娇, 田冬, 黄容, 等. 2018. 秸秆及生物炭还田对油菜/玉米轮作系统碳平衡和生态效益的影响.

环境科学, 39(9): 4338-4347.
李向东, 张德奇, 王汉芳, 等. 2015. 豫南雨养区小麦-玉米周年不同耕作模式生态价值评估. 生态学杂志, 34(5): 1270-1276.
廖沛玲, 李晓静, 毕梦琳, 等. 2019. 家庭禀赋、认知偏好与农户退耕成果管护: 基于陕甘宁 554 户调研数据. 干旱区资源与环境, 33(5): 47-53.
林承亮, 许为民. 2012. 技术外部性下创新补贴最优方式研究. 科学学研究, 30(5): 766-781.
刘明月, 陆迁. 2013. 农户秸秆还田意愿的影响因素分析. 山东农业大学学报(社会科学版), 15(2): 34-38, 117.
刘某承, 熊英, 白艳莹, 等. 2017. 生态功能改善目标导向的哈尼梯田生态补偿标准. 生态学报, 37(7): 2447-2454.
刘亚萍, 李罡, 陈训, 等. 2008. 运用 WTP 值与 WTA 值对游憩资源非使用价值的货币估价: 以黄果树风景区为例进行实证分析. 资源科学, 30(3): 431-439.
龙开胜, 刘澄宇. 2015. 基于生态地租的生态环境补偿方案选择及效应. 生态学报, 35(10): 3464-3471.
吕悦风, 谢丽, 孙华, 等. 2019. 基于化肥施用控制的稻田生态补偿标准研究. 生态学报, 39(1): 63-72.
马骥. 2009. 我国农户秸秆就地焚烧的原因: 成本收益比较与约束条件分析——以河南省开封县杜良乡为例. 农业技术经济, (2): 77-84.
牛志伟, 邹昭晞. 2019. 农业生态补偿的理论与方法: 基于生态系统与生态价值一致性补偿标准模型. 管理世界, 35(11): 133-143.
平英华, 彭卓敏, 夏春华. 2013. 江苏秸秆机械化还田经济效益分析与财政补贴政策研究. 中国农机化学报, 34(6): 50-54.
漆军, 朱利群, 陈利根, 等. 2016. 苏、浙、皖农户秸秆处理行为分析. 资源科学, 38(6): 1099-1108.
全世文, 刘媛媛. 2017. 农业废弃物资源化利用: 补偿方式会影响补偿标准吗? 中国农村经济, (4): 13-29.
沈根祥, 黄丽华, 钱晓雍, 等. 2009. 环境友好农业生产方式生态补偿标准探讨: 以崇明岛东滩绿色农业示范项目为例. 农业环境科学学报, 28(5): 1079-1084.
石祖梁, 刘璐璐, 王飞, 等. 2016. 我国农作物秸秆综合利用发展模式及政策建议. 中国农业科技导报, 18(6): 16-22.
宋大利, 侯胜鹏, 王秀斌, 等. 2018. 中国秸秆养分资源数量及替代化肥潜力. 植物营养与肥料学报, 24(1): 1-21.
孙小祥, 常志州, 靳红梅, 等. 2017. 太湖地区不同秸秆还田方式对作物产量与经济效益的影响. 江苏农业学报, 33(1): 94-99.
唐学玉, 张海鹏, 李世平. 2012. 农业面源污染防控的经济价值: 基于安全农产品生产户视角的支付意愿分析. 中国农村经济, (3): 53-67.
汪冲. 2019. 政策晋升、财政竞争与耕地政策"口子": 耕地保护地区外部性机制及效应分析.经济学(季刊), 18(2): 441-460.
王德建, 常志州, 王灿, 等. 2015. 稻麦秸秆全量还田的产量与环境效应及其调控. 中国生态农业学报, 23(9): 1073-1082.
王季, 耿健男, 肖宇佳. 2020. 从意愿到行为: 基于计划行为理论的学术创业行为整合模型. 外国经济与管理, 42(7): 64-81.
王晓敏, 颜廷武. 2019. 技术感知对农户采纳秸秆还田技术自觉性意愿的影响研究. 农业现代化研究, 40(6): 964-973.
王晓宇. 2017. 全国秸秆机械化还田离田暨东北地区秸秆处理行动现场会在吉林召开 农业部副部长张桃林要求发挥农机化在秸秆综合利用中的主力军作用. 中国农机监理, (10): 13-14.
王洋, 许佳彬. 2019. 农户禀赋对农业技术服务需求的影响. 改革, (5): 114-125.
韦佳培, 李树明, 邓正华, 等. 2014. 农户对资源性农业废弃物经济价值的认知及支付意愿研究. 生态经济, 30(6): 126-130.
魏廷举, 程乐圃, 朱丽娜. 1990. 秸秆还田的经济效益分析及其措施. 农机化研究, (2): 48-52.
吴宏伟, 朱竹清, 刘咏梅. 2014. 秸秆焚烧的治理困境及其经济学分析. 农村经济, (11): 111-115.
徐大伟, 刘春燕, 常亮. 2013. 流域生态补偿意愿的 WTP 与 WTA 差异性研究: 基于辽河中游地区居民的 CVM 调查. 自然资源学报, 28(3): 402-409.
徐全红. 2006. 我国农业财政补贴的经济学分析. 经济研究参考, (93): 21-26.
颜廷武, 张童朝, 何可, 等. 2017. 作物秸秆还田利用的农民决策行为研究: 基于皖鲁等七省的调查. 农业经济问题, (4): 39-48.
杨乐, 邓辉, 李国学, 等. 2015. 新疆绿洲区秸秆燃烧污染物释放量及固碳减排潜力. 农业环境科学学报, 34(5): 988-993.
杨壬飞, 吴方卫. 2003. 农业外部效应内部化及其路径选择. 农业技术经济, (1): 6-11.
杨旭, 兰宇, 孟军, 等. 2015. 秸秆不同还田方式对旱地棕壤 CO_2 排放和土壤碳库管理指数的影响. 生态学杂志, 34(3): 805-809.
姚科艳, 陈利根, 刘珍珍. 2018. 农户禀赋、政策因素及作物类型对秸秆还田技术采纳决策的影响. 农业技术经济, (12): 64-75.
于晓蕾, 吴普特, 汪有科, 等. 2007. 不同秸秆覆盖量对冬小麦生理及土壤温、湿状况的影响. 灌溉排水学报, 26(4): 41-44.
余智涵, 苏世伟. 2019. 基于条件价值评估法的江苏省农户秸秆还田受偿意愿研究. 资源开发与市场, 35(7): 896-902.
曾雅婷, Jin Y H, 吕亚荣. 2017. 农户劳动力禀赋、农地规模与农机社会化服务采纳行为分析: 来自豫鲁冀的证据. 农业现代化研究, 38(6): 955-962.
张东丽, 汪文雄, 王子洋, 等. 2020. 农地整治权属调整中农户认知对行为响应的作用机制: 基于改进 TPB 及多群组 SEM. 中国人口 • 资源与环境, 30(2): 32-40.
张刚, 张世洁, 王德建, 等. 2020. 稻麦两熟制下秸秆还田模式的产量和经济效益分析. 作物杂志, (6): 97-103.
张国, 逯非, 王效科. 2014. 保护性耕作对温室气体排放和经济成本的影响: 以山东滕州和兖州为例. 山东农业科学, 46(5): 34-37.
张国, 逯非, 赵红, 等. 2017. 我国农作物秸秆资源化利用现状及农户对秸秆还田的认知态度. 农业环境科学学报, 36(5): 981-988.
张如林, 丁元. 2012. 基于农民视角的城乡统筹规划: 从藁城农民意愿调查看农民城镇化诉求.城市规划, 36(4): 71-76.
张星, 颜廷武. 2021. 劳动力转移背景下农业技术服务对农户秸秆还田行为的影响分析: 以湖北省为例. 中国农业大学学报, 26(1): 196-207.
张永强, 田媛, 王珧. 2020. 农户认知视角下保护性耕作技术采纳行为研究: 以东北黑土区黑龙江省为例. 农业现代化研究, 41(2): 275-284.

赵邦宏, 宗义湘, 石会娟. 2006. 政府干预农业技术推广的行为选择. 科技管理研究, 26(11): 21-23.

周怀平, 解文艳, 关春林, 等. 2013. 长期秸秆还田对旱地玉米产量、效益及水分利用的影响. 植物营养与肥料学报, 19(2): 321-330.

周维佳, 廖望科, 陈春艳. 2015. 基于国际视野的中国生态经济研究方法进展综述. 中国人口·资源与环境, (S1): 300-304.

周应恒, 胡凌啸, 杨金阳. 2016. 秸秆焚烧治理的困境解析及破解思路: 以江苏省为例. 生态经济, 32(5): 175-179.

周颖, 周清波, 王立刚, 等. 2019. 秸秆还田技术的外溢效益价值评估研究综述. 生态经济, 35(8): 128-135.

周颖, 周清波, 周旭英, 等. 2015. 意愿价值评估法应用于农业生态补偿研究进展. 生态学报, 35(24): 7955-7964.

周志明, 张立平, 曹卫东, 等. 2016. 冬绿肥-春玉米农田生态系统服务功能价值评估. 生态环境学报, 25(4): 597-604.

朱子云, 夏卫生, 彭新德, 等. 2016. 基于机会成本的农产品禁产区农业生态补偿标准探讨: 以湘潭市为例. 湖南农业科学, (11): 102-105.

邹昭晞, 张强. 2014. 现代农业生态功能补偿标准的依据及其模型. 中国农学通报, 30(增刊): 93-97.

Ajzen I. 1991. The theory of planned behavior. Organizational Behavior and Human Decision Processes, 50(2): 179-211.

Atinkut H B, Yan T, Arega Y, et al. 2020. Farmers' willingness-to-pay for eco-friendly agricultural waste management in Ethiopia: a contingent valuation. Journal of Cleaner Production, 261: 1-18.

Bateman I J, Willis K G. 1999. Valuing Environmental Preferences: Theory and Practice of the Contingent Valuation Method in the US, EU, and Developing Countries. New York: Oxford University Press: 125-138.

Bescansa P, Imaz M J, Virto I, et al. 2006. Soil water retention as affected by tillage and residue management in semiarid Spain. Soil and Tillage Research, 87(1): 19-27.

Castellini C, Bastianoni S, Granai C, et al. 2006. Sustainability of poultry production using the emergy approach: comparison of conventional and organic rearing systems. Agriculture, Ecosystems and Environment, 114(2-4): 343-350.

Dassanayake G D M, Kumar A. 2012. Techno-economic assessment of triticale straw for power generation. Applied Energy, 98: 236-245.

Davey K A, Furtan W H. 2008. Factors That Affect the Adoption Decision of Conservation Tillage in the Prairie Region of Canada. Canadian Journal of Agricultural Economics/Revue canadienne d'agroeconomie, 56(3): 257-275.

Delivand M K, Barz M, Gheewala S H, et al. 2012. Environmental and socio-economic feasibility assessment of rice straw conversion to power and ethanol in Thailand. Journal of Cleaner Production, 37(4): 29-41.

Fahad S, Jing W. 2018. Evaluation of Pakistani farmers' willingness to pay for crop insurance using contingent valuation method: the case of Khyber Pakhtunkhwa province. Land Use Policy, 72: 570-577.

Feiziene D, Feiza V, Karklins A, et al. 2018. After-effects of long-term tillage and residue management on topsoil state in Boreal conditions. European Journal of Agronomy, 94: 12-24.

Fisher A C. 1996. The conceptual underpinnings of the contingent valuation method//Bjornstad D J, Kahn J R. The Contingent Valuation of Environmental Resources: Methodological Issues and Research Needs. Cheltenham, UK, Brookfield, US: Edward Elgar: 19-37.

Gebrezgabher S A, Meuwissen M P M, Kruseman G, et al. 2015. Factors influencing adoption of manure separation technology in the Netherlands. Journal of Environmental Management, 150: 1-8.

Habanyati E J, Nyanga P H, Umar B B. 2018. Factors contributing to disadoption of conservation agriculture among smallholder farmers in Petauke, Zambia. Kasetsart Journal of Social Sciences, (5): 1-6.

Jones B A, Ripberger J, Jenkins-Smith H, et al. 2007. Estimating willingness to pay for greenhouse gas emission reductions provided by hydropower using the contingent valuation method. Energy Policy, 111: 362-370.

Kurkalova L, Kling C, Zhao J H. 2006. Green subsidies in agriculture: estimating the adoption costs of conservation tillage from observed behavior. Canadian Journal of Agricultural Economics, 54: 247-267.

Liu Z, Wang D Y, Ning T Y, et al. 2017. Sustainability assessment of straw utilization circulation modes based on the emergetic ecological footprint. Ecological Indicators, 75: 1-7.

Minas A M, Mander S, McLachlan C. 2020. How can we engage farmers in bioenergy development? Building a social innovation strategy for rice straw bioenergy in the Philippines and Vietnam. Energy Research & Social Science, 70: 1-17.

Onthong U, Juntarachat N. 2017. Evaluation of biogas production potential from raw and processed agricultural wastes. Energy Procedia, 138: 205-210.

Pathak H, Singh R, Bhatia A, et al. 2006. Recycling of rice straw to improve wheat yield and soil fertility and reduce atmospheric pollution. Paddy and Water Environment, 4(2): 111-117.

Paul J, Sierra J, Causeret F, et al. 2017. Factors affecting the adoption of compost use by farmers in small tropical Caribbean islands. Journal of Cleaner Production, 142: 1387-1396.

Samun I, Saeed R, Abbas M, et al. 2017. Assessment of bioenergy production from solid waste. Energy Procedia, 142: 655-660.

Soam S, Borjesson P, Sharma P K, et al. 2017. Life cycle assessment of rice straw utilization practices in India. Bioresource Technology, 228: 89-98.

Song J N, Yang W, Higano Y, et al. 2015. Dynamic integrated assessment of bioenergy technologies for energy production utilizing agricultural residues: an input-output approach. Applied Energy, 158: 178-189.

Thorenz A, Wietschel L, Stindt D, et al. 2018. Assessment of agroforestry residue potential for the bioeconomy in the European Union. Journal of Cleaner Production, 176: 348-359.

Zhuang M H, Zhang J, Lam S K, et al. 2019. Management practices to improve economic benefit and decrease greenhouse gas intensity in a green onion-winter wheat relay intercropping system in the North China Plain. Journal of Cleaner Production, 208: 709-715.

Zuo A, Hou L L, Huang Z Y. 2020. How does farmers' current usage of crop straws influence the willingness-to-accept price to sell? Energy Economics, 86: 1-8.

第七章　农业绿色发展生态补偿制度框架

第一节　农业绿色发展生态补偿的政策边界

一、农业绿色发展生态补偿的标的物

农业生态补偿属于生态补偿的新领域，与现有的自然保护区生态补偿、重要生态功能区生态补偿、矿产资源开发生态补偿及流域水环境保护生态补偿等 4 个重点领域生态补偿是有区别的，但在理论基础、研究思路和机制设计等方面又是相互借鉴、融会贯通的。农业生态补偿的标的物是从事环保生产行为的农户与代表公众利益的政府之间共同关心的保障农业生态技术推广实施的成本投入或代价。本研究按照农业生态补偿的内容和标的物将其划分为以下 4 个主要类型（图 7-1）。

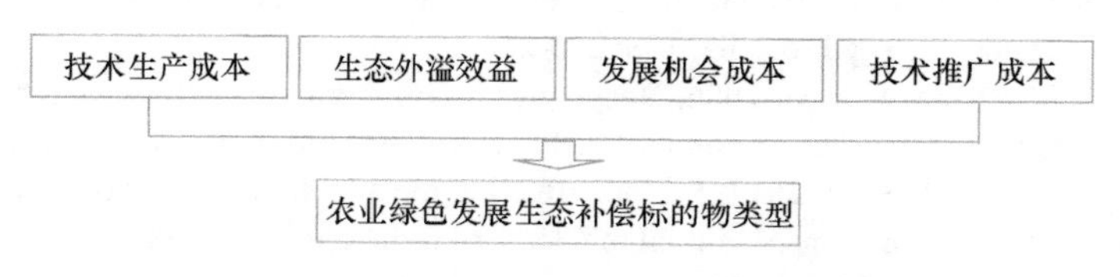

图 7-1　农业绿色发展生态补偿标的物类型

1）技术生产成本的补偿。对农户采用环境友好型和资源节约型技术进行资金、技术、实物上的补偿和政策上的优惠。在各地农业生产过程中，农民采取减少施用化肥、农药、农膜，增施有机肥等环保技术，选择节水灌溉技术、水肥一体化技术、节肥节药技术等，需要额外投入技术应用的生产成本，包括生产资料、设备、技术等投入，这些生产投入并非出于农户自愿，因此造成个人收益的降低。解决这一问题的有效方法是通过给予农户合理的补偿费用，激励其主动参与环保生产的积极性，弥补因政策和市场失灵导致的农民受益损失（图 7-2）。

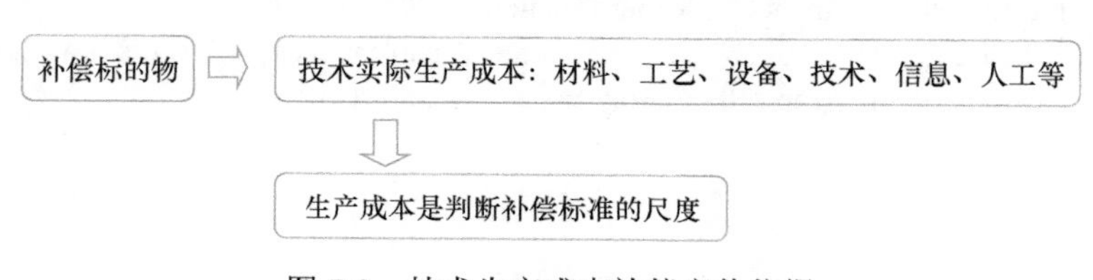

图 7-2　技术生产成本补偿定价依据

2）生态外溢效益的补偿。对农户采纳农业“两型技术”而产生的正外部性价值进行经济上的补偿（奖励）、政策上的优惠。技术的正外部性表现在两个方面：一是生态服务功能带来的环境改善方面的价值，即生态服务价值；二是生产服务功能带来的社会保障方面的价值，即社会效益价值。因此，技术产生的生态外溢效益价值包括 3 个组成部分：一是技术应用后作物增产的商品价值；二是技术应用后产生的生态服务功能价值；三是技术被采纳后农户的补偿意愿价值。农业生态技术的外部性是重要的经济学属性，对于技术生态外溢效益价值的精准测度是制定补偿标准的重要科学依据（图 7-3）。

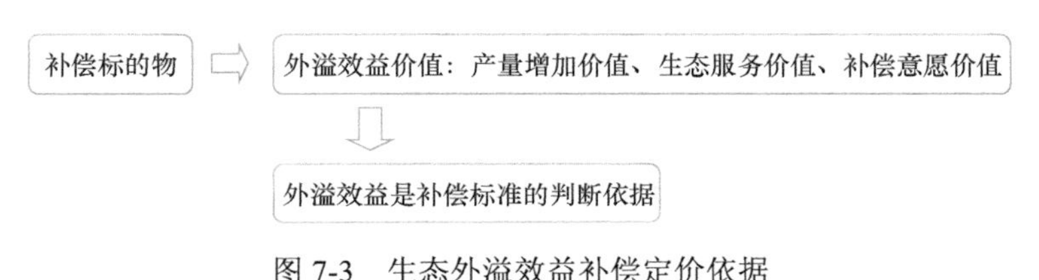

图 7-3　生态外溢效益补偿定价依据

3）发展机会成本的补偿。对因保护农业生态环境而丧失发展机会的农民进行资金、技术、实物上的补偿和政策上的优惠。例如，在自然保护区建设过程中，在退耕还林、退耕还草及土地休耕的过程中，当地的农民由于生产、生活资源被占用或强制性禁止使用而丧失发展甚至生存的基本条件。解决这一矛盾的最好办法是通过补偿的途径，提供利益损失者另外的生存和发展机会，并保证在原有基础上得到改善和提升。这样才能保障弱势群体的利益，充分调动农民的积极性，真正实现生态保护（图 7-4）。

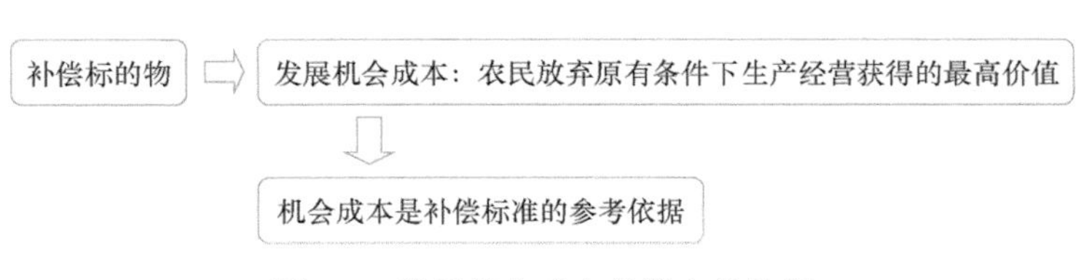

图 7-4　发展机会成本补偿定价依据

4）技术推广服务的补偿。对农技推广部门或技术推广人员为增进农民环境保护意识，提高环境保护水平而进行的科技推广支出费用的补偿。科技推广费主要用于示范、培训及咨询服务等推广工作环节发生的下列费用：生产资料费（种子、种苗、肥料、农药、薄膜的费用），租地费（示范地块租用耕地当年的租赁费用补助），种子费（推广种植新品种的种子、种苗补贴），培训费，检测化验费，小型仪器设备费，差旅费，劳务费等（图 7-5）。

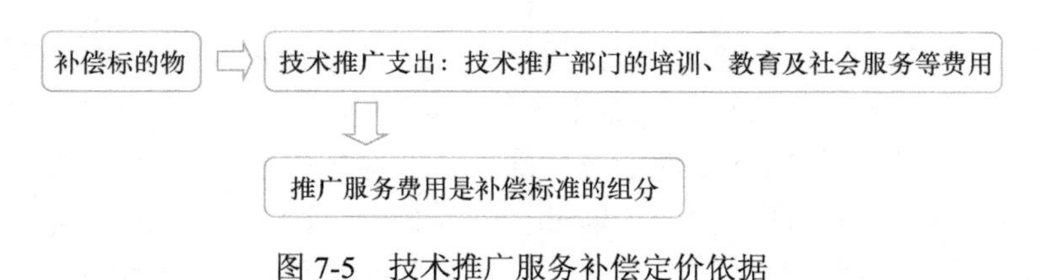

图 7-5 技术推广服务补偿定价依据

二、农业绿色发展生态补偿的内容

农业绿色发展是建立在生态环境容量和资源承载力约束条件下，实现农业可持续发展的一种新型模式。绿色农业发展模式与传统农业发展模式相比的创新性体现在 3 个方面：一是将环境资源作为社会经济发展的内在要素，在经济发展过程中高度关注资源的节约利用、资源质量保护及资源再生培育；二是把实现经济、社会和环境的可持续发展作为绿色发展的目标，农业经济发展绝不能以牺牲环境为代价；三是把经济活动过程和结果的“绿色化、生态化”作为绿色发展的主要内容和途径，实现技术范式、生产模式和生活方式的生态化转型。

农业绿色发展生态补偿是对农业生态系统外溢成本（效益）内部化的制度安排，即通过制度创新，采取相应的政策和市场手段界定环境利益双方的责权边界，纠正市场失灵和政策失灵产生的“外溢效应”，鼓励农业生产参与者形成环境友好型生产和消费行为，激发农民的生产活力和农业内生发展动力，是农业生态文明制度体系的重要部分。在实践中，农业生态系统外溢成本（效益）就是农业生态系统的服务功能价值，农业绿色发展生态补偿标准的确定归结于对农业生态系统服务功能价值的准确测度，也是研究要解决的主要科学问题之一。

农业生态系统是在一定时间和地区内，在人工调节和控制下，建立起来的各种形式和不同发展水平的农业生产体系。农业自然资源和农业生态环境是农业生态系统的两大重要组成部分。农业生态资本又是在自然资源和人为投资双重作用下，依赖生态系统及其功能产生的农业生态资源和农业生态环境的总和。因此，我们开展农业绿色发展生态补偿机制的研究，其核心任务就是确定生态补偿的标准，补偿标准的确定归结于对农业生态系统外溢成本（效益）的准确核算，而生态外溢效益就是难以通过市场价格直接进行计算的，在农业绿色发展技术范式和生产模式调控下产生的农业生态系统服务功能价值。因此，我们开展农业绿色发展生态补偿机制评估方法研究也就是对农业绿色发展技术模式下的农业生态系统服务功能价值评估方法的研究，主要包括：对于构成农业生态系统本身的农业自然资源价值评估，以及人类生产活动改造的农业生态环境价值评估两部分。

农业生态系统的环境要素除了光能、水分、空气、土壤、营养元素和生物种群等资源因素以外，还包括以及人和人的生产活动要素。农业生态系统的社会性决定了人类不同的物质技术水平和农业经营方式，会使系统内物质、能量的投入和产出的数量各异，引起农业生态系统结构、功能和效率的差异，从而影响农业生态系统的环境质量。由于农业生态环境的服务功能是在人类生产活动干预下产生和变化的，其功能价值也是在农业生产技术应用下体现的，我们有理由认为农业生态环境价值实际上就是农业绿色技术应用价值。因此，对农业生态环境价值的评估也就是对农业生态技术价值的评估。

综上所述，农业绿色发展生态补偿机制的核心任务是制定农业生态补偿标准，而生态补偿标准必须以生态外溢效益评估为依据，农业生态系统的外溢效益评估主要包括两部分：农业自然资源价值评估、农业绿色生产技术价值评估。因此，我们的主要目标是建立农业自然资源价值评估和农业绿色生产技术价值评估方法体系，算清农业绿色发展生态补偿的经济账和环境账，创新生态补偿政策手段，从满足生产者意愿出发，推进农业生产方式的生态化转变，实现农业和全社会的可持续发展。

第二节　农业绿色发展生态补偿的制度框架

一、农业绿色发展生态补偿机制存在的问题

目前，我国农业绿色发展生态补偿存在的主要问题有以下 4 个方面。

一是尚未建立起国家层面的农业生态环境补偿制度和政策体系。首先，我国农业生态补偿资金渠道单一，主要依靠中央财政转移支付，地方投入较少，农业生态补偿金渠道主要还是依靠政府财政资金，由于资金有限，涉及区域广泛，造成资金的低效率使用和浪费，难以保障农业生态补偿持续进行。其次，国家还没有形成统一的法律和政策，农业生态补偿机制尚在建设之中，林业、环保、农业、水利、财政、发展改革委等不同部门均参与开展生态补偿实践，导致生态补偿政策多，国家统一的生态补偿制度难以形成。

二是尚未建立起科学统一的农业生态补偿标准核算方法体系。首先，农业生态补偿标准在技术层面上还没有建立起统一的、普遍适用的补偿标准核算方法体系，包括生态服务价值评估核算体系、农业生态补偿标准核算体系及生态环境监测评估体系等重要方法体系亟待建立和完善。其次，农业补贴标准的确定以政府决策为主，没有利益相关者参与协商的机制，尤其作为生态保护主要实施者的农民和牧民没有参与；因此，补偿政策标准的制定缺少科学依据，并没有充分尊重农民意愿。最后，补偿标准实施机制未合理考虑不同地区的经济环境差异，简单划一的补贴标准难以落实地方配套补贴政策；在制度层面上还没有形成规范的农业生态补偿标准管理体系，在现实中许多环节难以实现和推进。

三是尚未建立起多元化的农业生态补偿投融资体制和补偿方式。首先，我国

农业生态补偿的资金来源还是以中央财政转移支付资金为主、地方各级政府财政资金为辅，多元化的资金格局还没有形成。由于政府支付能力有限，很难建立起生态补偿的长效机制，而短期的扶持和投入对于农业生态环境的改善往往效果甚微。其次，我国现有的农业生态补偿方式单一，以投入补贴、产出补贴和直接补贴为主，补贴方式多采取“暗补”方式，缺乏透明度，补贴效率低；偏重对技术市场供方主体的补贴，对需求方农户的补贴力度不足；偏重农产品流通环节的价格补贴，对于生产环节的农户行为补贴较少。

四是尚未建立起规范的生态补偿监管体系和绩效考核评估制度。首先，现有的资源环境法律法规都没有对农业生态补偿管理做出规定，以至于农业生态补偿管理部门多元化，管理权力分散、程序和方法不统一，影响资金使用效率。其次，农业生态补偿资金在使用上存在漏洞，生态补偿资金从中央下达到最后到达农民手中最少要经过 6 个行政管理环节，环节多、监管难及效率低。最后，缺乏与农业生态补偿机制相适应的地方政府绩效考核评估制度，目前绩效评估指标中以经济发展指标为主，生态环境指标和社会发展指标所占比例过低，这会导致地方政府减少对生态环境建设的投入。

二、农业绿色发展生态补偿政策制度框架

（一）制度框架与管理效能

农业绿色发展生态补偿制度框架由 5 个部分组成：判别机制、评价机制、运行机制、投资机制和保障机制；各部分所包含的关键要素和主要环节，以及相互作用关系如图 7-6 所示。

一是判别机制。判别机制是生态补偿机制框架的理论根基和首要任务。判别机制要厘清利益相关主体与环境的经济关系：一是对农业绿色生产过程中需要补偿的生态资源和生态环境产品进行科学识别；二是对个人与群体、个人与社会之间存在的纵向利益关系进行准确判定。在科学识别的基础上确定补偿主体和补偿客体，补偿主体是生态环境（资源）的受益者或使用者，补偿客体是生态环境（资源）的保护者或环境破坏的受损者。

二是评价机制。评价机制是生态补偿机制框架的内核支撑和重要组分。评价机制要准确测度生态补偿标准的价值量。首先，对生态环境保护中农业生态系统产生的外溢效益和外溢成本价值的测算，合理选择替代市场技术、假想市场技术和实验观测分析相结合的评估方法。其次，在生态环境产品价值测度的基础上，核算并确定生态补偿标准额度，采用的定价原则是以理论上、下限为参考阈值，以政府财政支付能力和相关因素为参考依据，量化推荐分产业、分技术、分主体的农业绿色发展生态补偿标准，为科学决策和实践提供技术支撑。

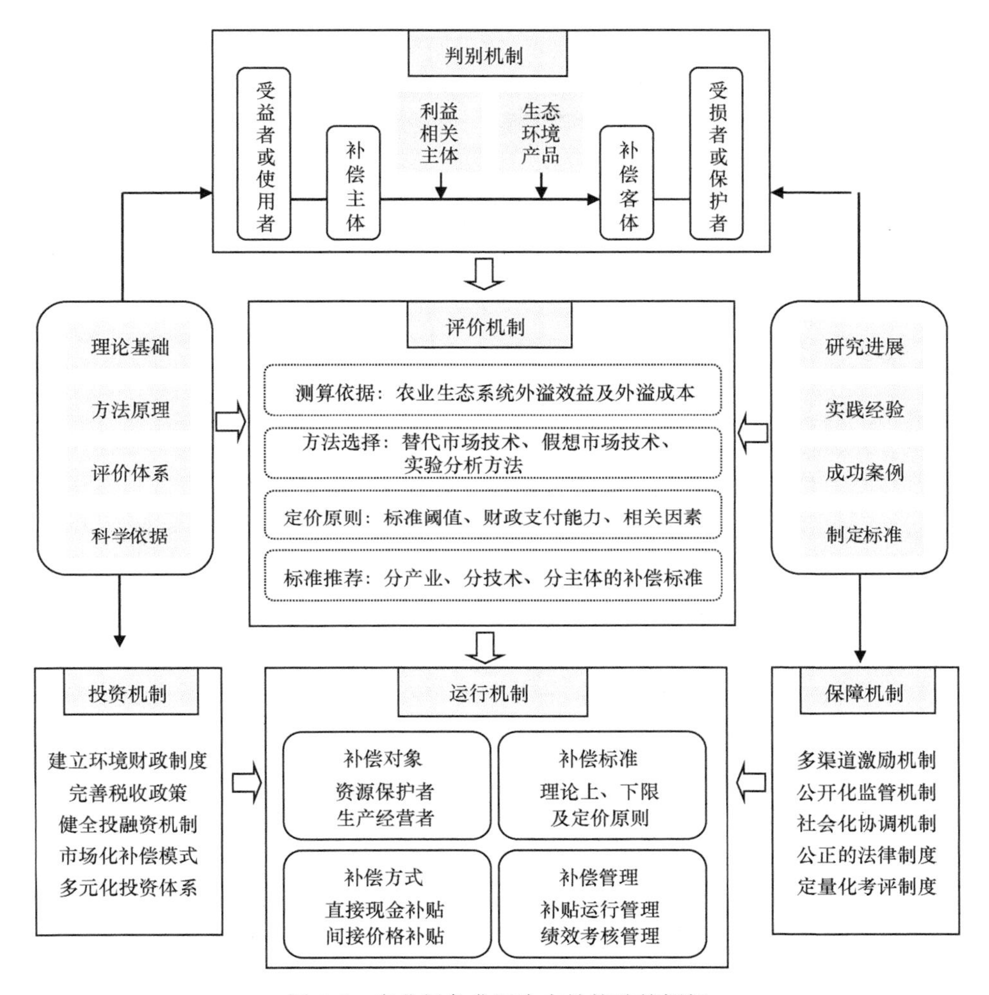

图 7-6　农业绿色发展生态补偿政策框架

三是运行机制。运行机制是生态补偿机制框架的实施主体和功能实现主体。运行机制要制定政策实施的基本准则并引导决策。第一，农业生态补偿政策的责任主体是中央和地方政府，以及推动补贴政策实施的所有社会力量；补偿主体为享受农业绿色生产服务价值及生态环境产品的受益者，以及生态资源的使用者；补偿客体为提供农业生态产品和生态福利的生产者、生态环境的保护者及从事生态建设而损失个人利益的受损者。第二，基于评价机制所推荐的量化标准，确定国家层面的绿色生产技术推广补偿标准的实施细则，作为各地开展相应技术补贴实践的参照标准和原则。第三，根据中央及地方财政支付能力、生态治理市场化运作及社会资本参与投资情况，确定生态补偿资金来源及补偿方式。第四，制定补贴运行管理办法并完善绩效考核管理制度。

四是投资机制。投资机制是生态补偿机制框架的外力驱动和资金保障。投资机制要利用政策手段引导资金投向绿色农业。建立健全农业绿色发展生态补偿投融资体制，坚持政府主导，社会各方参与，探索多途径、多形式的生态补偿方式，努力形成多元化的资金格局。

五是保障机制。保障机制是生态补偿机制框架的条件支持和要素保障。保障机制要创建并完善良性运转的制度体系，主要包括多渠道激励机制、公开化监管机制、社会化协调机制、公正的法律制度及定量化考评制度等。

（二）创新举措与改进方法

第一，建立多元化的投融资机制，为农业生态补偿的实施提供资金保障。

建立起政府引导、市场推进、社会参与的生态补偿和生态建设投融资机制，积极引导国内外资金投向生态建设和环境保护。各级政府把绿色农业对生态环境保护和生态系统功能改善过程的支出列入财政转移支付，同时充分运用财政贴息、投资补助、保护补偿等措施，结合国债资金和开发性贷款，吸引国内社会资金同国际组织捐款一起进入绿色农业生态补偿领域，形成有利于绿色农业生态补偿的多元化融资体制，为农业环保支持政策的建立提供充足的资金保障。

具体做法：一是设立绿色农业生态补偿专项基金，促进绿色农业技术推广和普及，通过现金补贴和技术援助等方式鼓励农民自愿参与项目。二是继续加大对种植者（农户、种养大户、家庭农场）等生产经营主体的直接补贴力度，将农民收入与环境改善目标挂钩，激励农民的环保生产行为。三是建立绿色农产品生态标识制度，类似于欧盟的生态标签制度，一方面鼓励企业提供环保产品，树立品牌形象，保障产品市场优势；另一方面帮助公众识别环保产品，选择对环境影响更小、更安全的绿色产品。建立农产品生态标识制度，不仅使绿色农产品能够赢得更广泛的客户基础并提高产品档次和知名度，而且通过“绿色壁垒”来提高农产品进入国际市场的门槛。四是加强农业绿色生产技术的培训，加大对新型农民科技教育的投资，给自愿从事农业环保生产的农民提供免费、专业的技术辅导，开展科技下乡、田间课堂、专家讲座和网络培训等多种形式的技术宣传和培训工作。

第二，探索市场机制补偿的可行方法，改进单一化的农业生态补偿方式。

发达国家在农业生态补偿领域先进的政策、法律、理念、规则、制度、技术和方法，对于完善我国农业生态补偿机制具有借鉴作用。我们经过选择性吸收、引进，本土化调整、改进，以及创新性地整合、设计，使其成为我国农业生态补偿政策和法律体系的有机组成部分。

一是建立政府引导与市场机制互补的生态补偿制度。在市场发育不成熟的阶段，对于农业绿色生态产品应以政府公共财政资金补偿为主，发挥政府的引导和推动作用。市场机制和市场途径也是生态补偿的重要实施方式，在农业生产过程中生态利益受损方和受益方十分明确的前提下，可以引入市场模式，充分发挥市场在生态补偿中的调节作用，由受益方付费补偿。

二是依托生态工程及示范项目实施农业生态补偿。以项目为依托实施长效管理是生态补偿制度的有效实施方式，以项目补助形式对参与者进行补偿，有较长的时间延续性。例如，我国退耕还林、退牧还草、农村沼气建设等方面均采用项目支持形式实施生态补偿，在项目执行期内可以有效保证农牧民采取环境友好的生产和生活方式，改善生态环境。

三是改进长期以来传统的农业生态补偿方式。我国农业生态补偿偏重技术市场供方主体的补贴，对需求主体的补贴较少；补贴方式多采取“暗补”，缺乏透明度，补贴效率低；农产品流通环节补贴支持力度大，生产环节补贴力度不足。针对补偿方式效率低、不透明等问题，要吸收先进理念、转变思路，改进补贴方式，即由“普惠制”向 “特惠制”方式转变、由“暗补”向“明补”转变、由偏重技术市场的供给主体向需求主体转变、由中央财政资金单一渠道向市场化、社会化参与运作的路子转变。

第三，建立多方法集成的补偿标准核算方法体系，提高农业补贴政策效能。

结合不同区域农业绿色发展的主要任务和技术目标，建立多方法集成的农业生态补偿标准核算方法体系。以农业绿色技术补偿标准的确定为例，构建以生态系统服务价值评估、生态补偿意愿价值评估为架构，实验分析与调查统计方法相结合的农业绿色生产技术补偿标准核算方法体系（图 7-7）。农业绿色生产技术补偿实施的具体过程如表 7-1 所示。

第四，制定农业生态补偿的财政政策，确保各地农业补贴工作顺利推进。

界定不同层级政府的生态补偿事权，制定绿色农业生态补偿的财政政策，各级政府把绿色农业对生态环境保护和生态系统功能改善过程的支出列入财政转移支付，同时充分运用财政贴息、投资补助、保护补偿等政策措施。本级政府生态补偿资金的安排和生态补偿责任的落实主要包括以下 7 个方面。

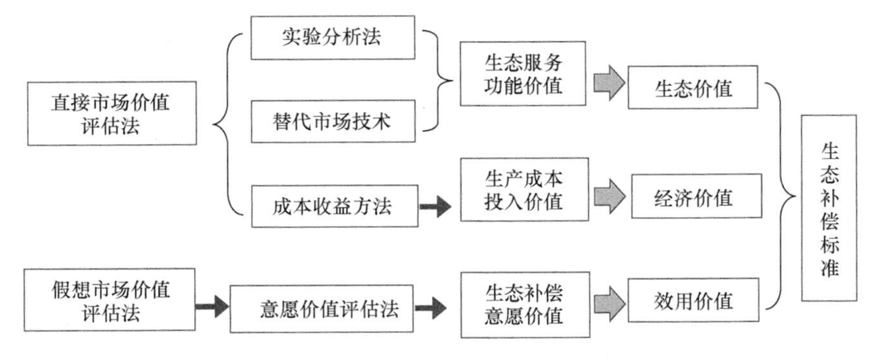

图 7-7　农业绿色生产技术补偿标准核算方法体系

表 7-1 农业绿色生产技术应用补贴政策实施及评估方法

补贴对象	补贴环节	补贴政策	补贴方式	评估方法
小农户	绿色投入品、化肥农药减施增效技术、废弃物资源化利用技术等生产投入	耕地地力保护补贴	现金直补 实物补贴	①生态价值评估法 ②意愿价值评估法 ③成本效益分析法 ④实验观测分析法
种养大户	绿色投入品、绿色生产技术、废弃物循环利用技术、面源污染治理技术等生产投入	适度规模经营补贴、土地流转补贴、大型农机补贴、种粮补贴等	现金直补 农业信贷担保 对口支援 专项资金资助 一次性补偿 税收减免等	
家庭农场	绿色投入品、绿色生产技术、绿色低碳种养技术模式、面源污染治理技术等生产投入	家庭农场直补、流转土地租金补贴、贷款贴息补贴、农机补贴、农资补贴等		

1）完善转移支付制度。政府生态社会责任财权的到位转移支付制度，是生态补偿机制中核心且备受关注的一项制度。应建立专项转移支付制度，约束地方政府财政资金的使用权限，保证专款专用。

2）建立生态补偿基金。我国目前的预算会计制度规定，政府间横向的转移支付支出既不可能列入政府纵向的转移支付范围，也不可能列入本级预算。借鉴国外成功经验，可以通过设立政府性生态补偿基金（不向社会征收）的办法来解决这一问题，实现政府间横向的转移支付。

3）完善一般预算制度。在本级一般预算中需要安排生态补偿的能力建设资金、生态补偿的相关支出项目、提高生态补偿能力的相关支出等几方面的预算。

4）建立项目预算制度。建立政府生态社会责任的任务性保障机制，除了上述通过一般预算制度安排，落实生态补偿资金的使用外，本级政府还需要通过项目预算来解决生态补偿中一些急需的或重大的项目。

5）改革财务会计制度。通过财务会计制度的“绿色化”，在其核算体系中，形成内控机制，促进企业和社会团体主动履行生态补偿等社会责任。

6）完善税收、非税收入制度。通过在税收、非税收入制度中纳入生态补偿的因素，促进企业主动履行生态补偿的责任。目前，可以在增值税、资源税、排污费及新增的环境税收政策中考虑生态补偿因素。

7）建立政府补贴制度。尽快建立企业、社会团体和个人履行生态社会责任的外部激励机制。

主要参考文献

胡仪元，唐萍萍，陈珊珊. 2016. 生态补偿理论依据研究的文献述评. 陕西理工学院学报(社会科学版), 34(3): 79-83.

李振红，邓新忠，范小虎，等. 2020. 全民所有自然资源资产生态价值实现机制研究：以所有者权益管理为研究视角. 国土资源情报, (9): 11-15.

《农业绿色发展概论》编写组. 2019. 农业绿色发展概论. 北京: 中国农业出版社: 3-5.
王兴杰, 张骞之, 刘晓雯, 等. 2010. 生态补偿的概念、标准及政府的作用: 基于人类活动对生态系统作用类型分析. 中国人口·资源与环境, 20(5): 41-50.
严立冬, 陈胜, 邓力. 2015. 绿色农业生态资本运营收益的持续量: 规律约束与动态控制. 中国地质大学学报(社会科学版), 15(5): 55-61.

第八章　农业绿色发展补偿政策创新的展望

第一节　农业现代化发展道路与制度安排

随着我国农业现代化建设进入以生态文明为导向的创新阶段，农业产业生态化已经成为新时期农业发展的必然选择和必由之路。农业现代化发展要适应“双循环”的新发展格局，首先，要强化自身内循环为主的发展模式，基于中国国情、农情及资源环境约束走“生态农业、循环农业、休闲农业和绿色农业”的中国特色发展道路；其次，以实现农业高质量发展和增进人民福祉为新目标，激发农业自身潜力和发展新动能，以政策改革和制度创新为可行途径，带动技术创新突破瓶颈、补齐短板，推进农业现代化迈入创新发展的高级阶段。

一、农业现代化发展的道路选择

1. 走现代集约型生态农业发展之路

生态农业模式改变了石油农业过分依赖化肥、农药，导致生态环境破坏和资源短缺问题，其通过合理布局、工程设计和资源整合，构建多元素协调配合、相互促进的农业生态经济系统，实现经济、社会和生态效益的共赢目标。生态农业模式局限性的主要体现：以庭院为主的家庭作坊式生产经营规模的局限性，使得生产效率不高、生产能力有限；以沼气为纽带的农户节能型生产模式对废弃物资源的利用范围太窄，使得农业加工业副产品开发利用途径不明；生态农业的模式设计过于理想化，产业链增值效果不明显（骆世明，2009）。

我国今后生态农业的发展应该走现代集约型发展的道路。一是着力打造以庭院生产为基本单元、以规范化生产操作为主要特征、以合作社组织管理为特色的乡村生态园区模式。实际是将原来小规模的家庭作坊式生产模式进行产业化提升，突出生产技术规范化和管理方式的集中化，从而扩大了原来庭院式生态农业的规模，逐步向专业化和规模化方向转变。二是重点发展以生物质能开发利用为特色的生态农业模式，充分利用种、养、加各产业在生产环节中产生的能源资源，如农作物秸秆、畜禽粪便、加工副产品等，实现其肥料化、燃料化、饲料化和基料化利用。同时，建立促进生态农业产业化的服务体系，包括社会化服务体系、人力资源培训体系、农产品安全监测预警体系等（厉无畏，2008）。

2. 走资源低耗型循环农业发展之路

循环农业的基本特征是农业经济活动按照“投入品→产出品→废弃物→再生产→新产出品”的反馈式流程组织运行；使上一环节的废弃物作为下一环节的投入品，在实现产品深加工和废弃物资源化利用的过程中，延伸产业链条并拓展农业产业空间和增值路径（周颖等，2012）；树立环境友好型新农村新理念，构建清洁田园、清洁家园、清洁社区相结合的良性循环、和谐发展的健康文明社会。今后，我国农业现代化的发展应继续走资源低耗型循环农业发展路径。

循环农业模式的选择应以区域资源禀赋为基础、以农业产业化龙头为带动、以产业链耦合设计为手段、以资源综合利用为核心、以循环型社会建设为目标，探索特色模式路径。一是从主导产业空间分布出发，基于微观、中观、宏观等不同层面，分别实践以个体经营、园区经营和社区经营为主体的循环农业模式。二是从主导产业定位方向出发，重点实践 4 种模式类型：①生态农业改进型模式，改进生产组织形式及资源利用方式，建立良性循环的农业生态系统；②农业产业链延伸型模式，由各产业配合组成链环，以某一主导产业为链核，其他辅助产业为链环的循环农业产业体系；③资源多级转化利用型模式，重视农业废弃物资源、二次资源与能源的多级循环利用，提高资源的有效利用率和生产潜力；④产业高效复合型模式，在生态农业模式建设的基础上，将资源要素重新组合和进行工程开发，建立高效能的立体农林-农牧-农渔复合型生态系统（周颖，2016）。

3. 走产业融合型休闲农业发展之路

休闲农业是现代农业除商品功能以外的多功能产品体现形式，其实质是在实现商品价值产前、产中和产后的全过程中，增加、开辟、挖掘、创造农业生态产品的生态服务价值和休憩娱乐价值，进而与农业资源的文化价值有机融合，并在价值实现过程中充分彰显和体现，形成多产业并存、多元化发展、多目标共赢的产业新业态（骆高远，2016）。休闲农业依托的产业形态包括：种植业、林果业、畜牧业、渔业、加工业。休闲农业的主要特征是产业融合和产业升级，其将农村一二三产业相结合，并把农产品加工业、乡村旅游业、服务业等融合成相互关联的整体（刘章荣等，2006）。

当前应重点推广以下 4 类休闲农业模式，做出区域特色和品质。一是休闲农业园区，以特色农产品生产基地为依托，根据不同地域特点、资源禀赋、产业基础、功能定位和比较优势，打造“特而精”的农业产业类型。二是休闲旅游牧场，以现有特色畜禽养殖基地为依托，完善与养殖生产相配套的娱乐、教育、休憩、餐饮等服务设施，建设以多功能开发、多元素体验、多场景转换为特色的休闲旅游牧场。三是休闲观光渔业，以现有的农业垂钓园、水生养殖场为基础，发挥渔业生产在观赏、观光、旅游、科普、体育、养生等方面的服务功能价值，开发特色休闲渔业新模式。四是生态旅游村落，挖掘古村落独具特色的旅游文化价值，依托资源优势确立不同的开发思路，打造精品、优品和名品村落（周颖，2018）。

4. 走生态福祉型绿色农业发展之路

绿色农业实质上是一场农业技术创新、农业技术革命，是绿色发展和生态文明建设新时代的重要发展模式，也是农业现代化的主导方向。农业绿色发展以资源节约和环境友好的生产技术为依托，技术的推广和应用将改善环境质量、增加生态产品供给、保护自然资源、提高经济效益，给生态环境的改善、美丽乡村和清洁家园的建设带来生态福利，是最普惠的民生福祉（《农业绿色发展概论》编写组，2019）。绿色农业是农业产业形态的再次升级，是生态文明建设在农业现代化领域实践的重要任务。绿色农业发展的重要途径是建设“全民意识绿色化、制度体系绿色化、生产方式绿色化和生活方式绿色化”的社会新风尚。具体发展要求如下。

一是提升全民意识绿色化，意识引领行动、意识改变态度、意识强化责任，要使绿色、低碳、环保、节约的观念深入人心，养成公民自觉参与、自觉遵守的习惯，必须从思想意识方面加强引导和教育，加强全民环保素质和环保理念的宣传教育（环境保护部，2015）。二是完善制度体系绿色化，健全生态法律法规体系，制定相应环境保护法律法规；完善生态环境保护管理制度，建立农业绿色生态补偿制度，搭建绿色化的农业支持和保护制度体系。三是转变生产方式绿色化，加大绿色科技创新，构建以生态资源节约型技术、生态环境保护性技术、生态破坏修复型技术及生态文明建设模式为主体架构的农业绿色发展技术体系；加大科技人才培养力度，吸引更多的创新型人才，促进绿色农业科技的发展。四是倡导生活方式绿色化，鼓励低碳生活方式，引领广大群众节约资源；培养绿色消费方式，反对过度消费及一切不合理消费行为。通过绿色消费倒逼绿色生产，为全社会生产方式、生活方式绿色化贡献力量（周颖和王丽英，2019）。

二、农业绿色生产技术推广的制度安排

生产技术现代化和制度现代化相互促进、相互影响，共同促进现代农业发展，并且以制度创新为前提条件。纵观我国农业现代化历程，制度的创新和改革推动农业现代化不断迈上新台阶；制度变迁滞后于科学技术的发展，就会对发展起阻碍作用（刘荣材，2009）。党中央在《关于创新体制机制推进农业绿色发展的意见》中明确指出，推进农业绿色发展要坚持以制度创新、政策创新、科技创新为基本动力。科技创新是发展的"内芯"，在以缓解资源环境约束为导向，构建适应高效、优质、生态、安全农业发展要求的技术体系进程中，需要相适应的制度安排和规范导向，而规范制度创新又为科技发展拓展空间。目前，以资源节约型、环境友好型技术为支撑的农业绿色技术应用已经在保护自然资源、改善环境质量、增加生态产品供给等方面取得成效，但技术进步对农业环境功能的改善和民生福祉的增加还没有达成广泛共识，分主体、分产业的农业绿色生产技术应用外溢效益研究并不充分，仍未建立起科学统一的技术外溢效益价值评估方法及补偿标准定价核算方法体系；因此，不能基于更准确的价值判断制定更为合理的补偿政策，全面激活农业生态产品供给者的内生动力，从而制约了农业绿色生产技术的规模化发展。

鉴于此，一方面应突破现有的评价体系和运行机制，建立与技术发展相适应的新的制度体系。针对生态环境保护者在绿色技术应用过程中产生外溢效益及减少外溢成本的行为给予合理报酬和奖励，其目的是激励生产者环保行为并提高农产品质量，实现绿色生产过程帕累托最优。另一方面加快建立统一的绿色农产品市场准入标准，提升绿色食品和地理标志农产品等认证的公信力及权威性。通过提高绿色优质农产品与其他产品的价差，以补偿生产者对优质产品较高的成本和投入，体现消费者对产品高使用价值和高效用的认可，并在一定程度上调节和反映供求关系。

第二节　"双碳"目标与农业产业绿色发展

气候变化是全人类的共同挑战。应对气候变化，事关中华民族永续发展，关乎人类前途命运。2015 年在巴黎气候变化大会上通过了《巴黎协定》，该协定为 2020 年后全球应对气候变化行动做出安排。《巴黎协定》代表了全球应对气候变化绿色低碳转型的大方向，是保护地球家园需要采取的最低限度行动，各国必须迈出决定性步伐。

2020年9月22日，习近平主席在第七十五届联合国大会一般性辩论上郑重宣示："中国将提高国家自主贡献力度，采取更加有力的政策和措施，二氧化碳排放力争于2030年前达到峰值，努力争取2060年前实现碳中和。"中国正在为实现这一目标而付诸行动。"碳达峰、碳中和"战略思路及行动计划成为"十四五"时期"推动绿色发展，促进人与自然和谐共生，实现生态环境进一步改善"的主要目标和核心任务。深刻认识"碳达峰、碳中和"科学理念，了解碳减排工作的行动计划与实施方案，明确"双碳"目标下的农业产业绿色发展生态补偿政策优化方向，对于实现我国碳达峰、碳中和的战略目标具有重要的现实意义。

一、碳达峰与碳中和的科学内涵

实现到2030年我国碳达峰和2060年碳中和的战略目标，首要问题是对于碳排放领域的科学问题和概念有全面认识与理解。本研究梳理相关领域的重要概念如下。

1）温室气体（greenhouse gas，GHG）：指任何会吸收和释放红外线辐射并存在于大气中的气体，包括二氧化碳（CO_2）、甲烷（CH_4）、氧化亚氮（N_2O）、氢氟碳化合物（HFC）、全氟碳化合物（PFC）、六氟化硫（SF_6）、三氟化氮（NF_3）。

2）温室气体的来源：根据联合国政府间气候变化专门委员会（Intergovernmental Panel on Climate Change，IPCC）发布的清单指南，温室气体来源于5个重要途径（按行业分类），分别是能源、工业生产过程和产品使用、农业、土地利用变化和林业及废弃物，具体途径如表8-1所示。

表8-1　IPCC国家温室气体来源分类表

能源	①化石燃料燃烧，静止排放源、移动排放源；②燃料逃逸排放，煤炭、石油和天然气
工业生产过程和产品使用	①建材产业；②化工产业；③金属产业；④燃料燃烧和溶剂使用产生的非能源产品；⑤电子产业；⑥臭氧消耗物质的含氟替代物；⑦其他产品生产和使用
农业	①畜牧业，动物肠道发酵、动物粪便管理；②种植业，稻田、其他农用地
土地利用变化和林业	①林业碳汇；②土地利用变化
废弃物	①固体废弃物处置；②废水处理

3）碳达峰：广义来说，碳达峰是指某一个时点，二氧化碳的排放不再增

长达到峰值，之后逐步回落。碳达峰是一个过程，即碳排放首先进入平台期并可以在一定范围内波动，之后进入平稳下降阶段。

4）碳中和：指企业、团体或个人测算在一定时间内，直接或间接产生的温室气体排放总量，通过植树造林、节能减排等形式，抵消自身产生的二氧化碳排放，实现二氧化碳的"零排放"（邢丽峰，2021）。

5）碳排放：是人类生产、生活过程中向外界排放温室气体的过程，是关于温室气体排放的一个总称或简称。温室气体中最主要的气体是二氧化碳，因此用碳（carbon）一词作为代表。

6）碳汇与碳源：碳汇（carbon sink）是指通过植树造林、植被恢复等措施，吸收大气中的二氧化碳，从而减少温室气体在大气中浓度的过程、活动或机制。碳汇主要是指森林吸收并储存二氧化碳的总量，或者说是森林吸收并储存二氧化碳的能力。碳源（carbon source）是指产生二氧化碳之源。它既来自自然界，也来自人类生产和生活过程。碳源与碳汇是两个相对的概念，碳源是指自然界中向大气释放碳的母体，碳汇是指自然界中碳的寄存体。减少碳源一般通过二氧化碳减排来实现，增加碳汇则主要采用固碳技术。

7）固碳：是指植物通过光合作用，将大气中的二氧化碳转化为碳水化合物，并以有机碳的形式固定在植物体内或土壤中，从而减少二氧化碳在大气中的浓度。根据国际通用标准，农业固碳是指土壤固碳，不包括一年生作物地上部生物固碳，其原因是地上部生物量中的有机碳将在很短的周期内分解，以二氧化碳形式重新排放到大气中。

8）二氧化碳当量（carbon dioxide equivalent，CO_2e）：是指一种用作比较不同温室气体排放的量度单位，各种不同温室效应气体对地球温室效应的贡献度有所不同。为了统一度量整体温室效应的结果，又因为二氧化碳是人类活动产生温室效应的主要气体，因此，规定以二氧化碳当量为度量的基本单位。一种气体的二氧化碳当量是在辐射强度上与其质量相当的二氧化碳的量，即通过把这一气体的吨数乘以其全球增温潜势（global warming potential，GWP）后得出的，这种方法可以把不同温室气体的效应标准化。

9）全球增温潜势（GWP）：将单位质量的某种温室气体在给定时间段内对辐射强度的影响与等量二氧化碳辐射强度影响相关联的系数。例如，1t 甲烷的二氧化碳当量是 25t，1t 氧化亚氮的二氧化碳当量是 298t。

10）碳中和"蓝色方案"：生态系统增加碳汇的路径主要有陆地碳汇和海洋碳汇，分别称为"绿碳"和"蓝碳"。地球上的蓝碳生态系统在光合作用过程中将碳固定下来，形成蓝色碳汇。我国是世界上少数几个同时拥有红树林、盐沼和海草床三大生态系统的国家之一，广阔的滨海湿地为发展我国海洋蓝碳提供了空间。在碳中和目标这一刚性约束下，蓝碳提供了可充分挖掘的“去碳空间”。国家围绕着蓝碳发展部署的一系列行动计划和倡议都称为“蓝色方案”。

二、碳达峰与碳中和的中国行动

国际能源机构（International Energy Agency，IEA）公布的数据显示，截至2018年，我国能源使用量位列全球首位（图8-1）。我国清洁能源与清洁生产技术的推广应用起步较晚，使得我国能源利用率较低。与此同时，我国长期以煤炭、石油等不可再生资源为主的能源消费结构也进一步加剧了我国的温室气体排放问题。中国作为国际社会上主要的能源消费与温室气体排放大国之一，在气候变暖这一全球性挑战面前，能否有效地为全球减排事业贡献自己的力量已逐渐成为衡量我国是否拥有负责任大国形象的重要标准之一，为了更好地践行国际减排责任，提高国家自主贡献力度，中国采取了一系列更加有力的政策和措施。

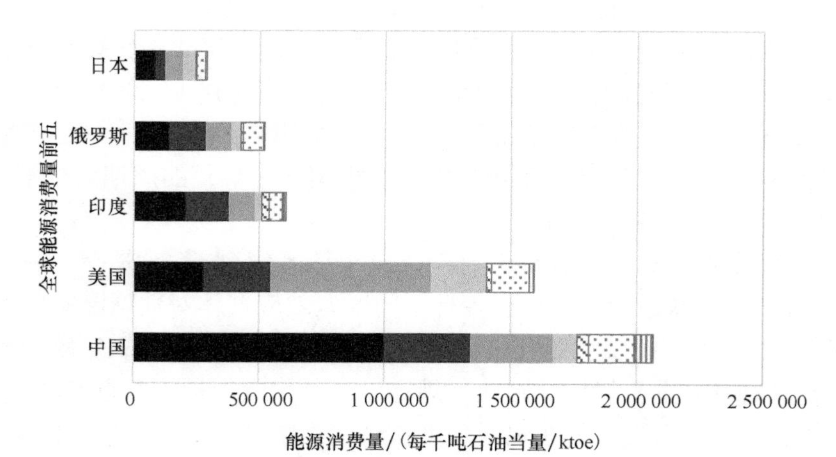

图8-1　中国及世界主要国家能源消费量

2020年12月12日，习近平主席在气候雄心峰会上发表题为《继往开来，开启全球应对气候变化新征程》的重要讲话，宣布中国国家自主贡献一系列新举措，向世界表明为早日实现碳达峰、碳中和，中国在行动！中国郑重承诺：到2030年，中国单位国内生产总值二氧化碳排放将比2005年下降65%以上，非化石能源占一次能源消费比重将达到25%左右，森林蓄积量将比2005年增加 60 亿 m^3，风电、太阳能发电总装机容量将达到 12 亿 kW 以上。中国政府从“十一五”时期起，在践行温室气体减排方面制定了一系列政策措施，这些政策措施奠定了我国温室气体减排的基本政策框架，形成了具有中国特色的碳达峰与碳中和政策体系（王爱冬和赵鑫，2011；曹明德和徐以祥，2012；国家发展和改革委员会，2012），“十一五”时期国家主要从能源发展和资源综合利用领域推进节能减排工作；“十二五”时期国家大力支持战略性新兴产业发展和循环经济发展；“十三五”时期围绕农业绿色发展、工业绿色发展实现生态环境保护和全社会低碳发展。

三、全球农业领域碳排放特征

实现碳中和的目标意味着颠覆性的能源革命、科技革命和经济转型。碳中和的八大重点领域为：电力、交通、工业、新材料、建筑、农业、负碳排放以及信息通信与数字化领域。农业是实现碳达峰、碳中和的重要领域，推进农业农村领域碳达峰、碳中和，是加快农业生态文明建设的重要内容，是落实乡村振兴战略的重要举措，是全面应对气候变化的重要途径。

（一）全球农业碳排放的基本情况

农业不仅为人类的生存和发展提供食物与原料，也在维系全球碳平衡方面有着重要作用。联合国政府间气候变化专门委员会（IPCC）指出，农业已成为全球温室气体排放的第二大源头，联合国粮食及农业组织（FAO）也在其报告中说明当前畜牧业所排放的温室气体已占据全年温室气体排放总量的 18%。根据 FAO 近 10 年的统计数据，若全球农业源温室气体排放量以 CO_2e 计算，农业 CO_2 的主要贡献源依次是肠道发酵（占 50.74%）、土壤碳库排放（占 15.26%）、水稻种植（占 12.68%）、农业能源使用（占 10.48%）、粪污管理（占 7.21%）、肥料应用（占 2.96%）和秸秆焚烧（占 0.67%），如图 8-2 所示。

中国作为一个农业大国，用仅占世界 7%的耕地资源养活了占世界 22%的人口。与此同时，作为遭受自然灾害最多的国家之一，气候变化已成为影响农业可持续发展的重要因素。农业温室气体的来源主要有 3 种：CO_2 主要来自能源消耗、CH_4 主要来自家畜反刍消化和肠道发酵、畜禽粪便和稻田等，N_2O 主要来自化肥使用、秸秆还田和动物粪便等。FAO 公布的最新数据显示，中国 1995～2018 年以 CO_2e 为计算标准，农业累计碳排放强度依次为肠道发酵（占 35.83%）、水稻种植（占 25.36%）、能源消耗（占 18.29%）、牧场残余肥料（占

9.68%）、肥料应用（占 4.77%）、作物残留（占 4.75%）、秸秆焚烧（占 0.95%）和土壤碳库排放（占 0.37%），如图 8-3 所示。

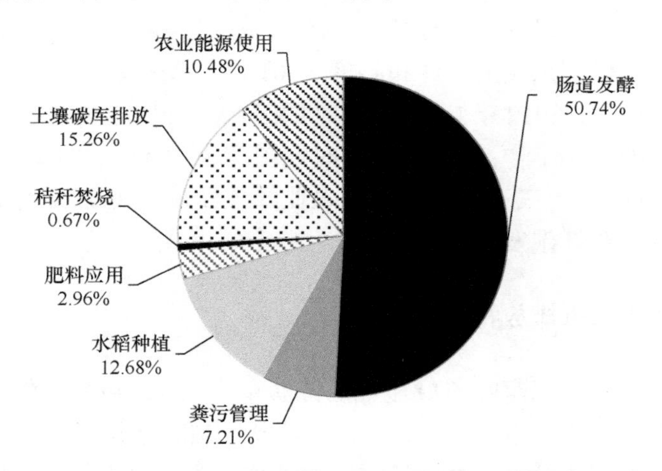

图 8-2　2010～2019 年全球农业源二氧化碳排放当量比例

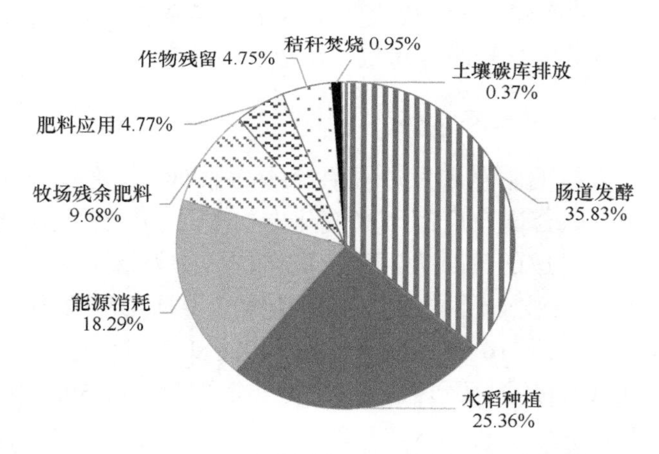

图 8-3　1995～2018 年中国农业源二氧化碳排放当量比例

从中国与全球农业源二氧化碳排放当量贡献比例可见，全球肠道发酵占比明显高于我国的比例，而中国水稻种植及能源消耗等方面的二氧化碳排放当量却明显高于全球平均水平。由此说明，尽管我国畜牧业产生的温室气体得到了有效控制，但是水稻种植过程中化学品的过量投入及机械化能耗依然是农业领域减排的工作重心。

（二）中国农业碳排放的阶段性特征

本研究所参考的文献中碳排放量是指将二氧化碳（CO_2）、甲烷（CH_4）、氧化亚氮（N_2O）这 3 种温室气体折算成二氧化碳当量（CO_2e）。中国农业碳排放总体呈上升趋势，从 1961 年的 2.49 亿 t，到 2016 年达到 8.85 亿 t 后略有下降，2018 年为 8.7 亿 t。

从农业碳排放总量上可划分为 3 个主要阶段，并与中国农业现代化发展历程相似（金书秦等，2021）：一是农业碳排放量平稳增长期（1961～1978 年），这一时期农业现代化生产处于初期阶段，农业规模化、机械化生产水平不高，农业投入品还未大量使用。农业碳排放量的增加主要是由于人口增长引起农用土地开垦生产强度的增加。二是农业碳排放量快速增长期（1979～1996 年），这一时期农业经济体制改革极大地提高了生产者积极性，农业现代化进入快速发展阶段。以农业机械化、化学化、电气化、规模化生产为特征，带来了农业碳排放速度的加快。1995 年，我国化肥施用量、农业机械和电力施用量迅速提高，分别达到了 1978 年水平的 4 倍、3 倍和 7 倍。三是农业碳排放趋于平稳过渡期（1997 年至今），这一时期农业现代化由数量增长向质量效应和环境友好型转变，农业生产方式逐步向节能、环保、清洁、循环方向转变；通过创新产业化经营方式和深化农村土地制度改革，逐步构建起适应生态文明建设需求的农业产业体系。国家从 2015 年开始实施化肥农药零增长行动计划等促进农业绿色发展的战略措施，有效遏制了化学投入品的增长趋势，显著提高秸秆、畜禽粪便等农业废弃物的利用水平。2016 年，我国农业碳排放总量达到 8.85 亿 t 后呈现下降趋势。

四、农业碳减排的技术途径

农业是温室气体的主要排放源，同时也是重要的碳汇，降低农业碳排放量可以从减少温室气体排放和提高固碳增汇能力两个方面进行，构建农业温室气体减排技术体系。总结归纳学术界的重要研究成果，当前适宜大力推广的减排固碳技术措施如下（张晓萱等，2019）。

1. 农业种养生产活动产生的 CH_4 气体减排

农业种植、养殖等生产活动产生的 CH_4 主要来自水稻种植以及反刍动物肠道发酵，因此必须采取措施减少稻田产生 CH_4 和反刍动物肠道发酵 CH_4。①筛选水稻品种，如低渗透率水稻品种、氮素高效利用新品种及种植杂交水稻等都可以减少 CH_4 的排放；②采用生态种养方式，如稻-鸭、稻-鱼共栖生态种养模式与常规稻田相比可以降低稻田 CH_4 的排放量；③调控日粮，通过合理搭配日粮精料与粗料比，以及采用青贮、氨化等措施处理饲料秸秆，推广高生产力牲畜品种，减少 CH_4 的排放。

2. 农田土壤耕作产生的温室气体减排

农田土壤温室气体排放包括：土壤生物代谢和生物化学过程中产生的 CO_2、稻田土壤中的有机碳分解产生的 CH_4 及氮肥施用产生的 N_2O。①土壤 CO_2 的减排，通过休耕免耕、减少除草剂、减少残茬燃烧可有效增加土壤碳储量，减少农田土壤 CO_2 的排放；②土壤 CH_4 及 N_2O 的减排，采用水稻间歇灌溉控制 CH_4、提高肥效从而降低 N_2O 排放量，实施旋耕、免耕、高茬还田、保护性耕作等耕作方式大幅度减少温室气体的排放。

3. 农用化学品投入产生的温室气体减排

提高化肥生产效率、用有机肥替代部分化肥及合理调控化肥施用量，可以有效降低化肥生产过程及使用过程中的碳排放。大力推广秸秆还田技术，可以促进土壤有机质及氮、磷、钾等含量增加，减少化肥及农药使用量；通过生物防治手段治理病虫害进而减少农药生产和使用过程中的温室气体排放。积极开发低污染、低毒、环保及可降解的农膜，优化农膜回收利用技术，有效减少农膜生命周期中的温室气体排放。

4. 农业废弃物不合理处置产生的温室气体减排

农业废弃物产生的温室气体排放包括：粪便不合理处置及管理排放的 CH_4、N_2O 和秸秆焚烧产生的 CO_2 等。农业废弃物是特殊的"二次资源"，对农业废弃物进行合理的利用可以减少农业温室气体的排放，能够为农民提供减碳补贴和经济激励措施。①种植业秸秆及植物残体可以通过肥料化、饲料化、燃料化、原料化和基料化的"五料化"利用，减少化肥的施用量，从而减少 N_2O 和 CH_4 的排放。②畜禽粪便不仅是有效的肥料资源，还是燃料资源，以畜禽粪便为原料可建设液体粪污沼气项目，不仅可以将农业废弃物转化为可以使用的能量，还可以间接减少温室气体的排放。

5. 农业机械化生产过程产生的温室气体减排

农业机械化生产的推广普及在大幅度提高生产效率、节省人力的同时，也产生了大量的能源消耗。农机具大都使用柴油、汽油及煤炭等化石能源，直接产生大量 CO_2，灌溉、排涝及运输等电力消耗间接带来 CO_2 的排放。减排的措施包括：①更新老旧超龄大中型农机用具，实现节能减排；②对农机具进行节能改造，提高农用拖拉机、收割机、柴油机等的能源利用效率，通过减少农机具使用过程中的化石燃料消耗而达到温室气体减排效果；③采用喷灌、滴灌节水技术，将喷灌结合施肥、喷药，节省劳力、节约用地，减少能源消耗和碳排放。

6. 农用地固碳利用方式及碳减排技术措施

一是制定合理的土地利用管理措施，减少因农用地和非农用地之间的转换及农用地内部用途变化而造成的温室气体排放，可以推广荒地复植补种、退耕还林还草、种植生物燃料作物的方式增加土壤碳储量，降低一定的温室气体排放。二是提高土壤固碳能力，大力推动保护性耕作、秸秆还田、有机肥施用、人工种草等措施，加强高标准农田建设，提高土壤有机质含量，提升温室气体吸收和固定能力；发展滩涂和浅海贝藻类增养殖，增加渔业碳汇潜力。

7. 可再生能源替代及植物蛋白替代技术

一是加快节能与可再生能源替代，推广先进适用的低碳节能农机装备和渔船、渔机，降低化石能源消耗和二氧化碳排放；大力发展生物质能、太阳能等新能源，加快农村取暖炊事、农业设施等方面可再生能源的利用，抵扣化石能源排放。二是植物蛋白替代肉类和奶制品是有效降低畜牧业碳排放的举措之一。选择植物蛋白替代源能够减少温室气体的排放，尤其是使用植物和昆虫作为植物蛋白替代源。

8. 精准农业与智慧农业融合发展模式

精准农业是在农业生产中采用一些高技术含量的工艺和技术，在提高单产的同时减少肥料和农药的使用。这些技术包括：无人机、传感器、卫星数据、自动化、机器人等，让农业实现“环境影响可测、生产过程可控、产品质量可溯”的目标。智慧农业是农业生产的高级阶段，是集新兴的互联网、移动互联网、云计算和物联网技术为一体，依托部署在农业生产现场的各种传感节点（环境温湿度、土壤水分、二氧化碳、图像等）和无线通信网络实现农业生产环境的智能感知、智能预警、智能决策、智能分析、专家在线指导，为农业生产提供精准化种植、可视化管理、智能化决策。精准农业与智慧农业的深度融合和互促发展将共同推动现代农业走上更加环保、安全、绿色、高效、智能的发展道路。

9. 垂直农业与立体农业协同发展模式

垂直农业也称为植物工厂，是指在高度受控的环境中以高空间密度生产蔬菜、药用植物和水果。垂直农业与传统田间耕作相比，其生产过程不使用农药，用水量可减少 90%，并可节省多达 95%以上的土地。立体农业又称为层状农业，是着重于开发利用垂直空间资源和水、光、气、热等资源的一种高效农业生产方式，在单位面积上，利用生物的特性及其对外界条件的不同要求，建立多物种共栖、质能多级利用的农业生态系统。垂直农业与立体农业协同发展，可以集约经营土地，发挥土地资源潜能，减少化学品投入，提高农业环境和生态环境的质量，增强产品和产地环境安全。

10. 水产养殖绿色发展生物固碳模式

大力推广工厂化和池塘循环水养殖、海水立体养殖、大水面生态养殖等健康养殖技术。积极拓展养殖生产空间，发展深远海养殖；大力发展稻-渔、稻-蛙、稻-虾、稻-鸭等人工水面综合种养模式，提高水生动植物资源的转化利用率；大力推广“以渔净水、贝藻固碳”的水产养殖增汇模式，以《威海市蓝碳经济发展行动方案（2021—2025）》为样板，在沿海及滩涂地区优化海带、裙带菜、牡蛎等经济固碳藻类、贝类养殖模式，实施海洋牧场、海水养殖生态增汇，发挥渔业碳汇功能。

第三节　农业碳达峰与碳中和的政策体系

“十四五”时期，我国生态环境保护将进入减污降碳协同治理的新阶段，也是碳达峰的关键期、窗口期。2021 年召开的全国生态环境保护工作会议，科学谋划“十四五”目标任务和重要举措，统一全国生态环境保护工作的总体思路，全面部署深入打好污染防治攻坚战的重点任务，指明了我国实现碳达峰、碳中和的领域和方向。本研究基于国家层面实现“双碳”目标的战略举措，参考相关学术研究成果和发达国家成功经验，初步搭建农业“碳达峰、碳中和”的政策框架。

一、实现碳达峰和碳中和的重点任务

1. 建立绿色低碳经济体系的重点工作

2021 年 2 月，国务院印发《关于加快建立健全绿色低碳循环发展经济体系的指导意见》（以下简称《指导意见》）（国务院，2021），《指导意见》从健全绿色低碳循环发展的生产体系、流通体系、消费体系、基础设施、技术创新体系及法律法规政策体系等 6 个方面部署了建立绿色低碳循环发展经济体系

的重点任务，确保实现碳达峰、碳中和目标，推动我国绿色发展迈上新台阶。

2021 年 3 月，中央财经委员会第九次会议强调推动平台经济规范健康持续发展，把碳达峰、碳中和纳入生态文明建设整体布局（中共中央网络安全和信息化委员会办公室和中华人民共和国国家互联网信息办公室，2021）。会议指出，“十四五”是碳达峰的关键期、窗口期，要重点做好以下三项工作：要构建清洁低碳安全高效的能源体系，要实施重点行业领域减污降碳行动，要推动绿色低碳技术实现重大突破，要完善绿色低碳政策和市场体系，要倡导绿色低碳生活，要提升生态碳汇能力，要加强应对气候变化国际合作。

2. “十四五”生态环境保护重点任务

2021 年 1 月，全国生态环境保护工作会议明确提出，当前我国生态文明建设仍处于压力叠加、负重前行的关键期，保护与发展长期矛盾和短期问题交织，生态环境保护结构性、根源性、趋势性压力总体上尚未根本缓解。实现碳达峰、碳中和是一场硬仗，也是对我们党治国理政能力的一场大考（黄润秋，2021；孙金龙，2021）。

第一，“十四五”生态环境保护的政策指针如下。

1）创新理念，完善顶层设计。“十四五”时期，要加快建立健全绿色低碳循环发展经济体系，加快深入推进生态补偿，建立生态产品价值实现机制，让保护、修复生态环境获得合理回报。

2）厘清思路，明确治理目标。实施减污降碳协同治理，以二氧化碳达峰倒逼总量减排、源头减排、结构减排，实现改善环境质量从注重末端治理向更加注重源头预防和治理有效转变。二氧化碳排放强度持续降低，主要污染物排放总量持续减少。

3）精准治理，聚焦核心任务。坚持突出精准治污、科学治污、依法治污，深入打好污染防治攻坚战；围绕“提气、降碳、强生态，增水、固土、防风险”做好攻坚战的顶层设计，从问题、时间、区域、对象、措施 5 个方面做好“五个精准”。

4）深化改革，完善制度体系。完善生态文明领域统筹协调机制，加快形成导向清晰、决策科学、执行有力、激励有效、多元参与、良性互动的“大环保格局”，实现从“要我环保”到“我要环保”的历史性转变。

第二，“十四五”生态环境保护的重点任务如下。

1）系统谋划“十四五”生态环境保护。编制实施“十四五”生态环境保护规划和重点领域专项规划，推动编制建设美丽中国长期规划。推进环评审批和监督执法“两个正面清单”制度化。加快“三线一单”落地应用。推进固定污染源“一证式”监管。

2）编制实施2030年前碳排放达峰行动方案。加快建立实现国家自主贡献的项目库，加快推进全国碳排放权交易市场建设，深化低碳省（市）试点，强化地方应对气候变化能力建设，研究编制《国家适应气候变化战略2035》。

3）继续开展污染防治行动。推动出台深入打好污染防治攻坚战的意见，开展污染防治攻坚战成效考核和评估。继续实施水污染防治行动和海洋污染综合治理行动，大力推进“美丽河湖”“美丽海湾”保护与建设。深入开展土壤污染防治行动，完成重点行业企业用地土壤污染状况调查成果集成与上报，持续推进农用地分类管理，严格建设用地准入管理和风险管控，继续推进“无废城市”建设，开展黄河流域“清废行动”，继续强化重点行业和重点区域重金属污染防治。

4）持续加强生态保护和修复。推动“2020年后全球生物多样性框架”各项谈判进程，编制关于进一步加强生物多样性保护的指导意见，实施生物多样性保护重大工程。深化生态保护监管体系建设，持续推进生态文明示范建设。

5）确保核与辐射安全。推动更多省份建立核安全工作协调机制，完善核与辐射安全法规标准体系和管理体系。强化核电厂、研究堆核安全监管，协助推进核电废物处置，推动历史遗留核设施退役治理，加快推进放射性污染防治。

6）依法推进生态环境保护督察执法。继续开展第二轮中央生态环境保护例行督察。开展夏季臭氧污染防治、冬季细颗粒物治理等重点专项任务监督帮扶，推进黄河和赤水河入河排污口排查，深化生活垃圾焚烧发电达标排放专项整治。

7）有效防范化解生态环境风险。进一步加强环境风险防范化解能力，完善国家环境应急指挥平台建设，加强环境应急准备能力，深化上下游联防联控机制建设，组织开展生态环境安全隐患排查整治。

8）做好基础支撑保障工作。持续深化生态环境领域改革，制定实施构建现代环境治理体系三年工作方案。增强科技支撑保障能力，组织实施细颗粒物和臭氧复合污染协同防控科技攻关，继续推进长江生态环境保护修复研究。健全生态环境监测监管体系，推进生态环境监测大数据平台建设。完善法规制度体系，推进生态环境标准制修订等。

二、农业碳达峰和碳中和面临的挑战

农业既是重要的温室气体排放源，又是规模巨大的碳汇系统。农业兼具碳源与碳汇双重属性的特质决定了其减排路径会区别于第二、第三产业，实行农业领域增汇减排技术手段，降低农业农村生产、生活温室气体排放强度，是全国碳达峰、碳中和的重要举措，是加快农业生态文明建设的重要内容和潜力所在，有利于为我国应对全球气候变化做出积极的贡献。农业是稳定经济社会的“压舱石”，推进农业农村领域碳达峰、碳中和，形成农业发展与资源环境承载力相匹配，与生产、生活条件相协调的总体布局，有利于保障粮食安全和重要农产品有效供给，降低农业农村生产、生活温室气体排放强度，协同推动农业高质量发展和生态环境高水平保护，让低碳产业成为乡村振兴新的经济增长点，促进农业农村现代化建设，助推全面实现乡村振兴。

现阶段，围绕农业农村碳达峰、碳中和的战略需求，聚焦种养业减排、土壤固碳、可再生能源替代等技术突破，研发和筛选了一批优化的减排固碳技术，突破了农业领域减排技术瓶颈问题。然而，要全面实现农业农村领域的碳达峰、碳中和，还面临不少困难与挑战。主要体现在以下 3 个方面。

第一，减排固碳技术的环境效应评估问题。现阶段研发和筛选的减排固碳技术，侧重于农业碳达峰和碳中和理论层面的战略性、前瞻性、系统性和创新性研究，揭示技术作用于环境因素的机理和机制，探索技术优化、创新的手段和途径；但缺乏技术应用对环境外部性贡献的视角，以及系统地分析温室气体减排的环境效应价值及环境成本，也没有进行全方位的技术生产成本评估，难以为科学决策提供有力支撑。

第二，减排固碳技术推广的市场失灵问题。农业减排固碳技术作为重要的绿色生产技术并不具有市场竞争力，因此技术持续推广在市场失灵下进入瓶颈期。从技术本身内因分析：①减排固碳技术使用成本偏高，新材料、新工艺、新设备及过多的物质或劳动力投入，增加了技术生产成本而降低了农民的生产利润，从而降低农民对新技术的应用率。②减排固碳技术应用是科技创新成果的重要体现，但相对复杂的操作流程和现代化管理方式，提高了农民应用技术的门槛和难度，同时降低了农民采纳新技术的意愿。③减排固碳技术对于农业生态系统的影响是一个长期过程，技术产生的外溢效应在短期内难以体现，相比传统生产技术，绿色技术的生产成本投入较高，生产效能比较低，因而不具有市场竞争力。

第三，减排固碳技术微观层面应用障碍问题。农业减排固碳技术具有公共产品属性，从技术应用外因分析：①农户作为技术实际应用主体，主观上文化水平低、环保和产品质量意识不强，加之技术信息的不对称性，使其无法对新技术的有效性和经济合理性做出正确判断，客观上分散农户经营规模小、中青年劳动力匮乏，技术的购买能力不足，故从心理上不愿意采用绿色技术。②基层农技推广体系制度不完善，不能在技术推广中提供充足的资金、人员、信息等支持服务，是技术在农户层面推广应用的重要障碍。③农业碳减排生态补偿制度建设处于探索阶段，特别是农业环保生产型补贴政策的实施缺乏精准靶向，激励绿色产品供给者内生动力的政策体系仍需完善，导致农户参与环保生产积极性不高。

三、农业碳达峰、碳中和的政策建议

农业碳达峰、碳中和目标时间紧、任务重，最迫切、最关键的是要加快政策与制度创新，加快构建一整套规范统一的政策保障体系，加快建立适应农业碳中和目标的长效约束和激励机制，引导农业生产者转变发展方式，保障农业绿色发展有效推进（赵立欣，2021）。

第一，构建农业农村碳达峰、碳中和监测体系。在已有的国家农业环境数据中心监测指标和观测网络基础上，补充完善农业农村碳监测指标体系，编制一系列规范的农业农村碳达峰、碳中和数据标准；优化布局农业农村碳监测网点，加强对农业碳排放实行长期核算监测；建立中国农业碳达峰、碳中和数据中心和数据共享平台，定期获取农业农村碳达峰和碳中和数据、产品和技术资源；逐步构建充分体现减排成效和环境福利的生产成本核算机制，研究农业技术生态服务价值统计方法。

第二，构建农业农村碳达峰、碳中和科技创新体系。研发适应不同区域、不同产业的绿色发展技术、集成创新方案。重点研发高效优质多抗新品种、环保高效肥料、农业生物制剂等绿色投入品；加快研发耕地质量提升与保育、农业控水与雨养旱作、农业废弃物循环利用、畜禽水产品安全生产等农业绿色生产技术；大力发展农产品低碳加工储运技术等绿色产后增值技术；建立农业减排固碳技术任务清单制度和以绿色为导向的科研评价机制，把资源消耗、生态效益等绿色发展指标纳入农业科研评价体系，促进科技创新方向和科研重点向绿色转变。

第三，完善农业农村碳达峰、碳中和生态补偿制度。农业减排固碳技术具有显著的外部性和公共产品属性，技术的持续推进必须依靠政府的干预、支持和保护。建立以减排为重点的财政支农体系，引导更多金融资本、社会资本投入农业绿色生产；建立与化肥、农药减施增效和责任落实相挂钩的温室气体减排生态补偿机制，全面掌握环境质量基础值，基于环境质量改善目标设定合理的碳减排目标值，科学解析农民应用减排固碳技术的行为意愿值，将基础值、目标值和意愿值作为补偿标准定价的重要参考；实现农产品供应区、重点生态功能区的生态保护补偿全覆盖，补偿水平与经济社会发展状况相适应，初步建立面向多主体、多元化的补偿机制。

第四，完善农业农村碳达峰、碳中和法律制度体系。进一步完善《中华人民共和国节约能源法》、《中华人民共和国可再生能源法》、《清洁发展机制项目运行管理暂行办法》、《中国清洁发展机制基金管理办法》和《碳排放权交易管理办法（试行）》等规范性文件；加快制定《碳中和促进法》，明确碳达峰、碳中和制度体系，统筹处理好与生态环境保护之间的关系，明确气候变化控制国际合作的立场、领域、措施，强化碳达峰、碳中和目标的刚性约束和相关制度的法制化，以法律的强制力保障我国碳达峰、碳中和目标的实现（王金南，2021）。

主要参考文献

曹明德, 徐以祥. 2012. 中国现有温室气体减排的政策措施与气候立法. 气候变化研究快报, 1(1): 22-32.

国家发展和改革委员会. 2021. 中国应对气候变化的政策与行动 2012 年度报告. http://www.scio.gov.cn/ ztk/xwfb/102/10/Document/1246626/1246626.htm[2012-11-22].

国务院. 2021. 国务院印发《关于加快建立健全绿色低碳循环发展经济体系的指导意见》. http://www.gov.cn/xinwen/2021-02/22/content_5588304.htm[2021-02-22].

环境保护部. 2015. 环境保护部关于加快推动生活方式绿色化的实施意见. http://www.gov.cn/gongbao/2016-02/29/content_5046109.htm[2015-10-21].

黄润秋. 2021. 深入贯彻落实十九届五中全会精神 协同推进生态环境高水平保护和经济高质量发展: 在 2021 年全国生态环境保护工作会议上的工作报告. http://www.mee.gov.cn/xxgk2018/xxgk/xxgk15/202102/t20210201_819774.html[2021-02-01].

金书秦, 林煜, 牛坤玉. 2021. 以低碳带动农业绿色转型: 中国农业碳排放特征及其减排路径. 改革, (5): 29-37.

厉无畏. 2008. 中国产业生态化发展的实现途径. 绿叶, (12): 49-55.

刘荣材. 2009. 马克思主义制度变迁理论及其在中国的应用和发展. 重庆工学院学报(社会科学), 23(8): 99-104

刘章荣, 翁伯琦, 曾玉荣, 等. 2006. 休闲农业新理论及其在闽北的应用研究. 中国生态农业学报, 14(4): 5-8.

骆高远. 2016. 休闲农业与乡村旅游. 杭州: 浙江大学出版社: 16-47.

骆世明. 2009. 论生态农业模式的基本类型. 中国生态农业学报, 17(3): 405-409.

《农业绿色发展概论》编写组. 2019. 农业绿色发展概论. 北京: 中国农业出版社: 197-198.

孙金龙. 2021.准确把握十九届五中全会“三新”重大判断以生态环境保护优异成绩庆祝建党 100 周年: 在 2021 年全国生态环境保护工作会议上的讲话. http://www.mee.gov.cn/xxgk2018/xxgk/xxgk15/202102/t20210201_819773.html[2021-02-01].

王爱冬, 赵鑫. 2011. 我国“十一五”节能减排政策效果评价及启示. 燕山大学学报(哲学社会科学版), 12(3): 119-122.

王金南. 2021. 《碳中和促进法》立法恰逢其时：专访中国工程院院士、生态环境部环境规划院院长王金南. http://49.5.6.212/html/2021-03/26/content_64557.htm[2021-03-26].

邢丽峰. 公共机构"碳达峰""碳中和"路径探析. http://jgswj.gxzf.gov.cn/gzdt/gzdt_41196/t8617550.shtml[2021-04-13].

张晓萱, 秦耀辰, 吴乐英, 等. 2019. 农业温室气体排放研究进展. 河南大学学报(自然科学版), 49(6): 649-662, 713.

赵立欣. 2021. "双碳"背景下的农业担当: 访中国农科院种植废弃物清洁转化与高值利用创新团队首席科学家赵立欣. http://www.farmer.com.cn/2021/06/11/99872129.html[2021-06-11].

中共中央网络安全和信息化委员会办公室, 中华人民共和国国家互联网信息办公室. 2021. 习近平主持召开中央财经委员会第九次会议强调 推动平台经济规范健康持续发展把碳达峰碳中和纳入生态文明建设整体布局. http://www.cac.gov.cn/2021-03/15/c_1617385021592407.htm [2021-03-15].

周颖. 2016. 循环农业发展模式与路径研究. 北京: 中国农业科学技术出版社: 48-66.

周颖. 2018. 休闲农业理论发展与实践创新研究. 北京: 中国农业科学技术出版社: 85-123.

周颖, 王丽英. 2019. 种植业废弃物资源化利用技术模式与技术价值评估研究. 北京: 中国农业科学技术出版社: 28-38.

周颖, 尹昌斌, 张继承. 2012. 循环农业产业链运行规律及动力机制研究. 生态经济, (2): 36-40, 51.